Hugo Linse · Elektrotechnik für alle

Hugo Linse wurde 1903 in Bad Cannstatt geboren. Sein bedeutendes physikalisches Fachwissen und seine Fähigkeit, dieses Wissen einfach, klar und einprägsam auch dem Laien zu vermitteln, verbürgen den Erfolg des vorliegenden Buches.

Hugo Linse

Elektrotechnik für alle

Eine leichtverständliche Einführung in die Elektrizitätslehre

Deutscher
Taschenbuch
Verlag

dtv

Mit 236 Abbildungen und Fotos
Textbilder von F. K. Franck, Jürgen Schulz und Hans Deininger nach Entwürfen des Verfassers

Neubearbeitung September 1974
Deutscher Taschenbuch Verlag GmbH & Co. KG, München

Umschlaggestaltung: Celestino Piatti
Umschlagbild: Hans Piper
Gesamtherstellung: Graph. Werkstätten Kösel, Kempten
Printed in Germany · ISBN 3-423-07143-5

Inhalt

Elektrotechnik für alle

Elektrotechnik für alle

Die Elektrizität

Was wissen all die vielen Menschen, die sich Tag für Tag des elektrischen Stroms bedienen, was wissen sie von der Elektrizität und um das Wie und Was? – Und erstaunlicherweise kommen sie alle zurecht.

Wir lassen uns früh am Morgen elektrisch wecken. Der elektrische Warmwasserspeicher spendet uns Wasser für den Kaffee. Wir rasieren uns elektrisch. Mit der Straßenbahn, der elektrischen natürlich, fahren wir ins Geschäft. Im Büro klingelt das Telefon, wieder Elektrizität! Motoren brummen, Fahrstühle sausen auf und nieder, Krane bewegen sich mit riesigen Lasten hin und her. Farbige Rufzeichen, Sirenentöne, Summer und Klingeln – alles elektrisch.

Wir essen elektrisch gekochte und gekühlte Speisen. Das Licht im Theater, die strahlende Wand im Kino, der Ton aus dem Lautsprecher, hinter alledem steht groß und immer dienstbar die Elektrizität.

Und wenn wir am Abend das strahlend helle Licht der elektrischen Glühlampe ausknipsen und die müden Glieder ausstrekken, wärmt sie uns durch das Heizkissen.

Fast zuviel des Guten. Zuviel, um alles auf einmal zu überdenken, zu erfassen, zu begreifen. Schalten wir aus, wir tun gut daran. – Man soll das Heizkissen über Nacht nicht unter Strom lassen. Genug mit Elektrizität! – Schlaf wohl, Mensch des elektrischen Zeitalters. – Morgen früh weckt er uns wieder, der dienstbare Geist. – Und während wir schlafen, rast und pulst es weiter in der betriebsamen Stadt, im einsamen Dorf, über das weite Meer, Elektrizität im Äther, Rundfunk, Fernsehen, drahtlose Telegrafie schwingt rings um den Erdball. In weitmaschigen Kupfernetzen sitzt sprungbereit, dienstbereit die vielseitige Gehilfin des Menschen.

Drücken wir auf den Schalter der Lampe, glüht sie auf; drehen wir am gerändelten Knopf des Radiogerätes, so tönt es. Jetzt und immer. Die Elektrizität wartet darauf, daß wir uns ihrer bedienen.

Oder lassen wir das. Lassen wir sie warten, die Kobolde in den

Drähten. Überlegen wir uns, während wir einschlafen, noch einmal, was sie alles tun. Fragen wir: Was ist Elektrizität?

Sie leuchtet, sie wärmt, sie kühlt, sie dreht. Sie spielt und singt – möchte man fast sagen.

... Und wir geben uns die Antwort: Also ist Elektrizität alles das: Licht, Wärme, Kälte, Bewegung? –

Falsch geraten!

Elektrizität sieht man nicht. Elektrizität hört man nicht. Der Blitz, der in rasender Schnelle vom Himmel zuckt, der Donner, der ihn begleitet, das Licht, das aus dem glühenden Metallfaden der Lampe strahlt, die Wärme, die Kälte, die Drehbewegung, sie alle sind nur Wirkungen, die der elektrische Strom hervorbringen kann.

Elektrizität ist die Kraft, die diese Erscheinungen bewirkt. Elektrizität ist eine Form der Energie, die je nach ihrem Einsatz wärmt, leuchtet, bewegt, die heilt und belebt und die bekanntlich auch töten kann.

Eine Kraft, die man nicht sieht... Sonderbar!

Muß man eine Kraft sehen können? – Sehen wir etwa die Kraft im menschlichen Arm? Nein! Was wir sehen, sind die Muskeln, die Sehnen. Das sind die Träger der Kraft. Und die Nerven setzen auf einen Befehl der Gehirnzentrale die Muskeln in Bewegung.

Die Träger der elektrischen Kraft sind die Elektronen. Sie sitzen im Stoff, in der Materie, beispielsweise im Kupferdraht. Sie sind kleine Kobolde, die dorthin bewegt werden müssen, wo sie Arbeit leisten sollen. Das besorgt die Kraftzentrale. Ein Druck auf den Schalter gibt ihnen den Einsatzbefehl.

Da strömt es dann durch den Draht. Da leistet es willig Arbeit. Es wärmt und leuchtet, so wie du willst und bestimmst. Ein Druck auf den Schalter genügt – und was in Bewegung gerät, was die gewünschte Arbeit versieht, das sind wirklich kleine Kobolde. Ihr Lebenselement ist der Stoff. Ihre Behausung ist das Atom, jener unvorstellbar kleine Teil unserer Körperwelt. Von ihm wollen wir uns jetzt erzählen lassen. Hören Sie bitte zu...

Geheimnisse im Atom

Aus etwas mehr als 100 Elementen baut sich unsere Körperwelt auf. Ihre kleinste Einheit ist das Atom. ›Unteilbar‹ ist der Sinn dieses Namens. Und bis vor kurzem bestand diese Bezeichnung zu Recht. Man wußte, daß die Atome desselben Stoffs an Masse und Gewicht gleich sind, daß sie dieselben chemischen und physikalischen Eigenschaften haben. Man stellte gewisse Verwandtschaften verschiedener Stoffe untereinander, gewisse Stoffgruppen mit Neigungen zueinander und Abneigungen gegeneinander fest und glaubte, mit dem Stoff gründlich Bescheid zu wissen.

Heute weiß man, wie wenig man die Materie noch vor kurzem kannte. Und man weiß auch, daß man noch lange nicht tief genug in ihr Wesen eingedrungen ist, obwohl der Zwerg Atom der modernen Wissenschaft einen großen Teil seiner Geheimnisse, insbesondere seines geheimnisvollen Innenlebens, preisgeben mußte. Heute weiß man, daß auch der festeste, der dichteste, der schwerste aller Stoffe nicht so fest und nicht so dicht ist, wie er dem menschlichen Auge erscheint.

Man weiß, daß es z. B. im starren Bleiklotz pulst und bebt, daß seine Atome in ständiger Bewegung sind, je wärmer er ist. Nur bei 273 Grad Kälte ist er vollkommen starr. Je wärmer er wird, desto mehr kommen seine Atome durcheinander. Am lebhaftesten, wenn er schmilzt. Und beim Verdampfen endlich sagen

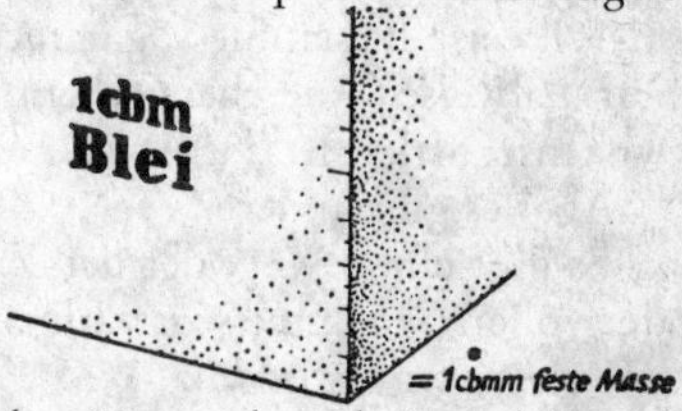

Bild 1. Auch die schwersten und dichtesten Stoffe sind nur zum kleinsten Teil feste Masse

sich die äußeren Atome von der Masse der übrigen los und schwirren davon, wie wenn der Wind in einen Schwarm Schneeflocken bläst.

Aus solchen ›Schneeflocken‹ baut sich der Bleiklotz auf. Was dem Menschen bei der oberflächlichen Betrachtung als festes Gefüge erscheint, das ist ein lockeres Gebilde. Wie aus duftigen Schneeflocken zusammengesetzt, die, zusammengedrückt, den Bleiblock von einem Kubikmeter Größe in einen einzigen Stecknadelkopf zusammendrängen würden, so muß man sich den massiv erscheinenden Klotz vorstellen. Der Stecknadelkopf allein ist seine Masse. Er allein bestimmt sein Gewicht. Ein Stecknadelkopf von 11 340 Kilogramm aufgeblasen zu einem Kubikmeter. Das meiste ist leerer Raum.

Aber betrachten wir das Atom näher. Nehmen wir den kleinsten von den Stoffzwergen unter die Lupe, den Wasserstoff. Es müßte freilich eine ungemein starke Lupe sein, wenn wir in Betracht ziehen, daß eine runde Trillion Wasserstoffatome nötig ist, um mit einem einzigen Gramm ins Gleichgewicht zu kommen. Hier versagt das Vorstellungsvermögen. Oder können Sie sich denken, was dabei herauskäme, wenn man etwa einen Kubikzentimeter Wasser in 1 000 000 000 000 000 000 Teile teilen würde? Und daß ein Knirps von dieser ›Größe‹ – müßte man schon sagen – unteilbar ist, das möchte man doch eigentlich glauben.

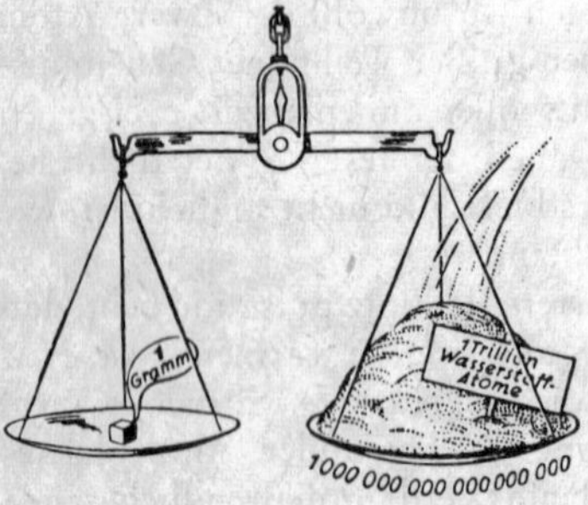

Bild 2. Atome sind die kleinsten chemischen Stoffeinheiten. Das kleinste Atom ist das des Wasserstoffs

Teilweise haben Sie sogar recht, wenn Sie das glauben. Aber nur teilweise. Auf chemischem Wege, sagen Ihnen die Naturwissenschaftler, ist das Atom tatsächlich nicht mehr teilbar.

Aber es gibt andere Wege.

Es gibt einen Weg, der den Zwerg als Riesen erscheinen läßt, der voller Geheimnisse ist. Einen Teil dieser Geheimnisse wollen wir uns verraten lassen.

Was in dem Stecknadelkopf als dem früheren Bleiklotz zusammengedrängt war, das waren die *Atomkerne.* Sie machen die Schwere, das Gewicht, die eigentliche Masse eines Stoffes aus. Sie sind aber nur ein Teil, der kleinste Teil des ganzen Atoms.

Das Atom selbst ist in Wirklichkeit eine Art Familie. Allerdings eine solche mit ganz eigenartigen Beziehungen ihrer Mitglieder zueinander.

Ein interessantes Kind dieser Familie ist das *Elektron.* Es ist nur ein Billionstel Millimeter groß. Und auf ein Gramm gehen so viele Elektronen, wie Kirschen in die Erdkugel passen. Zudem

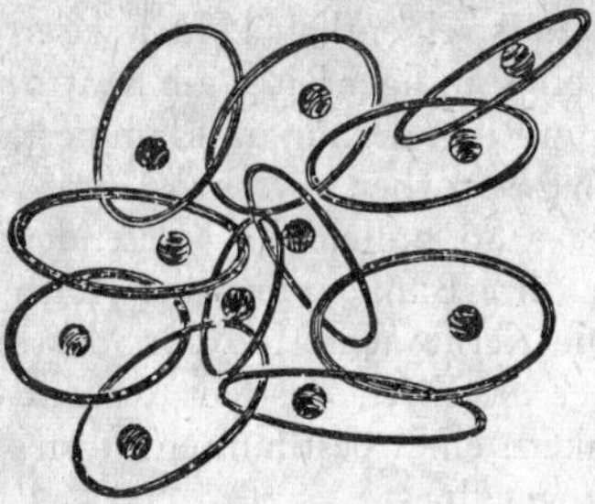

Bild 3. Kreisende Elektronen halten das Atomgefüge im Stoff zusammen

Bild 4. Jedem Elektron ist eine bestimmte Bahn im Atomverband zugewiesen

ist es immer in Fahrt. Anhalten? – Das kann es nicht. Die Naturgesetze zwingen es. Es durchschwärmt und erfüllt den leeren Raum zwischen den Atomkernen.

Machen wir einen Vergleich. Stellen wir uns den Atomkern aufgeblasen zu einem Medizinball vor, dann sehen wir in respektvoller Entfernung ein kugelförmiges Etwas von der Größe eines Fünfmarkstücks an ihm vorbeiflitzen: das Elektron. Vielmehr sehen wir es nicht. Wir ahnen es kaum, denn sieben Billiarden Mal umkreist der eilige Knirps den Medizinball in einer Sekunde. – So umkreist das Elektron den Kern des Atoms in ellipsenförmiger Bahn, wie der Mond die Erde umkreist. Und wenn Sie die Größenverhältnisse interessieren: Nahezu 2000 Elektronen müßte man nehmen, wenn man einen Körper von der Masse eines Wasserstoffatoms daraus bilden wollte.

Im Sinne dieser Betrachtung ist also jedes Atom ein kleines Sonnensystem. Und wie es in der großen Welt am Sternenhimmel droben Sonnensysteme mit einem, mit zwei, mit sehr vielen Planeten gibt, so gibt es Atome, in denen ein, zwei oder mehr Elektronen um den Atomkern kreisen. Jedem Wasserstoffatom ist ein Elektron zugeordnet. Helium hat 2, Eisen 26, Kupfer 29 Elektronenplaneten, die die Atomkerne umkreisen. Dieses Kreisen ist für die Elektronen an bestimmte ellipsenförmige Bahnen gebunden. – Die Summe der Bahnen bestimmt den Gesamtbereich des ganzen Atoms, der im Verhältnis zur Größe des Kerns ungemein groß ist.

In diesen durch die Bahn seiner Elektronen umrissenen Bereich können die Elektronen der Nachbaratome einbrechen. Das tun sie in rasendem Kreisen um ihren eigenen Kern. Stellen Sie sich das mal vor: 7 Billiarden Umdrehungen macht das Elektron um diesen Kern in jeder Sekunde. Das ist eigentlich kein Kreisen mehr. Das ist ein Wirbeln. Das ist ein ständiger Ring, ein Kräftering, der den Atomkern umgibt. Ein Ring, der ihn umklammert, der ihn festhält, der ihn – bildlich gesprochen – verhakt in den Kräfteringen der Nachbaratome. – So halten die kreisenden Elektronen den Stoff zusammen. Ihre Bahnen sind die freien Räume zwischen den Kernen. Die Kerne aber sind der Masse nach der eigentliche Stoff, das Blei, das Eisen, das Kupfer. Und jedem dieser Stoffe, jedem Atomkern eines bestimmten Stoffes ist eine gewisse Zahl Elektronen zugeteilt.

Da herrscht also Ordnung trotz des rasenden Wirbelns. Und wenn keine Störung kommt, bleibt das auch so. Gelingt es aber, auf irgendeine Weise diese Ordnung zu stören, dann wird das Atom ›elektrisch‹.

Die Elektronen sind nämlich – das kann man sich aus ihrem Namen zusammenreimen – die Träger der Elektrizität. Genauer ausgedrückt sind sie negativelektrisch. Und in dieser Eigenschaft sind sie sich alle gleich. Negative Elektrizitäten stoßen sich aber immer ab. Das heißt, daß alle Elektronen untereinander sich ebenfalls abstoßen. So ist es auch. Wenn ein Körper nur aus Elektronen bestünde, müßte er augenblicklich auseinanderfallen.

Demzufolge muß ein Körper, der Elektronen beherbergt, Kräfte in sich haben, die dem Drang der Elektronen entgegengerichtet sind. Diese Wirkung kommt dem Atomkern zu. Je nach Stärke dieser Kraft, die man des besseren Verständnisses halber für positiv halten kann, ist der Atomkern in der Lage, ein oder mehrere solcher negativen Elektronen an sich zu binden.

Um das zu erklären, müssen wir uns zuerst ein wenig mit dem Atomkern befassen. Das ist nämlich auch wieder ein ganz kompliziertes Gebilde, das aus Protonen und Neutronen besteht. *Protonen* machen gewissermaßen seinen Hauptbestandteil aus. Sie sind die Träger des Gegengewichts gegen die Elektronen. Sie sind immer ans Atom gebunden. Jedem Proton ist ein Elektron zugeordnet. Proton und Elektron sind treue Freunde. Die Anzahl der Protonen bestimmt die Größe der Bindungskraft des Atoms gegenüber den Elektronen. Im Wasserstoffatom wird immer ein Proton von einem Elektron umkreist. Im Heliumatom sind es zwei. Im Kupferatom sitzen 29 Protonen, die zusammen 29 Elektronen festhalten können.

Neben den Protonen fallen den *Neutronen* besondere Aufgaben zu. Die Protonen stoßen sich untereinander nämlich auch wieder ab. Die Neutronen binden die Protonen im Atom fest.

Das ist ihre Aufgabe. Proton und Neutron sitzen nun im Atomkern beisammen. Rings um den Kern herum kreisen die Elektronen. Diesen Zustand haben wir oben mit Ordnung bezeichnet. Ordnung ist also das Gleichgewicht der Kräfte der Protonen und Neutronen oder kurzerhand des Atomkerns mit den Elektronen.

Was geschieht nun, wenn aus irgendeinem Grunde das Gleichgewicht gestört wird? – sagen wir mal, wenn aus einem Atomverband ein oder eine Anzahl Elektronen entfernt werden? –

Na, auf die paar winzigen Kobolde kommt es doch wohl nicht an, werden Sie sagen. Aber da haben Sie nicht mit den Protonen gerechnet. Augenblicklich werden sie von einer unheimlichen Sehnsucht befallen. An die Stelle der Ordnung, der Ruhe und Ausgeglichenheit tritt ein Spannungsverhältnis der Kräfte. Sie sind bestrebt, wieder ins Gleichgewicht zu kommen, irgendwoher den Elektronenbestand zu ergänzen, sobald sich Gelegenheit bietet. Schafft man diese Gelegenheit, bietet man einen beschreitbaren Weg, dann fließt den gestörten Atomen ein Elektronenstrom zu, den wir kurz und bündig elektrischen Strom nennen. Vorübergehend, über die Dauer des Spannungsverhältnisses der Kräfte, ist der Stoff positivelektrisch gewesen. Nun, nach dem Zufluß der negativelektrischen Elektronen, ist die Spannung wieder dem Gleichgewichtszustand gewichen. Der Körper ist unelektrisch. Wie wenn nichts gewesen wäre, kreisen die Elektronen im 100-Kilometer-Tempo wieder um ihren Atomkern. Das ist doch sehr einleuchtend. Und ebenso klar ist der umgekehrte Fall.

Würde man nämlich den einzelnen Atomen zu viel Elektronen zuführen, das heißt mehr, als ihre Protonen binden könnten, dann wäre der Körper negativelektrisch. Wieder wäre an Stelle des Gleichgewichts ein Spannungsverhältnis zwischen Atomkernen und Elektronen aufgetreten, das nur durch Abgeben von Elektronen zum Abklingen kommen könnte.

Die dabei fließenden Elektronen sind imstande, Arbeit zu leisten.

Aber wie man das macht, dieses Hinzutun, dieses Wegnehmen von Elektronen, davon soll das nächste Kapitel berichten.

Bernsteinkraft

Das hat jeder schon beobachtet: Wenn man mit einem Kamm aus Celluloid oder einem der heute üblichen Kunststoffe durch die trockenen Kopfhaare fährt, sträuben sich diese ein wenig. Es knistert leise dabei. Im Dunklen sehen wir winzigkleine Fünkchen sprühen.

Vor 2000 Jahren ist den Griechen eine entsprechende Erscheinung aufgefallen: Wenn man Bernstein mit einem trockenen Lappen rieb, konnte man ihm ähnliche, damals unerklärliche Erscheinungen entlocken. – »Bernsteinkraft« nannte man sie im Jahr 1630, Elektrizität mit dem griechischen Wort, das heute in aller Munde ist. Was im einzelnen dabei vor sich geht, das zu wissen, verdanken wir der Elektronentheorie.

Nehmen wir ein Stück Wolle und einen Glasstab. Reiben wir den Stab. Wir entziehen ihm dabei Elektronen, die er irgendwie wieder ergänzen möchte. Wir machen ihn ›pluselektrisch‹, wie man sagt, ›positiv‹.

In einem Stückchen Papier, das wie alle anderen Stoffe auch Elektronen in sich birgt, geben wir ihm diese Gelegenheit. Mit einem Schlag versucht er seinen Elektronenhunger zu stillen. Er lechzt ja nach ihnen. Wie ein Wirbelwind stürmen sie aus dem Papierschnitzel auf den Glasstab zu. Das Papier wird mitgerissen, bleibt hängen, bleibt so lange hängen, bis Glas und Papier ihren Elektronenbestand einander angeglichen haben. In diesem Zustand kommt den Elektronen ihr angeborenes Selbstbewußtsein, ihre Streitsucht, ihre Neigung zum Bruderzwist zum Bewußtsein. Sie stoßen sich untereinander ab. Das Papier fällt zu Boden. –

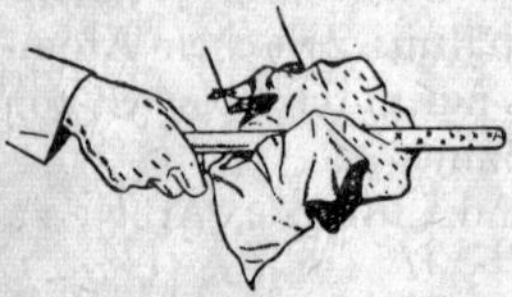

Bild 5. Durch Reiben werden Elektronen vom Glasstab abgezogen

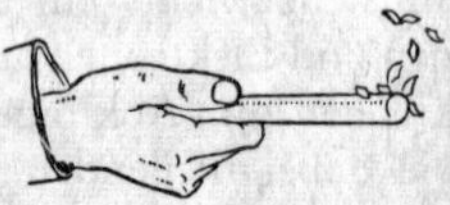

Bild 6. Der geriebene Stab zieht Papierschnitzel an

In gleicher Weise kann der Stab die ihm fehlenden Elektronen etwa auch aus unserer Hand ersetzen. Unsere Hand holt die Elektronen aus dem Körper, der Körper aus dem Boden. Und die Erde? – Die ist unser großes Elektronenreservoir.

Die im Glasstab und etwa im Bernstein entstehenden Elektrizitäten sind übrigens nicht dieselben. Sie sind einander entgegengesetzt. Das hat man schon frühzeitig entdeckt. Und um das auszudrücken, hat man die eine mit einem + Zeichen, die andere mit einem – Zeichen versehen und sie positiv und negativ genannt. – Wie gesagt, ohne ihre wahren Eigenschaften und den Grund ihres Zustandekommens zu kennen,

Von Protonen und Elektronen wußte man damals noch nichts, obwohl sie natürlich schon immer wirksam waren.

Weil man aber die zwei Arten von Elektrizität mit + und mit – Vorzeichen versehen hatte, mußte man für das Fließen des Stromes auch eine bestimmte Richtung festlegen. Plus ist nun in der ganzen Welt mehr als Minus, was lag also näher, als den Strom von Plus kommen und nach Minus fließen zu lassen. Erst die Elektronentheorie hat mit dieser Ansicht gebrochen. Sie hat die ganze Wissenschaft vom Kopf, auf dem sie stand, auf die Füße gestellt.

In vielen Lehrbüchern und auch in der Praxis erklärt man gewisse Vorgänge auch heute noch nach dem alten Schema. Der von uns beschrittene Weg ist der neue. Und es ist der einzige, auf dem wir alles in der Elektrizität logisch und klar verfolgen können.

Aber inzwischen sind wir ein wenig abgeschweift. Darum zurück zu Glasstab und Papierschnitzel. Wir wollen noch eine kurze Überlegung daran anknüpfen.

Zweifellos erforderte das Anziehen des Papierstückchens eine gewisse Kraft und bedeutete eine Arbeitsleistung. Und für den geringen Aufwand, das Glas und den Wollfetzen aneinander zu reiben, war das doch eine ganz beachtliche Leistung.

Da taucht die Frage auf: Kann man das auch ins Große übertragen? In den elektrischen Kraftwerken wird das doch sicher so gemacht. Da dreht sich was, da reibt sich was, da entsteht Elektrizität.

Aber so einfach ist es doch nicht. Art und Menge der auf die vorbeschriebene Weise erzeugten Elektrizität würden für technische Zwecke nicht genügen. Die Elektrizität für Haushalt und Technik entsteht auf ganz andere Weise. Was wir eben untersucht und erklärt haben, nannte man früher ›Reibungselektrizität‹. Heute weiß man, daß es nur eine Art von Elektrizität gibt und daß sie in all ihren Erscheinungsformen auf die Elektronen zurückzuführen ist.

Galvanische Elektrizität

Im Gespräch über diese Dinge sind wir zufällig zusammengeraten. Mein Gegenüber legt Glasstab und Wollappen weg, mit denen er sich anscheinend beschäftigt hat. »Diese ›Reibungselektrizität‹ ist eigentlich zu nichts nütze«, sagt er unwillig. Dann wendet er sich lächelnd an mich:

»Haben Sie übrigens schon von ›chemischer Reibung‹ gehört? Von der ›Reibung‹ zwischen Metallen und einer Säure etwa?«

Ich lächle verständnisvoll.

Da wird der andere ernst:

»Sie wissen doch, Säuren haben's in sich. Säuren und die meisten Metalle vertragen sich nicht. Meist ist es so, daß die Säure das Metall zernagt, zerstört, zumindest seine Oberfläche verändert. Stellt man zum Beispiel in ein Gefäß mit verdünnter Schwefelsäure eine Kupfer- und eine Zinkplatte, dann geht die Geschichte los.«

»Was für eine Geschichte?«

»Hören Sie zu! Durch die verdünnte Schwefelsäure werden Kupfer- und Zinkplatte an ihrer Oberfläche verändert. Das Zink löst sich teilweise auf. Einzelne Zinkteilchen lösen sich von der Zinkplatte ab. Dabei bleibt eine größere Menge Elektronen im Zink zurück. Mehr als das Metall binden kann. Die Zinkplatte ist damit negativelektrisch geworden.«

»Gegen wen?«

»Gegen die Säure!«

»Damit wäre die Säure also positiv?«

»Ganz richtig. – In der Gegend um die Zinkplatte herum bildet sich Zinksulfat. Und, was im Augenblick wichtiger ist, es besteht eine elektrische Spannung zwischen den zweien. Sie beträgt 0,8 Volt.«

»Wie, bitte?«

»0,8 Volt! Das Kind muß doch einen Namen haben.«

»Meinetwegen also Volt, oder wie Sie wollen. Aber ich finde, mit solch einer seltsamen Bezeichnung wird diese einfache Angelegenheit reichlich kompliziert.«

»Wieso? Man gewöhnt sich eben dran. Denken Sie an Spannungsgrade. Also etwa so: der Elektronenunterschied zwischen Zink und Zinksulfat beträgt 0,8 Spannungsgrade.«

»Darunter könnte man sich eher etwas vorstellen.«

»Aber schließlich ist der Name ja gleichgültig. – Es fällt doch auch keinem Menschen ein, statt Kilogramm Gewichtsgrade zu

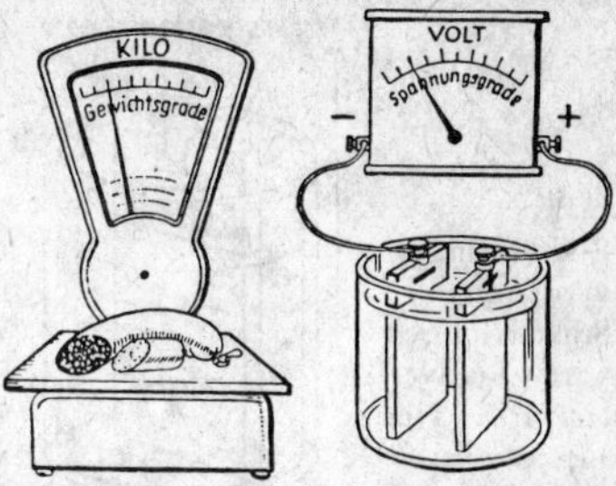

Bild 7. Volt ist das Maß für die elektrische Spannung

sagen. Vom Umgang mit Meter und Kilogramm weiß man, was und wieviel das eben jeweils ist.«

»Also Volt = Grad der Anziehung zwischen Protonen und Elektronen bzw. Spannungsgrad zwischen Elektronenmangel und Elektronenüberschuß.«

»Im Falle Zink–Säurelösung 0,8 Volt.«

»Das heißt...«

»... daß auch zwischen Säure und Kupfer eine elektrische Spannung besteht. Stellt man nämlich in verdünnte Schwefelsäure eine Kupferplatte, dann gehen auch Kupfer und Säure eine Verbindung miteinander ein. Es bildet sich Kupfersulfat. Dabei geschieht allerdings genau das Gegenteil von vorher. Die ursprünglich abgelösten Kupferteilchen gehen zurück zum Kupfer. Ihre Elektronen bleiben in der Flüssigkeit. Damit ist jetzt die Flüssigkeit negativ-, das Kupfer positivelektrisch.«

»Und die Spannung?«

»0,3 Volt!«

»Ja, und wenn wir nun alle drei in einen Topf werfen?«

»Stellen, bitte! Hier Zink, hier Kupfer, dazwischen die verdünnte Schwefelsäure. – Das Zink ist gegenüber der Flüssigkeit negativ. Das Kupfer ist im Verhältnis zur Flüssigkeit positiv. – Wenn wir jetzt die Flüssigkeit überspringen und die Spannung zwischen den beiden Platten messen, kommen genau 1,1 Volt heraus. Das ist die Summe der beiden früheren Feststellungen.«

»Die Spannung eines Zink–Kupfer-Elements beträgt demzufolge 1,1 Volt.«

»Jawohl! Hätten wir aber Zink und Kohle mit einem geeigneten Elektrolyt – so sagt der Fachmann zu der bewußten Flüssigkeit – in Verbindung gesetzt, dann hätten wir etwa 1,5 Volt Spannung bekommen.«

»Da wären dann die ihrer Elektronen beraubten Protonen in der Kohle gesessen. Auf dem Zink hätten sich die Elektronen

Bild 8. Zink in verdünnter Schwefelsäure wird negativelektrisch. Die Flüssigkeit wird positiv

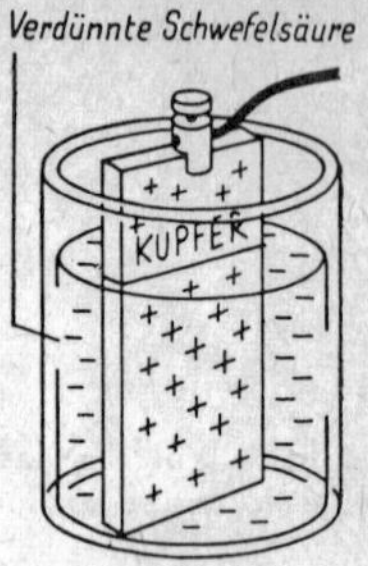

Bild 9. Kupfer in verdünnter Schwefelsäure wird positiv elektrisch. Die Säure wird negativ

gedrängt...« – »... um die nächste Gelegenheit wahrzunehmen, die sie zu den Protonen bringt. Diese Gelegenheit ist etwa ein Kupferdraht. Legt man außerhalb des Elektrolytes einen solchen Draht zwischen Kohle und Zink, dann kann man was erleben.«

»Dann gehen wohl die Elektronen vom übervölkerten Zink zur elektronenarmen Kohle zurück, und die Sache ist erledigt.«

»Ganz recht. Man nennt das einen Stromkreis. Durch ihn fließt ein Elektronenstrom oder, anders ausgedrückt, ein elektrischer Strom. Wie das geht, das ist noch eine ganz besondere Sache. Davon später. Durch den Abfluß der Elektronen vom Zink kann der Elektrolyt aber weiterhin neue Elektronen ins Zink hineintragen. So geht es fort in einer lustigen Wanderung.«

»Und wenn man den Verbindungsdraht abschaltet?«

»Dann dauert das Fließen der Elektronen durch die Säure bzw. den betreffenden anderen Elektrolyten noch so lange an, bis ein gewisser Sättigungsgrad erreicht ist, genau wie vorher. Also im Falle Kupfer–Zink bei 1,1 Volt, im Falle Kohle–Zink bei 1,5 Volt Spannung. Das geht so fort, bis das Zink aufgelöst oder der Elektrolyt verbraucht ist.«

»Fabelhaft! – Wer das alles entdeckt hat!«

»Der erste, der auf diesem Wege Elektrizität hergestellt hat, war ein Italiener namens Galvani. Ihm zu Ehren nennt man das,

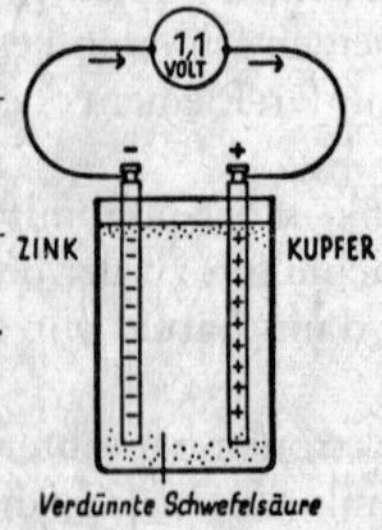

Bild 10. Im Stromkreis wandern die überschüssigen Elektronen der negativen Platte zur positiven Platte. Der Elektrolyt leitet sie wieder zur negativen Platte

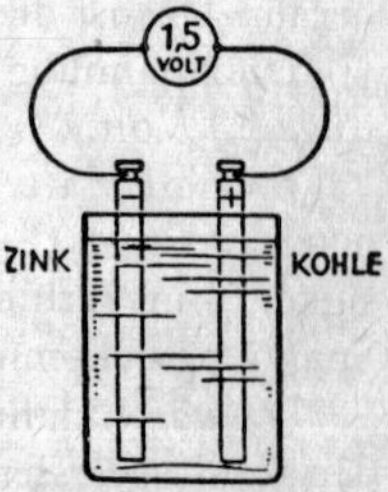

Bild 11. Zink-Kohle-Element. Hier sind die Spannungsverhältnisse besonders günstig

wovon wir eben gesprochen haben, *Galvanische Elektrizität.* – Haben Sie übrigens schon mal eine Taschenlampenbatterie zerlegt?«

»Da ist Sägemehl drin!«

»Ja, und?«

»?«

»Ich will nachhelfen. Wissen Sie, was Batterie heißt?«

»Na, bei der Artillerie versteht man darunter eine Anzahl Geschütze, die unter einem Kommando stehen.«

»Und in der Elektrotechnik ist eine Batterie eine Anzahl Elemente, die, wenn man beim Vergleich bleiben will, ebenfalls unter einem Kommando stehen, die also zu einem Ganzen zusammengefaßt sind.«

»Also mehrere Elemente.«

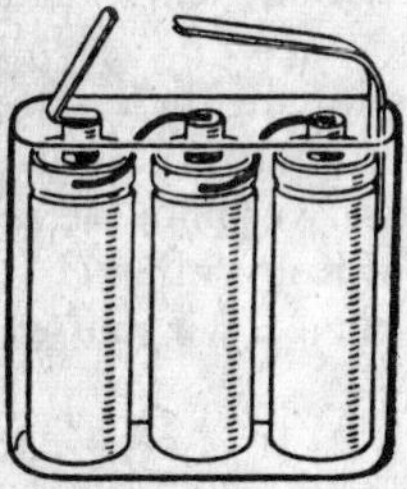

Bild 12. In der Taschenlampenbatterie sind mehrere Elemente zusammengeschaltet

Bild 13. Trockenelement der Taschenlampenbatterie

»Jawohl. In der Stabbatterie sind es zwei, in den meist gebräuchlichen flachen Batterien sind es drei.«

»Wozu das?«

»Überlegen Sie mal. – Man kann damit die Spannung erhöhen, die Feuerkraft der elektrischen Artillerie. Zwei Elemente, deren einer Zinkpol mit dem andern Kohlepol verbunden ist, haben eine elektrische Spannung von doppelter Höhe, also von 2mal 1,5 Volt = 3 Volt.

Das Sägemehl ist übrigens nur ein Füllmittel, eine Art Schwamm, der mit Salmiaklösung getränkt ist. Er macht die Batterie zur Trockenbatterie. Das salmiakgetränkte Sägemehl liegt in einem Zinkbecher, in dessen Mitte ein Kohlestab steht. Die Kohle wird vom Salmiak und dieses wieder vom Zinkbecher rings umschlossen. Damit ist die an der Elektronenwanderung beteiligte Fläche besonders groß. Und das ist wichtig. Das bestimmt die Menge der Elektronen, die an der Wanderung gleichzeitig beteiligt sind.«

»Ja, und der Beutel, der da um den Kohlestab gebunden ist?«

»Ach so! – Da ist Braunstein drin. Wenn der nicht wäre, würde das Element mit einemmal aufhören, ein Element zu sein. Bei der chemischen Umsetzung zwischen dem Elektrolyt und der Kohle bilden sich nämlich Wasserstoffbläschen, die sich rings um die Kohle herum festsetzen. Je mehr Strom entnommen wird, desto mehr Bläschen setzen sich fest. Bis schließlich der Elektrolyt mit der Kohle gar nicht mehr in Berührung kommen könnte.«

»Da stünden sich dann Zink und Wasserstoff als *Elektroden*, das heißt also als Stellen der Stromzuleitung und -ableitung unseres Elements gegenüber?«

»Jawohl, und der Erfolg wäre, daß die aus dem Zink und dem Wasserstoff kommenden elektrischen Kräfte der ›Elektromotorischen Kraft‹ des Zink-Kohle-Elements entgegenstehen und sie schließlich aufheben würde. Polarisation nennt man das. –

Und zur Depolarisation, das heißt zur Beseitigung dieses Zustandes dient, wie gesagt, der Braunstein. Er enthält Sauerstoff, der sich mit den Wasserstoffbläschen zu Wasser verbindet. Dadurch bleibt dann dem Elektrolyt der Weg zur Kohle offen.

So ist das mit den Elementen. – Aber ich glaube, wir müssen jetzt Schluß machen.«

»Sie meinen, es würde sonst zuviel?«

»Ja, mein Lieber! Aber wissen sollte man das schon…«

»… wenn man ein Buch über diese Dinge schreiben will. – Vielen Dank, Herr Kollege!«

»Sie sind also selbst vom Fach? – Sie…«

»Keine Ursache. Zwei wissen mehr als einer. Und auf die Idee mit der ›chemischen Reibung‹ wäre ich nicht gekommen. Es war eine gute Gedankenbrücke – wenn die ganze ›galvanische‹ auch nicht viel mit der Reibungselektrizität zu tun hat.« ––

Die drei Unzertrennlichen

Spannung ist ein sehr weitläufiger Begriff. Immer aber, wo wir ihn auch verwenden, umreißt er ein Verhältnis zwischen Zweien.

Spannung kann ebensogut zwischen zwei Menschen wie zwischen zwei Völkern bestehen, um so eher, wenn sie aufeinander angewiesen sind. Haben sie nichts miteinander zu tun, so sind sie sich mehr oder weniger gleichgültig. –

Spannung besteht zwischen den beiden Polen eines Elements oder einer Batterie.

Spannung besteht zwischen den beiden Buchsen einer elektrischen Steckdose, an die wir etwa eine Lampe anschließen.

Spannung ist ein Zustand, Spannung wartet, wartet auf den Ausgleich, auf ein Abklingen, auf die Gelegenheit dazu – ganz gleichgültig, ob es sich um das Verhältnis zwischen zwei Menschen oder zwischen zwei Polen einer elektrischen Anlage handelt.

Spannung kann sogar bestehen, auch wenn keine Aussprache (beim Menschen) erfolgt, kein Versuch (bei der Elektrizität wie beim Menschen) gemacht wird, sie abklingen zu lassen.

Im menschlichen Leben gibt es kleine und große Spannungen. In der Elektrizität auch. Hier mißt man sie sogar. Ihre Maßzahl heißt »Volt«, nach einem italienischen Physiker namens Volta benannt.

Im allgemeinen Sprachgebrauch spricht man von Schwachstrom und Starkstrom, von Niederspannung und Hochspannung. Diese Begriffe sind etwas unklar. Wenn man von »Schwachstrom« spricht, meint man nämlich meist Ströme von »niedriger Spannung«. Es ist, als ob hier die Begriffe austauschbar wären. Das sind sie aber nicht. Wo es um Spannung geht, müßte man immer auch Spannung sagen. Wenn wir kurz und bündig von

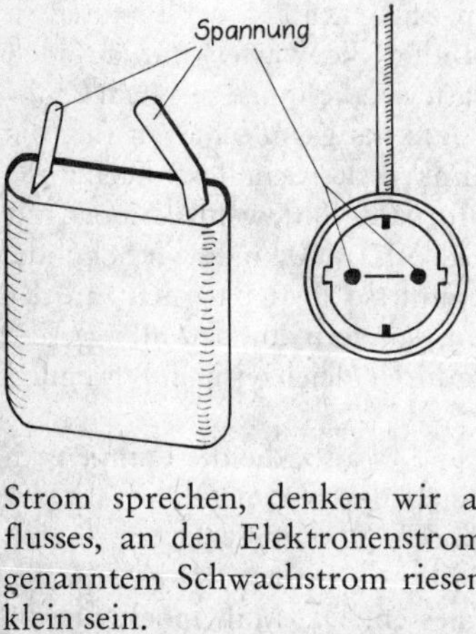

Bild 14. Elektrische Spannung wartet auf den Einsatz. Strom fließt erst nach Schließen des Stromkreises

Strom sprechen, denken wir an die Stärke des Elektronenflusses, an den Elektronenstrom. Und der kann auch bei sogenanntem Schwachstrom riesengroß und bei Starkstrom sehr klein sein.

Wir müssen das gut auseinanderhalten.

Darum noch einmal kurz: Spannung ist es, die in der Steckdose wartet. Die Höhe der Spannung bedeutet die Größe des Zwangs, des Drucks, unter dem die arbeitsbereiten Elektronen stehen. Spannung mißt man in Volt.

Spannung allein ist aber nicht imstande, Arbeit zu leisten. Dazu brauchen wir Elektronen, fließende Elektronen, einen Elektronenstrom von einer gewissen Stärke. Erinnern wir uns an die ersten Seiten des Buches. Dort ist gesagt, daß wir Elektronen dorthin bringen müssen, wo gewärmt oder geleuchtet werden muß. Wir müssen ihnen einen Weg bahnen, Gelegenheit zu einem Kreislauf vom Zink über das Arbeitsgerät zur Kohle geben. Ein Stromkreis muß gebildet werden, der die Elektronen zu den Protonen zurückführt, damit sie von dort durch den Elektrolyt wieder zur Kohle wandern können. Ohne Stromkreis kein Stromfluß. Klemmen wir nur eine Zuleitung zu unserer Glühbirne ab, unterbrechen wir eine Leitung mit dem Schalter, dann stockt der Elektronenfluß. Schalten wir wieder ein, dann ... ja, dann jagen die Elektronen ... falsch! Dann schleichen sie nämlich. Dann schleichen sie wirklich und wahrhaftig durch die Lücken im Atomgefüge des Stromkreises. Wie wenn der Metzger durch eine schon gefüllte und nicht abgebundene Wursthülle die Wurstmasse hindurchdrückt, so schieben sich die Elektronen durch den Draht. Immerfort wandern Fleischbrocken in die Hülle hinein. Immerfort wandern andere am Ende der Wursthaut heraus. – Andere, wohlverstanden!

So ist das mit den Elektronen. Im Draht, in der Leitung, in der Lampe selbst sitzen sie ständig. Sie warten nur auf den Druck, auf die Spannung der Batterie, die ihnen aus dem Zinkstab neue Elektronen zuführt. Ganz langsam schieben sich die Elektronen fort. Wenn beim Klinken des Schalters die Lampe am Ende einer langen Leitung sofort aufglüht, wenn dennoch mit der Geschwindigkeit des Lichts, also 300000 km in der Sekunde, ihr Glühdraht zum Glühen kommt, so liegt das nicht an der Geschwindigkeit der Elektronen, sondern an der Menge, die durch den ganzen Stromkreis hindurch gleichzeitig in Bewegung gerät.

Diese fließenden Elektronen sind es also, die die Lampe zum Glühen bringen. Sie zwängen sich durch den Glühdraht der Lampe oder des Heizofens hindurch. Dadurch erhitzen sie ihn. An der Stärke der Erhitzung könnten wir vergleichsweise die Stärke des Elektronenstromes messen. Die Maßeinheit für die Stärke des elektrischen Stromes ist 1 Ampere. – Ampère war ein französischer Physiker. – Und 1 Ampere ist der Strom, in dem

6,3 Trillionen, also 6 300 000 000 000 000 000 Elektronen in 1 Sekunde durch einen Leiter fließen.

Man sollte also meinen, wenn man die Elektronen zählte, hätte man Maß genug für die Stärke ihres Flusses. Übergenug, was die Größe der Zahlen anbelangt, die dabei zustande kämen. Einfacher und praktischer ist es, immer 6,3 Trillionen in 1 Ampere zusammenzufassen.

Das mit den vielen, das heißt, das mit wie vielen Elektronen, weiß nicht einmal jeder. Genausowenig, wie auch nicht jedem Mann vom Bau etwa bekannt ist, daß er in seinem Meterstab den vierzigmillionsten Teil des Erdumfangs in der Hand hält. Aber die Ampere, die kann jeder ablesen. Die sind auf einer Skala markiert, 1, 2, 3, 4, 5 mit Teilstrichen, auf die ein Zeiger weist. Der Zeiger sagt es uns jederzeit, was wir wissen wollen.

Wie geschieht das?

Das wollen wir nun auch gleich überlegen.

Also denken wir uns eine Taschenlampenbatterie. Eines der beiden Messingblättchen ist an den Minuspol, das andere an den Pluspol der Stromquelle angelötet. Zwischen beiden herrscht eine gewisse Spannung. Nehmen wir an 3 Volt.

Diese Spannung hält die Elektronen, die im Elektrolyt zum Zink gewandert sind und nun zur Kohle zurück möchten, unter Druck.

Halten wir eine Taschenlampenbirne an die beiden Polenden, dann glüht sie auf. Warum? Nun, weil unter dem Druck bzw. der Spannung die überschüssigen Elektronen vom Zink durch den Glühdraht der Lampe zur Kohle fließen. – Das ginge so lange, bis Zink oder Elektrolyt aufgebraucht wären oder bis wir die Glühlampe wieder entfernen. Tun wir letzteres, dann ist weiterhin Spannung zwischen den Polen der Batterie. Es fließt aber kein Strom. – Wenn wir die Lampe wieder anschließen, fließt der Elektronenstrom von neuem. Der Metallfaden der Lampe glüht.

Von der Stärke des Glühens könnten wir auf die Stärke des Stromes schließen. Würden wir den Grad des Glühens messen, dann könnten wir Rückschlüsse auf die Stromstärke ziehen. Das tun wir im Hitzdraht-Amperemeter.

Wir wissen: Hitze dehnt einen Körper. Ein erhitzter Draht vergrößert seine Länge. Machen wir einen solchen Draht zwischen zwei Punkten fest, dann hängt er durch die Einwirkung der Hitze durch, bei geringer Erwärmung wenig, bei starker

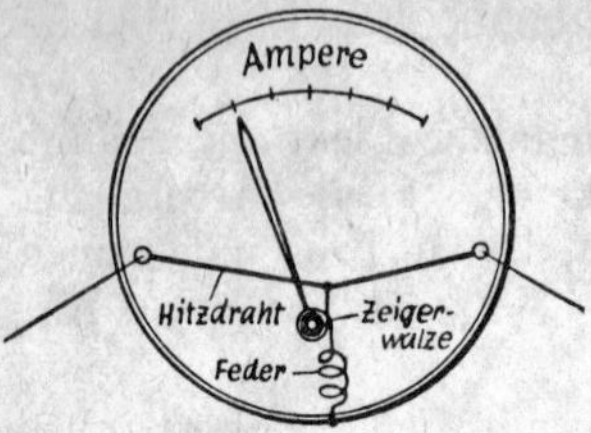

Bild 15. Hitzdraht-Strommesser

Erwärmung viel. Wie weit er durchhängt, das läßt sich messen und durch einen Zeiger auf einer Skala ablesen.

Lassen wir den Hitzdraht dieses Meßgeräts vom Elektronenstrom, der etwa eine Glühlampe zum Leuchten bringt, durchfließen, dann sagen uns Zeiger und Skala, wieviel Ampere durch den Glühfaden der Lampe fließen. Vorher müssen wir das Meßgerät natürlich durch Vergleich mit einem andern geeicht haben. – So einfach ist das. Und unser Instrument ist zudem sehr genau.

So, die Volt und die Ampere hätten wir. Nun fehlt nur noch der Dritte im Bunde. Das sind die Ohm.

Nun könnten wir sagen: 1 Ohm ist der Widerstand, der bei 1 Volt Spannung 1 Ampere Stromstärke durch eine Leitung fließen läßt. Damit wäre eigentlich schon alles gesagt. Aber die Erklärung wäre doch etwas plötzlich gekommen.

Untersuchen wir die Sache also gründlicher. Gehen wir nochmals zu unserer Taschenlampe zurück. Wie war das? – Zwischen den Klemmen der Batterie waren Volt. Durch den im Stromkreis liegenden Glühdraht der Lampe flossen Ampere. – Die Volt haben die Ampere durch die Lampe hindurchgedrückt. Ohne Draht würden sie nicht fließen, man braucht also den Draht, den Stoff, der die Elektronen leitet. Dieses Leitvermögen des Drahts ist aber beschränkt und begrenzt. Die Elektronen können nicht in beliebiger Menge ungehindert hindurch. Der Draht stellt dem Elektronenstrom einen Widerstand entgegen.

Der Draht ist also auch ein wichtiger Faktor. Je dicker er ist, desto mehr Elektronen läßt er durch. Je dünner er ist, desto mehr Widerstand setzt er dem Strom der Elektronen entgegen. Und die Größe dieses Widerstandes mißt man in Ohm.

Der Widerstand eines Drahtes ist also einmal abhängig von seiner Dicke. Ein dünner Draht hat einen großen Widerstand. Ein dicker Draht hat einen kleinen Widerstand. – Dabei setzen wir voraus, daß beide Drähte, die wir miteinander vergleichen, die gleiche Länge haben.

Die Länge ist nämlich ebenfalls ein bestimmender Faktor für die Ohmzahl eines Widerstandes. Ein langer Draht setzt dem Strom mehr Widerstand entgegen als ein ebenso dicker kurzer Draht.

Und damit das Maß voll werde, kommt noch ein Drittes hinzu. Die Ohm sind außerdem abhängig vom Material, aus dem der Draht besteht. – Es gibt gute und schlechte Leiter.

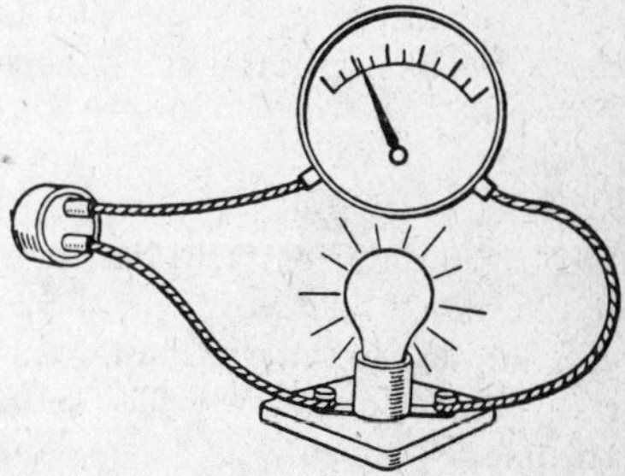

Bild 16. Der Elektronenstrom, der die Lampe zum Glühen bringt, muß den Strommesser durchfließen

Der Grund dafür liegt wieder bei den Elektronen. Außer den im Atom gebundenen haben die guten Leiter nämlich noch sogenannte »freie Elektronen«.

Das sind Vagabunden ihres Geschlechts, die überall und nirgends zu Hause sind, die sich einmal da, einmal dort hingezogen fühlen, die zwischen den Atomen ihr Dasein fristen. Also, um beim früheren Beispiel zu bleiben, in den Lücken zwischen den »Schneeflocken«, die den Stoff, in unserem Falle den Draht, bilden. Sie machen den Grad der Leitfähigkeit und damit umgekehrt des Widerstandes eines Stoffes aus. Wenn ein Stoff viele Vertreter ihrer Art beherbergt, leitet er gut. Wo wenig freie Elektronen zur Verfügung stehen, handelt es sich um einen schlechten Leiter. – Ein Isolator aber ist ein Stoff, der so gut wie gar keine freien Elektronen beherbergt.

Nun, die freien Elektronen in einem Material zählen wir ebensowenig, wie wir die Anzahl der in der Sekunde fließenden Elektronen im täglichen Gebrauch der Elektrizität tatsächlich messen. Diese Feststellung wäre zu schwierig.

Wenn wir wissen wollen, wie gut oder wie schlecht ein elektrischer Leiter ist, dann genügt es, wenn wir seinen »spezifischen Widerstand« kennen.

Was ist das nun wieder?

Wissen Sie, was man mit dem »spezifischen Gewicht« eines Stoffes ausdrückt? Das Gewicht von 1 cm^3 dieses Stoffes, nicht wahr?

Und spezifischer Widerstand ist es, wenn wir feststellen, wie viele Ohm ein bestimmtes Material bei 1 m Länge und 1 mm² Querschnitt hat. Schneiden wir also Drähte verschiedener Materialien mit je 1 m Länge und 1 mm² Querschnitt ab und stellen ihre Ohmzahlen fest, dann ergibt sich

für Kupfer	ein Widerstand von 0,0175 Ohm,
für Eisen	ein Widerstand von 0,12 Ohm,
für Konstantan	ein Widerstand von 0,5 Ohm.

Wir sagen dafür einfach: der spezifische Widerstand von Kupfer ist 0,0175, der von Eisen 0,12 usf. Diese Zahlen sagen uns, daß Kupfer ein guter, Konstantan ein sehr schlechter Leiter ist, und sie zeigen uns, welches Verhältnis ihre Widerstandswerte zueinander haben. Auf Grund dieser Zahlen können wir nun auch den Widerstand eines Drahtes von beliebiger Länge und beliebigem Querschnitt feststellen.

Wollen Sie wissen, wieviel Ohm ein 1000 m langer Kupferdraht von 10 mm² Querschnitt hat? Na, rechnen Sie selbst.

1 m Kupferdraht bei 1 mm² Querschnitt hat 0,0175 Ohm Widerstand.

1000 m Kupferdraht bei 1 mm² Querschnitt hat 1000mal so viel, also 1000 × 0,0175 = 17,5 Ohm.

1000 m Kupferdraht bei 10 mm² Querschnitt leitet besser, weil er dicker ist. Er ist 10mal so dick, also ist seine Ohmzahl nur 1 Zehntel von 17,5 = 1,75 Ohm.

So geht das bei Kupfer. Und bei den anderen Metallen darf man nur entsprechende andere Zahlen einsetzen. Wenn Sie das Ihrem Elektrohändler oder -monteur vorrechnen, kriegt er bestimmt einen Heidenrespekt vor Ihnen.

Und verlassen Sie sich darauf, es stimmt.

Großer Widerstand:	Kleiner Widerstand:
dünner Draht	dicker Draht
langer Draht	kurzer Draht
schlechter Leiter	guter Leiter
viel Ohm	wenig Ohm

Aber da wird er auftrumpfen wollen. Vom »Ohmschen Gesetz« wird er fabulieren. Vom A und O der Elektrizität.

Wiederholen Sie im Geiste: die Ohm drücken aus, in welchem Größenverhältnis die Volt und die Ampere zueinanderstehen. Oder die Größe der Ohmzahl bestimmt, wieviel Ampere bei einer gewissen Voltzahl durch eine Leitung fließen.

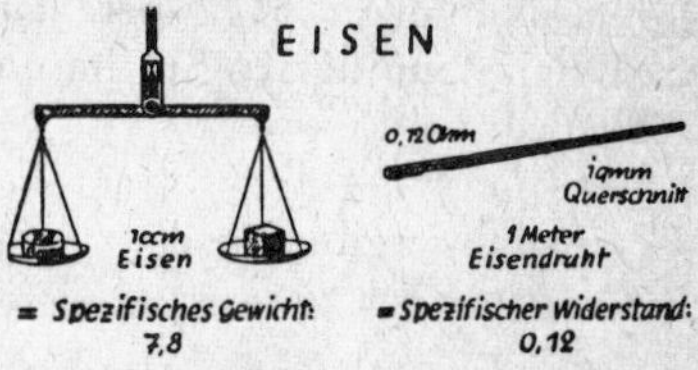

Bild 17. Das spezifische Gewicht gibt die Dichte, der spezifische Widerstand die Leitfähigkeit eines Stoffes an

Ampere ist nämlich Volt : Ohm. Zur zahlenmäßigen Bekräftigung nehmen wir wieder unsere Taschenlampe. Ihre Batterie hat eine Klemmenspannung von 3 Volt. Nehmen wir an, der Glühdraht des Birnchens setze dem Strom einen Widerstand von 1,5 Ohm entgegen. Das ergibt einen Strom von Volt : Ohm, also 3 : 1,5 = 2 Ampere.

Ja, und wenn wir nun dem Glühdraht des Lämpchens die doppelte Spannung zuführen würden, statt 3 jetzt 6 Volt? – Das hätte zur Folge, daß statt der früheren jetzt die doppelte Amperezahl fließen würde. Probe: 6 : 1,5 = 4 Ampere. Mit der höheren Spannung steigt also auch die Stromstärke. Voraussetzung

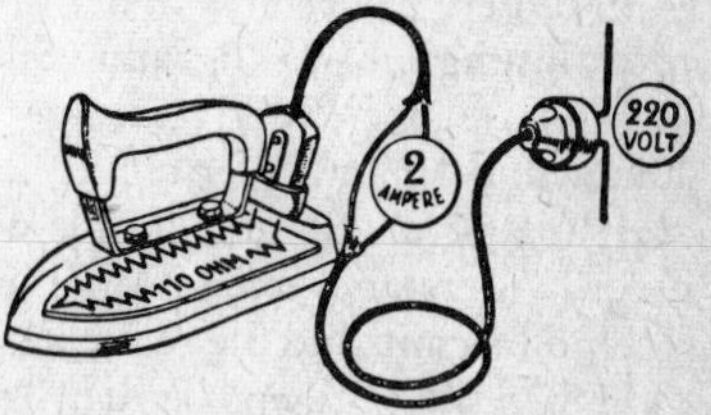

Bild 18. Bügeleisen. Der Widerstand des Heizkörpers bestimmt die Stromstärke bei einer bestimmten Spannung

ist, daß der Widerstand gleichbleibt. Verändern wir nämlich den Widerstand, dann kommt wieder ein anderes Ergebnis heraus. Hätten wir ihn beim letzten Beispiel ebenfalls verdoppelt, dann wäre wieder nur die halbe Amperezahl, nämlich 6 : 3 = 2 Ampere, herausgekommen. So hängen die drei Unzertrennlichen zusammen.

Nun aber weiter.

Wollen Sie wissen, wieviel Ohm der Heizwiderstand Ihres elektrischen Bügeleisens hat, dann sagen Sie sich: Ohm = Volt : Ampere. Schließen wir das Bügeleisen an 200 Volt an und wissen wir, daß es 2 Ampere Strom aufnimmt, dann ist die Rechnung einfach: 220 : 2 = 110 Ohm.

Und wenn Sie, um auch die dritte Möglichkeit zu Worte kommen zu lassen, den Widerstand eines Heizofens und die Stärke seiner Stromaufnahme kennen, dann ist die Betriebsspannung dieses Geräts gleich den Ampere mal den Ohm. Nimmt er 5 Ampere auf bei einem Widerstand von 22 Ohm, dann dürfen Sie ihn nur bei 5 × 22 = 110 Volt anschließen.

Daraus ergibt sich also: 1. Ampere = Volt : Ohm;
2. Ohm = Volt : Ampere;
3. Volt = Ampere × Ohm.

Das sind alle drei Umkehrungsmöglichkeiten des »Ohmschen Gesetzes«. In dieser Bezeichnung hat man übrigens wieder einem verdienten Physiker ein Denkmal gesetzt, diesmal einem Deutschen namens Ohm.

So, und nun wissen Sie ringsherum Bescheid. Ihr Elektriker wird Ihnen jetzt bestimmt keine Falle mehr stellen können. Es sei denn, daß er Sie dahingehend belehren wollte, daß man die Maßeinheiten der drei Grundgrößen ursprünglich wie folgt festgesetzt hat:

1 Ampere ist der Strom, der in einer Sekunde aus einer Silbernitratlösung 1,18 Milligramm Silber ausscheidet.

1 Ohm ist der Widerstand einer Quecksilbersäule von 106,3 cm Länge und 1 mm² Querschnitt bei 0 Grad Celsius.

1 Volt ist die Spannung, die den Strom von 1 Ampere durch einen Widerstand von 1 Ohm hindurchdrückt.

Und hiermit sind Sie selbst darüber im Bilde.

Haben Sie übrigens bei den Angaben für die Ohm den Vermerk über die Wärmegrade beachtet? Die spielen nämlich auch eine Rolle, die wir bisher großzügig übersehen haben. Je wärmer ein stromdurchflossener Leiter ist, desto mehr Widerstand setzt er dem Strom entgegen. Je kälter er ist, desto geringer ist sein Widerstand.

Mit Hilfe der Batterie und des Glühlämpchens einer Taschenlampe und eines möglichst langen und dünnen Stücks Kupferdraht können wir selbst diese Feststellung machen. Mit dem Draht schließen wir die Lampe an die Batterie an. Die dabei erzielte Helligkeit prägen wir uns ein.

Wenn wir nun den Draht auf eine lange Strecke hin über eine Flamme halten, nimmt die Helligkeit der Lampe um so mehr ab, je stärker der Draht glüht. Mit dem Abkühlen des Drahts nimmt die Helligkeit der Lampe wieder zu.

Der Grund für diese Erscheinung liegt allein im wechselnden Erhitzen und Abkühlen des Drahts, also in seiner Wärme. Ähnliche Schwankungen zeigen die anderen Metalle. Eisen zum Beispiel noch mehr als Kupfer. Konstantan aber hat seinen Namen daher, daß es auch bei starken Veränderungen seiner Temperatur ziemlich konstante, also kaum veränderte Widerstandswerte besitzt. Das ist der Grund, warum man es besonders gerne für Widerstände mit wechselnder Belastung beziehungsweise Erwärmung verwendet.

Sehr groß sind die Widerstandsveränderungen bei den im allgemeinen üblichen Temperaturschwankungen nicht, elektrische Leiter sollen sich ja gar nicht erwärmen. Darum kann die Temperatur bei unseren Betrachtungen fast immer außer acht gelassen werden. Die größte Rolle spielt sie naturgemäß bei sehr stark erhitzten Leitern, wie zum Beispiel im Glühdraht der Lampe. Davon soll zu gegebener Zeit ausführlicher die Rede sein.

Erstaunlich groß sind die Widerstandsveränderungen auch bei allen Metallen, wenn wir sie durch besondere Kältemaschinen sehr stark abkühlen. Der Eisschrank in der Küche der Hausfrau genügt dazu nicht. Wenn die Kälte 100 oder 200 Grad unter Null beträgt, wird ihre Wirkung aber sehr deutlich. Immer geringer wird der Widerstand, immer besser wird die Leitfähigkeit. In der Nähe des absoluten Nullpunkts, also bei −273 Grad Celsius ist der Widerstand der meisten Metalle = 0, die Leitfähigkeit somit unbegrenzt. Der Physiker nennt diesen Zustand »Supraleitfähigkeit«, die, allerdings unter sehr schwierig zu schaffenden Voraussetzungen, den völlig verlustlosen Transport des Stromes gestattet.

Im Namen des Gesetzes

Eins läßt mich am letzten Kapitel unbefriedigt, so lang es auch geworden ist: das mit den Meßinstrumenten. Als ob man bloß die Ampere messen würde!

Wie war das mit dem Strommesser?

Das Wichtigste war der Hitzdraht. Der wurde vom Strom durchflossen. Dadurch hing er durch. Alles andere war sozusagen eine rein mechanische Angelegenheit. Also spielt es für die Elektrizität keine Rolle.

Der Hitzdraht wurde vom Strom durchflossen. Strom fließt aber nur, wenn Spannung da ist und in unserem Fall ein Draht. Dieser Draht bedeutet einen gewissen Widerstand.

Nun, eigentlich wollten wir dem Elektronenstrom im Meßgerät keinen unnötigen Widerstand entgegenstellen. Vielmehr wollten wir den Strom, den etwa eine Lampe braucht, messen. Wir waren daher bestrebt, den Hitzdraht des Strommessers möglichst dick zu machen, auf daß er ja recht viele Elektronen durchließe. Allzu dick durfte er natürlich auch wieder nicht sein, sonst hätten die Elektronen wieder keine Veranlassung, sich hindurchzuzwängen. Also entstünde keine Hitze. Also wäre es kein Hitzdraht.

Der Sinn der langen Rede: der Widerstand, die Ohmzahl des Strommessers, muß klein sein. Beträgt der Widerstand des Hitzdrahts zum Beispiel 0,1 Ohm und fließen 10 Ampere durch das Instrument hindurch, dann können wir mit den Ohm und den Ampere eine wichtige Feststellung machen.

Mit Hilfe von Ohm und Ampere kann man doch Volt errechnen. Volt = Ampere mal Ohm, sagt das Ohmsche Gesetz. Aber was sind jetzt das für Volt?

$10 \times 0{,}1 = 1$, also 1 Volt.

Ein Volt ist die Spannung, die der Strommesser zu seinem eigenen Betrieb braucht. Diese Spannung geht der Lampe verloren. Die ursprüngliche Spannung vermindert sich also. Sie fällt ab, sagt der Elektriker. Sie erfährt einen Spannungsabfall. Und zwar immer dann, wenn sie einen Widerstand überwinden muß. Das ist eigentlich beim Durchfließen eines jeden – auch des besten – Leiters der Fall, besonders wenn er sehr lang und dünn ist. Davon wird an anderer Stelle mehr zu sagen sein.

Diese Erscheinung ist nun für sich schon eine sehr wichtige Erkenntnis. Denn für den Fall der Zusammenschaltung einer Lampe mit einem Strommesser ist es doch gewiß nicht gleichgültig, ob die Lampe die vorgesehenen 100 oder nur 99 Volt zu spüren kriegt.

Aber weiter: wie wäre das, wenn wir nun das Meßinstrument dummerweise oder mit geheimer Absicht nicht mit in den Stromkreis der Lampe hinein, sondern gewissermaßen selbständig anschließen würden, also eine Strippe des Meßinstruments an den Minuspol, die andere an den Pluspol der Stromquelle?

Wir wollen sehen, was das Ohmsche Gesetz dazu sagt.

Jetzt liegen die Dinge nämlich anders. Gleich ist nur unser Instrument. Der Hitzdraht. Die Ohm. Also 0,1 Ohm. Anders ist alles andere. Unser »selbständiges« Meßgerät kriegt jetzt die volle Spannung zu spüren, die auch die Lampe kriegt. Also 100 Volt.

Volt sind bekannt. Ohm sind bekannt. Aus Volt und Ohm lassen sich Ampere errechnen. Ampere = Volt : Ohm, sagt das Gesetz. Also 100 : 0,1 = 1000. Und dieses Tausend sind wirklich und wahrhaftig Ampere.

Glauben Sie, daß unser Meßgerät 1000 Ampere aushalten würde? Glauben Sie, daß dieser gewaltige Strom durch das bißchen Hitzdraht hindurchkäme? – Ich nicht. – Aber ich weiß, daß er hindurch müßte. Unbedingt. Im Namen des Gesetzes. Jawohl, im Namen des Ohmschen Gesetzes müßten die 1000 Ampere hindurch. Und der Erfolg: Ärger, Verdruß, der Elektromonteur im Haus, der den Kopf schüttelt. Sie sind unten durch bei ihm trotz Ihres elektrotechnischen Wissens. Ihr Strommesser müßte eine Woche fort ins Krankenhaus für defekte Instrumente. Und zu guter Letzt käme die Rechnung: ein neuer Hitzdraht im Meßgerät eingesetzt.

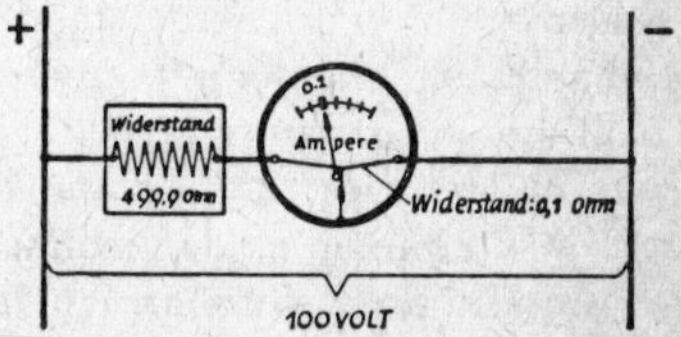

Bild 19. Durch Vorschalten eines Widerstands kann man den Strommesser zur Spannungsmessung verwenden

Also das geht nicht?!

Doch, es geht! Das Ohmsche Gesetz sagt es uns.

Es sagt, lieber Freund, wenn du weißt, daß der innere Widerstand des Meßapparates zu klein ist, dann nimm doch einen äußeren Widerstand, der groß genug ist. Sagen wir: einen Widerstand mit 500 oder, damit wir leichter rechnen können, mit 499,9 Ohm. Der Hitzdraht bringt 0,1 Ohm dazu, weil er mit dem Vorschaltwiderstand hintereinandergeschaltet ist. Das sind zusammen 500 Ohm.

Jetzt Aufgabe: Ein elektrisches Gerät – in Klammer: zweiteilig! – mit 500 Ohm Widerstand wird an eine Spannung von 100 Volt angeschlossen. Frage: Wie groß ist die Stromaufnahme?

Na, das klappt aber jetzt. Ampere = Volt : Ohm, wie wir wissen. Zahlen dafür: 100 : 500 = 0,2. Das sind also 0,2 Ampere. Und soviel hält der Glühdraht bestimmt aus, wo er doch vorher für 10 Ampere herhalten mußte.

Das war schwierig. Dafür atmen wir jetzt erleichtert auf, holen ein Stück weißes Papier und Bürokleister. Damit kleben wir die Amperezahl des Instruments zu. Am Teilstrich für 0,2 Ampere schreiben wir 100 Volt hin: Unser Strommesser ist zum Spannungsmesser geworden. Und der Grund? Nur der größere Widerstand!

Bild 20. ... So wird dann ein Spannungsmesser daraus

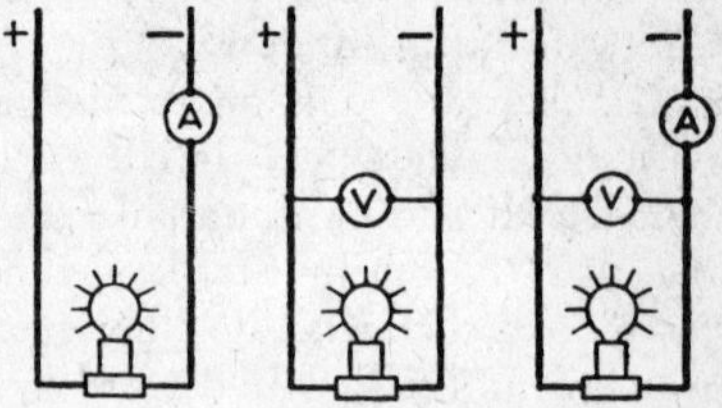

Bild 21. Schaltungsweise von Strommesser und Spannungsmesser

Den zusätzlichen Widerstand bauen wir im hinteren Teil des Gehäuses ein. Ebensogut könnten wir natürlich unser Meßinstrument von vorherein mit einem Hitzdraht von sehr hohem innerem Widerstand bauen. Dann könnten wir den äußeren sparen. Wir könnten es dann ohne weiteres als Spannungsmesser verwenden. So macht man es gelegentlich auch.

Ganz nebenbei im stillen wissen wir aber: eigentlich sind es doch Ampere, die wir messen.

Und damit wir auch das noch wissen: wenn ein Instrument die Aufschrift *Ampere* auf der Skala trägt, müssen wir es mit dem Verbraucher hintereinanderschalten. Es muß ja von dem durch den Verbraucher benötigten Strom durchflossen werden, wenn es ihn messen soll.

Ein mit der Aufschrift *Volt* versehenes Meßgerät soll Spannung messen. Spannung ist ein Verhältnis zwischen Zweien. Also muß es zwischen die beiden Punkte zu liegen kommen, zwischen denen die Spannung geprüft werden soll. Das nennt man Parallelschaltung.

Und ein Drittes zum Schluß:

Glauben Sie jetzt, daß Ihr Elektriker recht hatte, wenn er vom Ohmschen Gesetz als dem A und O der Elektrizität sprach? – Ich glaub's.

Leistung – Arbeit – Verbrauch

Betrachten wir einmal eine Glühlampe. – Irgendwo auf dem gelben Sockel oder auf dem Glaskolben steht eine Zahl mit einem großen lateinischen W dahinter. Dieses W heißt »Watt«. – Watt ist das Maß für die elektrische Leistung.

Was ist eigentlich Leistung? – Nun, kurz und bündig gesagt: Leistung ist die Verrichtung einer gewissen Arbeit in einer gewissen Zeit.

Stellen wir uns zwei Holzspalter vor, von denen der eine einen großen Haufen, der andere nur ein paar Scheite gespaltenen Holzes der gleichen Holzart am Fuße seines Spaltblocks liegen hat. Wollen wir ermessen, welcher Arbeiter der tüchtigere ist, dann dürfen wir nicht nur die Menge des gespaltenen Holzes in Betracht ziehen, sondern müssen vor allem auch wissen, in welcher Zeit die Arbeit verrichtet wurde. Nach dem Umfang der Arbeit und der dafür aufgewendeten Zeit bemessen wir die jeweilige Leistung. Und um das Arbeitsvermögen beider Arbeiter vergleichen zu können, stellen wir am besten fest, welche Arbeit sie in der gleichen Zeit vollbringen.

So ließe sich etwa auch feststellen, für welche Leistung bzw. Leistungsfähigkeit eine Maschine gebaut ist. Man müßte nur ihren Arbeitsumfang in einer gewissen Zeit kennen. In der Technik hat man sich bezüglich der Zeiteinheit auf 1 Sekunde geeinigt.

Man stellt also etwa fest: ein Kran hebt ein Gewicht von 1 kg 1 m hoch. Dazu braucht er 1 Sekunde. Daraus schließt man: also ist seine Leistung m × kg pro Sekunde = mkg/s. In diesem Falle 1 mkg/s.

Zieht ein anderer Kran 10 kg in 1 Sekunde 1 m hoch, dann ist seine Leistung 10 mkg/s. Hebt ein dritter Kran die 10 kg in der gleichen Zeit aber nur 10 cm hoch, dann leistet er wieder nur 1 mkg/s. – Wie groß die einzelnen an der Leistung beteiligten Faktoren sind, das spielt für die Größe der Leistung keine Rolle.

Noch ein Vergleich: wenn wir die Arbeitsleistung eines Wasserstrahls feststellen wollen, dann müssen wir einmal wissen, wie stark er ist. Also etwa, wieviel Liter Wasser in einer Sekunde auf das Wasserrad einer Mühle auftreffen. Für die Arbeitsleistung der Mühle ist aber außerdem wichtig, aus welcher Höhe der Wasserstrahl kommt. – Damit sind nun wieder alle drei Werte vom vorigen Beispiel vorhanden: ein Liter entspricht einem Kilogramm. Das Gefälle entspricht der überwundenen Höhe (wir messen es auch in Meter). Die Zeiteinheit ist wieder 1 Sekunde. – Also sagen wir für den Wasserstrahl: seine Leistung ist Gefälle mal sekundliche Wassermenge.

Ziehen wir jetzt einen Vergleich mit der Elektrizität, dann können wir das Gefälle mit der Spannung vergleichen, nämlich dem Druck, unter dem die Elektronen stehen. Das sind die Volt. – Der sekundlichen Wassermenge entspricht die sekundliche Strommenge. Das sind die Ampere (1 Ampere = 6,3 Trillionen Elektronen pro Sekunde!). –

Damit ist alles da, was man zur Feststellung der Leistung eines Geräts braucht. Wir dürfen jetzt nur die Volt mal die Ampere rechnen. Dafür sagt man »Watt«.

Und die Watt sind es, die wir in der Lampe in Licht oder im Heizwiderstand in Wärme verwandeln. Dabei ist es zum Beispiel für die erzeugte Wärmemenge gleichgültig, ob sie bei einer kleinen Voltzahl und einer großen Amperezahl frei wird oder umgekehrt.

Das muß sich übrigens kontrollieren lassen.

Nehmen wir ein Beispiel, die Leistung eines Bügeleisens. Bei 220 Volt Spannung nimmt es 2 Ampere Strom auf. Das ergibt 440 Watt. – Das heißt 440 Watt elektrischer Energie werden in Wärme umgesetzt.

440 ist 220 × 2. – Muß 440 aber immer 220 × 2 sein? – Könnte es nicht auch 110 × 4 oder 440 × 1 sein? Rechnerisch ja! Für die Heizwirkung des Bügeleisens? Ebenfalls!

Für die Wärme des Bügeleisens ist es also gleichgültig, ob wir die 440 Watt aus einer 220-Volt-Steckdose mit 2 Ampere Stromstärke oder etwa aus einer 110-Volt-Leitung mit 4 Ampere Stromaufnahme bekommen. – Wohlverstanden für die Wärme des Bügeleisens wäre es gleich, wenn nicht…

Dieses Wenn löst der Verkäufer des Bügeleisens für Sie.

Machen wir die Probe und kaufen uns eines. Gehen wir in den Elektroladen. Dort entwickelt sich folgendes Gespräch:

»Ich möchte ein Bügeleisen!«

»Für welche Spannung, bitte?«

»220 Volt.«

»Ja, und wenn man das Eisen an 110 Volt anschließen würde?«

»Damit würden Sie nie auf die gewünschte Leistung kommen.«

»Aha! – Wie, bitte?«

»Wegen des Heizwiderstands, der in das Eisen eingebaut ist! Sehen Sie her! Das Leistungsschild trägt die Bezeichnung: 220

Volt, 2 Ampere. Das sind 440 Watt. In den beiden ersten Zahlen versteckt sind die Ohm des eingebauten Widerstands. 220 : 2 = 110 Ohm.

Würden Sie einen Widerstand von 110 Ohm an 110 Volt anschließen, dann wäre die Stromaufnahme 110 : 110 = 1 Ampere. Das gibt bei 110 Volt aber nur 110 Watt. Und Leistung kann man im Falle Bügeleisen gleich Wärme setzen. Dabei käme bestimmt kein sauber gebügeltes Oberhemd in Ihren Wäscheschrank.«

»Dann wäre es also umgekehrt besser? Ich meine ein 110-Volt-Eisen für 220 Volt?«

»Auch wieder nicht. Das wäre noch schlimmer. – Ein 110-Volt-Eisen mit 440 Watt Aufnahmeleistung nimmt 4 Ampere auf, wenn es richtig angeschlossen wird. Sein innerer Widerstand beträgt demnach 110 : 4 = 27,5 Ohm. Würde man einen Widerstand von 27,5 Ohm an 220 Volt anschließen, dann wäre die Aufnahme nicht 4, sondern 220 : 27,5 = 8 Ampere. Das wären 1760 Watt. Damit hätten Sie den schönsten Heizofen, wenn nicht wieder der Widerstand wäre. Der ist nämlich so stark bemessen, daß er bei 4 Ampere gerade richtig ins Glühen kommt. 8 Ampere würden ihn nicht gemütlich rotglühend, sondern strahlend weißglühend machen wie den Glühfaden in einer Lampe. – Die Lampe hält die Weißglut aus, weil sie in einem luftleeren oder gasgefüllten Glaskolben sitzt. Der Widerstand Ihres Heizkörpers aber würde durchbrennen. – Darum...«

»Sie haben recht. Lassen wir's bei dem 220-Volt-Eisen.«

Aber wir sind noch nicht zu Ende mit unserer Leistung. Manchmal wählt man nämlich für das Maß Watt auch eine andere Bezeichnung.

Setzt man elektrische Leistung zum Beispiel in mechanische Arbeit um, dann spricht man häufig von PS. PS heißt *Pferdestärke.*

Das ist so: Die PS sind ein alter Begriff. Er stammt aus der Zeit der ersten Dampfmaschinen. Als die damals aufkamen, mußte man doch wissen, welche Arbeitsleistung man von ihnen zu erwarten hatte. Dafür wählte man einen Vergleich zum Arbeitsvermögen eines Pferdes. Irgendein Riesenroß war nun in der Lage, unter Aufbietung aller Kräfte ein Gewicht von 75 kg in 1 Sekunde 1 m hoch zu ziehen. Das Leistungsvermögen einer Dampfmaschine setzte man in Beziehung zu dem gequälten Tier. Man erklärte, wenn die Maschine auch in der Lage ist, in 1 Sekunde 75 kg 1 m hoch zu heben, dann entspricht das der Stärke eines Pferdes, also einer Pferdestärke, abgekürzt PS. Und bei den Elektromotoren hat man das anfangs eben mit übernommen, wenn man auch inzwischen entdeckt hat, daß die normale Leistung eines Pferdes erheblich geringer ist.

Um nun die genannte Kraft zu erzeugen, war es notwendig, dem Elektromotor 736 Watt elektrischer Energie zuzuführen. Man sagte sich demzufolge: 1 PS entspricht der mechanischen Arbeitsleistung von 736 Watt.

Und nun passen Sie gut auf: Ich frage Sie, wieviel Watt hat dann ein 3-PS-Motor? Sie antworten 3 × 736 = 2208 Watt. Schließen wir ihn an 220 Volt an, dann beträgt seine Stromaufnahme 2208 : 220 = ca. 10 Ampere.

Weiter: 1 Kilogramm hat 1000 Gramm. 1 Kilowatt hat 1000 Watt. Das dient zur Vereinfachung der Zahlen. Als Beispiel: statt 2200 Watt könnte man ebensogut 2,2 Kilowatt sagen.

Kilowatt zahlt man doch, wenn man am Monatsende die Stromrechnung ins Haus kriegt? Oder nicht? – Ich sage: Nein! – Aber die meisten Menschen machen da einen kleinen Bequemlichkeitsfehler. Kilowatt zahlt man nämlich nicht. Man zahlt auch nicht für die Kilowatt. Man zahlt für die Kilowattstunden. Und die Stunden sind dabei ebenso wichtig wie die Kilowatt.

Dieses Maß drückt aus, wie lange man eine elektrische Leistung beansprucht, wie lange, wieviel Stunden also, die betreffende Wattzahl wirksam ist. Wir können etwa eine 1000-Watt-Lampe entweder gar nicht oder nur kurze Zeit oder sehr lange betreiben. Für das Elektrizitätswerk ist es daher wichtig, die Zeit der Leistungsentnahme mit einzurechnen. Es berechnet uns die geleistete *Arbeit* oder den *Wattverbrauch*. Den mißt es in Wattstunden oder Kilowattstunden (abgekürzt kWh).

Brennen wir eine 1000-Watt-Lampe eine Stunde lang, dann verbraucht sie 1000 Wattstunden. Das ist 1 kWh.

Betreiben wir unsern Motor 1 Stunde lang, dann ist sein *Verbrauch* 2,2 Kilowatt mal 1 Stunde = 2,2 Kilowattstunden. Und in 5 Stunden würde er 2,2 × 5 = 11 Kilowattstunden Strom verbrauchen.

Damit wir uns aber mit dem Rechnen kein unnötiges Kopfzerbrechen machen müssen, hat uns das Elektrizitätswerk gleich bei der Einführung der Leitungsdrähte eine Rechenmaschine ins Haus gesetzt, den *Zähler*. Der leistet seine Arbeit so gewissenhaft und gut, daß wir ihn im Rechnen gar nicht übertreffen könnten.

Da brauchen wir die Kilowattstunden nur abzulesen.

Wir schließen an

Mit dem bisher Gesagten wissen wir nun über eine ganze Reihe elektrischer Erscheinungen und Geräte Bescheid. Element und Batterie als Stromerzeuger, Lampe und verschiedene Heizwiderstände als Verbraucher, Strom- und Spannungsmesser als Meßgeräte sind uns bekannt. Das reizt uns doch, sie miteinander wirksam sein zu lassen, sie irgendwie sinnvoll zusammenzuordnen.

Betrachten wir uns zunächst noch einmal die Elemente. Eine Aufschrift belehrt uns über ihre elektrische Leistungsfähigkeit. Sie möge lauten: 1,5 Volt bei einer höchstzulässigen Stromstärke von 1 Ampere. Diese Zahlen liegen fest. Sie bedingen einander durch den inneren Widerstand des Geräts. Würden wir mehr als 1 Ampere entnehmen, dann würde der übergroße Elektronenstrom das Element erwärmen. Es wäre überbeansprucht und würde Schaden erleiden.

Über ein einzelnes Element wissen wir damit Bescheid. – Wie ist es dann, wenn wir mehrere Elemente zu einer Batterie vereinigen?

Je nachdem, wird Ihnen der Fachmann sagen, wie wir sie zusammenschalten, hintereinander, parallel oder gemischt.

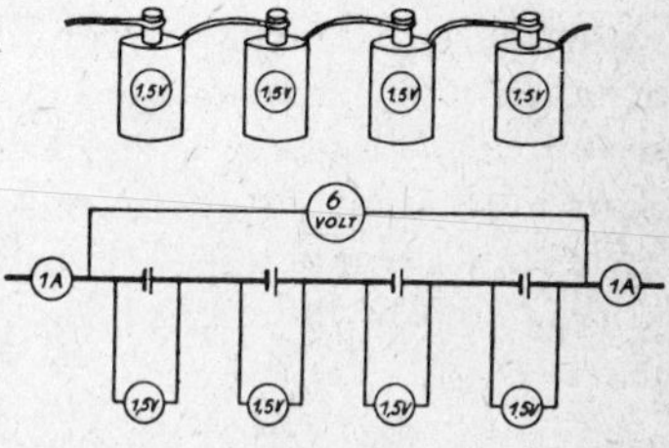

Bild 22. Durch Reihenschaltung von Elementen summieren sich die Spannungen

Wir können die Elemente so zusammenlegen, daß jeweils der Pluspol des einen Elements am Minuspol des nächsten Elements liegt. Das nennt man dann eine Reihen- oder Serien- oder Hintereinanderschaltung.

Was bezwecken wir mit dieser Hintereinanderschaltung für das Ganze? Für die gleichzeitig fließenden Ampere – nichts. Die Elektronen des ersten Elementes müssen ja durch das zweite und weiter durch das dritte, das vierte Element hindurch. Der innere Widerstand der einzelnen Elemente begrenzt die Stärke des Elektronenflusses. Er bleibt auch bei Hintereinanderschaltung

Bild 23. Je größer das Gefälle, desto mehr Wasserräder können vom gleichen Wasserstrom getrieben werden

mehrerer Elemente ein Ampere, gleichgültig, an welcher Stelle wir bei entsprechender Belastung unseren Strommesser anschließen würden.

Ein Vergleich mit Wasser bestätigt diese Feststellung. Von einem Bach wissen wir: er hat ein gewisses Gefälle und führt einen Wasserstrom, dessen Größe ebenfalls feststeht. Wenn wir nun das Gefälle des Bachs durch geeignete Mittel vervierfachen, dann ändert sich wohl nichts an der Größe des Stroms, aber es ändert sich die Stärke des Drucks, den er etwa auf die Schaufeln eines Wasserrades ausübt. Der ist dann eben viermal größer als der ursprüngliche.

Konnten wir bei einfachen Verhältnissen ein Wasserrad betreiben, dann können wir jetzt mit einfachem Strom vier Wasserräder gleicher Größe drehen. Und ähnlich bei der Elektrizität: Schalten wir vier Elemente in einer Reihe hintereinander, von denen jedes für die Abgabe von 1 Ampere bei 1,5 Volt Spannung eingerichtet ist, dann mißt der Strom weiterhin an jeder Stelle nur 1 Ampere. – Die Erklärung dafür haben wir ja im vorletzten Abschnitt gegeben. – Die Gesamtspannung beträgt

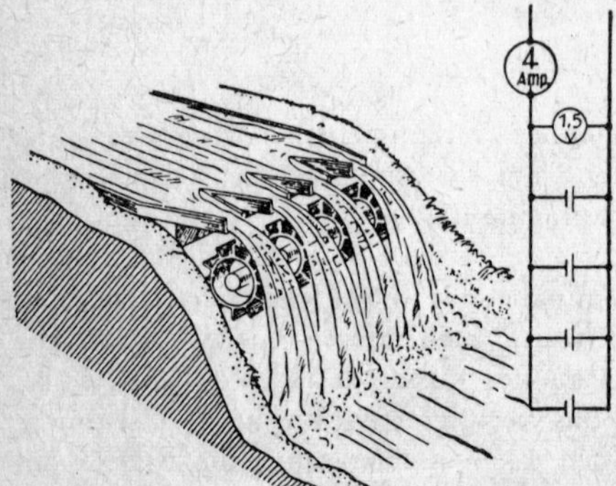

Bild 24. Auf diese Weise kann man mit vierfachem Strom und einfachem Gefälle die gleiche Arbeit leisten. – Durch Parallelschaltung von Elementen summieren sich die Ströme. Die Gesamtspannung entspricht der des einzelnen Elements

aber 4 × 1,5 = 6 Volt. Bei 1 Ampere Stromstärke entspricht das 6 Watt.

Nehmen wir an, unser Bach münde in einen Fluß, der einen viermal stärkeren Wasserstrom führt als sein kleiner Bruder. Hier könnten wir doch zweifellos auf andere Weise gleichzeitig vier Wasserräder in Betrieb nehmen. Da bauen wir einfach vier Rinnen ins Flußbett ein und leiten jedem Wasserrad den ihm gebührenden Teil des Gesamtstroms zu. So leisten wir die gleiche Dreharbeit und brauchen nur so viel Gefälle, wie vorher für das einzelne Schaufelrad nötig war. Also vierfacher Strom und einfaches Gefälle.

Eine ähnliche Erscheinung bekommen wir bei der Elektrizität, wenn wir die Elemente »parallel schalten«. Das geschieht, wenn wir alle positiven Pole auf eine und alle negativen Pole auf eine andere Leitung führen. So messen wir an jeder Stelle zwischen negativem und positivem Pol 1,5 Volt. Jetzt summieren sich dafür die Ströme. Jedes einzelne Element steuert seine Elektronen dem Gesamtstrom bei. Wir haben die Möglichkeit, die vierfache Stromstärke, also 4 Ampere, zu entnehmen. – 4 Ampere bei 1,5 Volt ergibt wieder 4 × 1,5 = 6 Watt.

Entsprechend der gemischten Anordnung von neben- und übereinanderliegenden Wasserrädern können wir auch bei der Elektrizität eine »gemischte Schaltung« anwenden. Da schalten wir beispielsweise gleichzeitig zwei Elemente hintereinander und legen sie zusammen parallel zu den beiden anderen hintereinandergeschalteten.

Sie liefern jetzt 2 × 1 Ampere bei 2 × 1,5 Volt. Damit haben wir eine Batterie für 3 Volt und 2 Ampere. Das sind wieder 6 Watt.

Wie nun eine Batterie geschaltet ist, das könnte man entweder

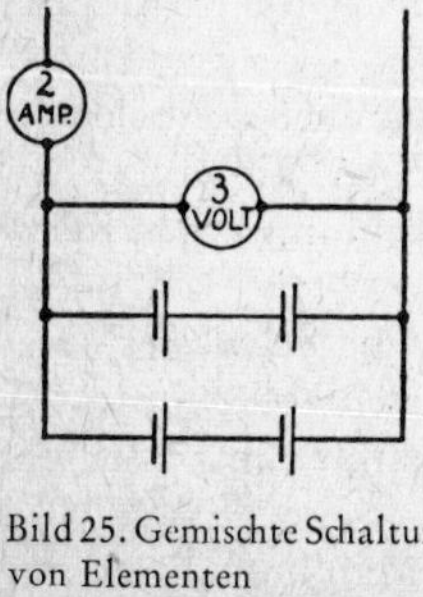

Bild 25. Gemischte Schaltung von Elementen

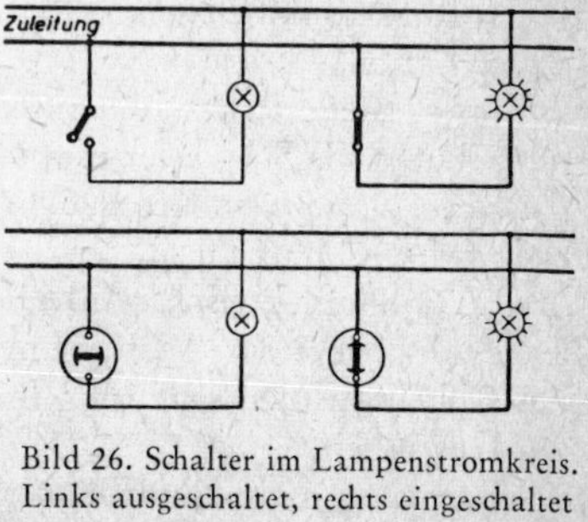

Bild 26. Schalter im Lampenstromkreis. Links ausgeschaltet, rechts eingeschaltet

durch eine Beschreibung oder durch eine Zeichnung andeuten. Weil es aber für die Wirkungsweise eines elektrischen Geräts nicht auf die genaue zeichnerische Form seines Äußeren ankommt, hat man für alle häufig vorkommenden elektrischen Schaltelemente sogenannte Schaltzeichen erdacht, die man als Teile einer elektrischen Anlage im Schaltschema vereinigt. Das Schaltzeichen für ein Element ist ein kurzer dicker und daneben ein langer dünner Strich. Das sind die beiden Platten, die mit Hilfe des Elektrolyts die Elektronen unter Druck setzen. Durch entsprechende Verbindungen zwischen den einzelnen Elementen kann man ihr Zusammenwirken andeuten. Wie das geschieht, zeigen uns die Beispiele.

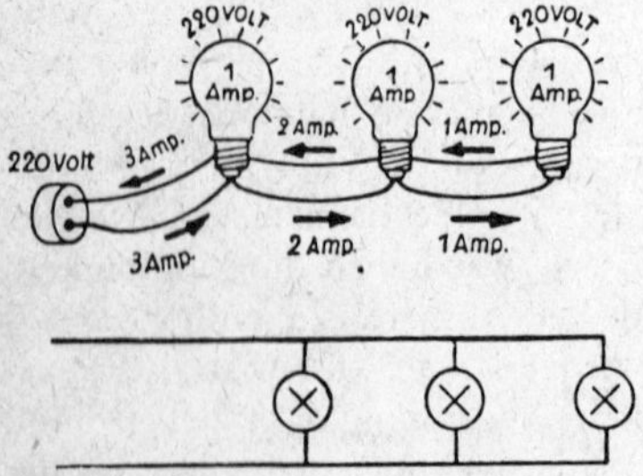

Bild 27. Strom und Spannung bei Parallelschaltung von drei Glühlampen. Unten das Schaltschema zu dieser Anlage

So, nun wissen wir, wie das mit den Stromerzeugern ist. Und mit den Verbrauchern ist es in ihrem Verhalten zu Spannung und Strom fast genauso, nur daß wir statt addieren teilen müssen. – Wir bringen ja auch nichts hinzu, wenn wir verbrauchen, sondern wir nehmen.

Dafür wieder ein paar Beispiele.

Der Traum jedes kleinen Mädels ist eine Puppenstube. Ich weiß das von meiner Schwester. Die hatte auch eine. Eine wunderbare Puppenstube mit niedlichen geschnitzten und gedrechselten Rokokomöbelchen, so fein, daß sogar wir Buben Respekt davor hatten.

Eins flößte uns aber keinen Respekt ein, nämlich die Beleuchtung. Die arme Schwester mußte an den langen Winterabenden trotz der Wand- und Kronleuchter mit den echt imitierten Kerzchen fast im Dunkeln spielen.

»Da muß Elektrisch rein!« beriet ich meine Schwester eines Tages. Und bei der Ausführung dieses Vorschlages wurde mir das Geheimnis der Schaltung in der Elektrizität zum erstenmal zur Gewißheit.

»Erst einmal ein Zimmer, nicht wahr?« Man braucht da nur

Bild 28. Dreigehäusige Kondensationsturbine mit Drehstromgenerator im Rheinstahl-Kraftwerk Marl. Mit einem Überdruck von 210 Atmosphären strömt der auf 535° C erhitzte Dampf auf die Turbinenschaufeln. Bei 3000 Umdrehungen pro Minute beträgt die Leistung des Maschinensatzes 150 000 Kilowatt. (Werkbild: Siemens)

Bild 29. 35 000 KVA leistet dieser von einer Wasserturbine angetriebene Generator im Pumpspeicherwerk Reisach. In der Zeit geringeren elektrischen Energiebedarfs kann der Generator als Motor verwendet werden, der das »verbrauchte«, in einem Hilfsspeicher gesammelte Wasser zur wiederholten Verwendung in den höher gelegenen Stausee zurückpumpt. (Werkfoto: AEG)

Bild 30. Im Pumpspeicherwerk Lünersee stehen diese 56 000 KVA-Turbogeneratoren, ein eindrucksvolles Bild von der Schönheit moderner Technik. Die Achsen der Maschinen stehen senkrecht. Sie arbeiten abwechselnd als Motor und Generator. (Werkfoto: AEG)

eine kleine Fassung, die Birne und die Batterie einer Taschenlampe und ein Stück Draht. Das genügt schon.

Einen Tag lang genügte das. »Du darfst nur die Birne rein- oder rausdrehen«, sagte ich meiner Schwester. Das tat sie auch getreulich. Und siehe da, im Handumdrehen wurde das eine Zimmer, das Wohnzimmer mit den Rokokomöbelchen, strahlend erhellt.

Das glitzerte in den Spiegeln, in den Kristallen der Leuchter, auf den vergoldeten Bilderrahmen, auf den Seidenbezügen der Stühle und Sofas. – Im Nebenzimmer aber war stockfinstere Nacht. Der starke Gegensatz machte die Nacht noch dunkler als zuvor. Man mußte sich richtiggehend zu den Betten hintasten. Hu!

»Da muß Elektrisch rein!« sagte ich wieder. Meine Schwester war begeistert. Und wir Buben gingen daran. Wir entfernten die alte Anlage und fuhren von einer Klemme der Batterie mit einem Stück Klingeldraht zur ersten Lampe. Von der wurde ein anderes Leitungsstück weitergeführt zur zweiten Lampe. Nach der zweiten Lampe ging's mit einem dritten Draht zurück zur Batterie. Damit war der Stromkreis geschlossen. – Wenn es erst draußen dunkel wurde, mußte die Sache klappen. Das reinste Lichtfest mußte das sein...

Aber, o weh! Meine Schwester war enttäuscht. Wir Brüder

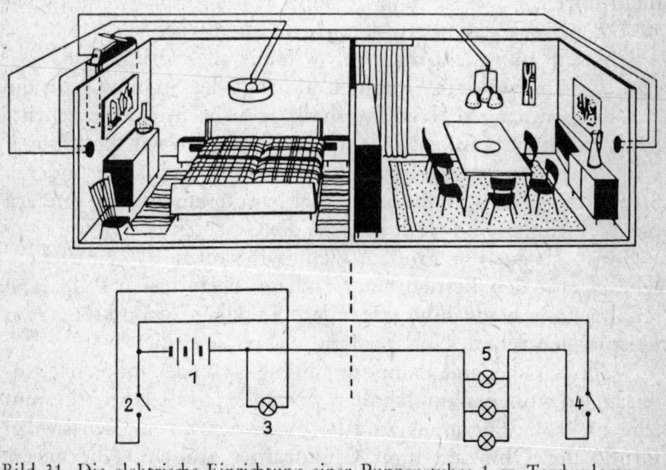

Bild 31. Die elektrische Einrichtung einer Puppenstube: 1 = Taschenlampenbatterie, 2 = Schalter für Schlafzimmer, 3 = Lampe im Schlafzimmer, 4 = Schalter für Wohnzimmer, 5 = Kronleuchter im Wohnzimmer

waren zerknirscht. Die Lampen glühten zwar. Aber sie waren weit entfernt davon, zu leuchten. Und dabei hatten wir alle Anschlüsse richtig gemacht. – Und wenn man gar, um das Licht für eine Lampe zu sparen und nach unserer kindlichen Überlegung für die andere zu gewinnen, die Lampe im Schlafzimmer in der Fassung lockerte, ging mit ihr auf geheimnisvoll unerklärliche Weise auch die Wohnzimmerlampe aus. Und die Gegenprobe mit dem Herausdrehen der Lampe im Wohnzimmer hatte für die im Schlafzimmer dasselbe dunkle Ergebnis.

Wir saßen und überlegten. Unsere Schwester weinte. Sie beschuldigte uns, den häuslichen Frieden ihrer Puppenstube gestört zu haben. Und wir Buben beschuldigten sie, daran seien nur die zwei Zimmer schuld. –

Aber gibt es nicht Häuser mit viel, viel mehr als nur zwei Zimmern? Wir, das heißt unsere Eltern, hatten doch fast ein Dutzend Brennstellen im Haus, und alle Lampen brannten gut und hell, ließen sich raus- und reindrehen ohne Einfluß auf den Betrieb der übrigen.

Irgend etwas mußte da nicht stimmen. Was nur?

Die Schaltung natürlich. Das sagte uns der Plan, den wir uns anfertigten, so gut es eben damals ging. Um zur zweiten Lampe zu kommen, mußte ja der Strom durch die erste Lampe hindurch. Wenn die erste aber herausgedreht war, konnte er gar nicht durch. – Drehte man sie dann rein und die zweite raus – ja! Da war der Stromkreis von neuem unterbrochen.

Ich weiß nun nicht mehr, ob wir uns alles Drum und Dran ganz zu Ende erklären konnten, das mit der Spannung, in die sich die Lampen teilten und weshalb sie nicht ihre ganze Leuchtkraft entfalten konnten. Jedenfalls aber fanden wir die Lösung. Und die bestand darin, daß wir jede Lampe in einen besonderen Stromkreis legten, daß wir sie nicht hintereinander – sondern parallel schalteten. Damit klappte die Geschichte.

So ist das auch im großen. Wenn wir wollen, daß ein elektrisches Gerät den Betrieb eines anderen beeinflussen soll, dann schalten wir beide hintereinander im selben Stromkreis, zum Beispiel den Schalter mit der Lampe, für die er dienen soll.

Wenn wir aber eine Lampe unabhängig von der anderen leuchten lassen wollen, dann schalten wir beide parallel. So bekommt jede die volle Spannung und holt sich den Strom, den sie auf Grund der Ohmzahl ihres Glühdrahtes braucht. Alle unsere Beleuchtungslampen sind so geschaltet.

Haben wir aber etwa ein Schmalfilmgerät mit einer 200-

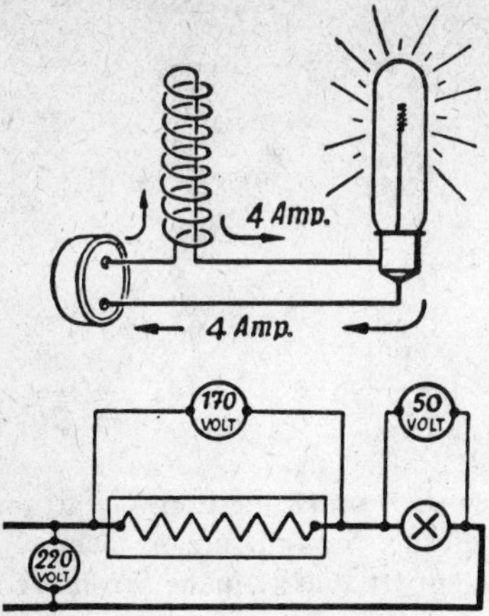

Bild 32. Projektionslampe für 200 Watt 50 Volt bei Anschluß an 220 Volt durch Vorschalten eines Widerstandes

Watt-Lampe für 50 Volt Betriebsspannung, dann können wir uns die Lehre von der Hintereinanderschaltung zunutze machen.

Bei direktem Anschluß an 220 Volt wäre die Lampe defekt. Sie bekäme dann nicht die für sie zuträglichen 4 Ampere, sondern viel mehr. Schalten wir sie aber in Serie mit einem Vorschaltwiderstand, der ihre 170 Volt abnimmt, dann stimmt es wieder. – Und nebenbei gesagt, wieviel Ohm braucht dann der Widerstand? – Ohm = Volt : Ampere, nicht wahr! also 170 : 4 = 42,5 Ohm. Die 4 Ampere müssen ja auch durch den Widerstand durch.

Hier müssen wir gleich noch eine sehr wichtige Zwischenbemerkung einschalten. Der Grund dafür sind die eben genannten 170 Volt. Das ist die Spannung, um die sich die Gesamtspannung von 220 Volt vermindert. Der Fachmann sagt: die Netzspannung fällt um 170 Volt ab, oder: der *Spannungsabfall* im Widerstand beträgt 170 Volt. Legen wir einen Spannungsmesser zwischen Anfang und Ende der Widerstandswicklung, dann zeigt er eben diese 170 Volt an.

Würden wir nach dem Durchfließen des Stroms durch den Widerstand die Spannung zwischen den zwei Drähten messen, dann könnten wir feststellen, daß die der Lampe verbleibende Spannung nur mehr 50 Volt beträgt. Diese 50 Volt fallen in der Lampe schließlich ebenfalls ab.

So ist es mit der Spannung bei der Elektrizität. Überall, wo ihr Widerstand begegnet – und das ist tatsächlich immer, auch im besten Leiter –, erfährt die Spannung eine Verminderung.

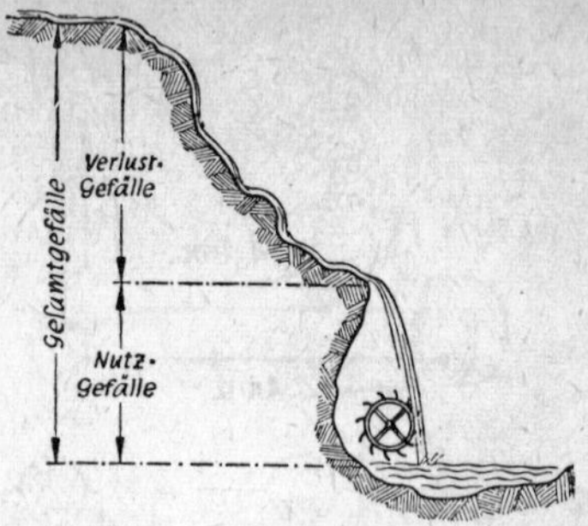

Bild 33. Wasservergleich zur Erklärung der Vorgänge in Abb. 32. Das Verlustgefälle entspricht dem Spannungsabfall im Widerstand, das Nutzgefälle der für die Lampe übrigbleibenden Spannung

Sie fällt ab auf dem Weg durch die Hinleitung zum Gerät, im Gerät selbst und in der Rückleitung. Sie fällt um so mehr ab, je mehr Widerstand ihr entgegentritt und je mehr Strom den Widerstand überwinden muß.

Bei unserer Projektionslampe waren im Vorschaltwiderstand 42,5 Ohm zu überwinden durch einen Strom von 4 Ampere. Ohm × Ampere = Volt, sagten wir früher. Diese 170 Volt sind der Spannungsabfall im Widerstand. Weil sie der Gesamtspannung verlorengehen, müssen wir sie auf Verlustkonto buchen.

Dabei tritt nun auch der Vorschaltwiderstand als Verbraucher auf. Seine »Leistung« setzt sich zusammen aus »seiner Spannung«, nämlich den 170 Volt mal den 4 Ampere, die ihn durchfließen. Das heißt, 680 Watt müssen wir im Widerstand in Hitze verwandeln, damit wir die bescheidene Lampe mit 200 Watt bei 50 Volt Betriebsspannung betreiben können. Das verteuert den Betrieb natürlich sehr stark. Aber wir müssen diese Verteuerung als notwendiges Übel in Kauf nehmen. Und der Bezahlung müssen wir die Gesamtleistung von Lampe und Widerstand, also 880 Watt, zugrunde legen.

Über gemischte Schaltungen bei Stromabnehmern brauchen wir uns nicht gesondert zu unterhalten, so einfach ist das. Ein Schalter, der in der gemeinsamen Zuleitung von zwei parallelgeschalteten Lampen liegt, ist schon ein Beispiel dafür. Machen wir nun noch jede Lampe für sich schaltbar, dann ist es ganz gemischt.

Etwas schwieriger ist das schon, was wir zum Beispiel im Gang unserer Wohnung haben. Da schalten wir doch etwa abends beim Nachhausekommen an der Glastür das Licht an. Wenn wir dann Hut und Mantel am Haken aufgehängt haben und das Wohnzimmer betreten, schalten wir das Licht im Gang durch einen andern Schalter an der Wohnzimmertür wieder aus.

Haben Sie sich schon überlegt, wie das geht? – Es geht, weil die beiden Schalter sogenannte Umschalter oder Wechselschalter sind, die unter sich mit zwei Drähten verbunden sind. Wenn die Lampe brennt, fließt der Strom durch beide Schalter hindurch. Durch Drehen an einem – gleichgültig, an welchem Schalter – wird der Stromkreis unterbrochen. Wie das geschieht, das kann die Schaltskizze besser erläutern als die Beschreibung. – Genau so ist übrigens auch die Wirkungsweise des »Bettschalters« zusammen mit dem an der Schlafzimmertür befindlichen Drehschalter, nur mit dem Unterschied, daß die Drehung der Schaltwalze über dem Bett mit einem Zugseil und nicht mit einem Schaltergriff bewirkt wird.

Aber einen Augenblick, bitte, wir gehen noch nicht zu Bett. Wir standen eben unter der Tür zum Wohnzimmer. Treten wir ein. Licht ins Zimmer! einmal geknipst: die Lampe für die Tischbeleuchtung brennt. Noch einmal geknipst: Die Raumbeleuchtung, der altbewährte Kronleuchter, leuchtet mit. Wie kommt das nun wieder?

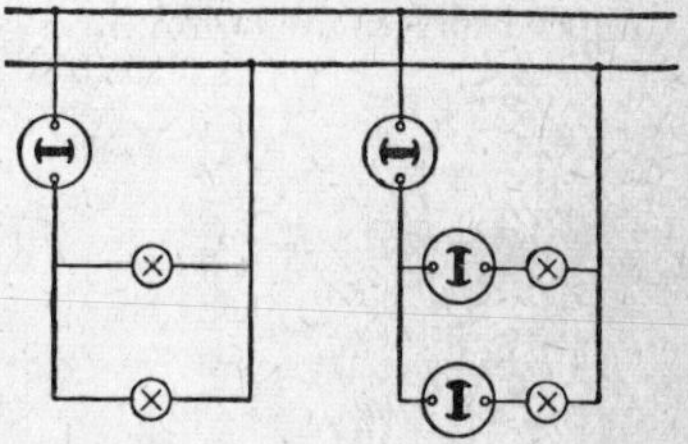

Bild 34. Gemischte Schaltung. Links: ein Schalter gemeinsam für beide Lampen. Rechts: ein gemeinsamer und außerdem je ein besonderer Schalter für jede Lampe

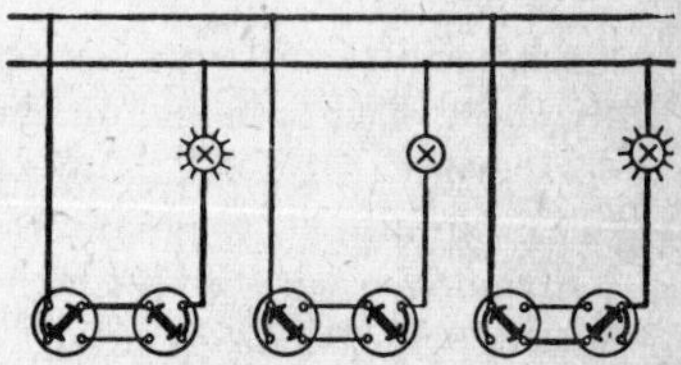

Bild 35. Wechselschaltung. Die Lampe kann wahlweise durch zwei Schalter aus- und eingeschaltet werden

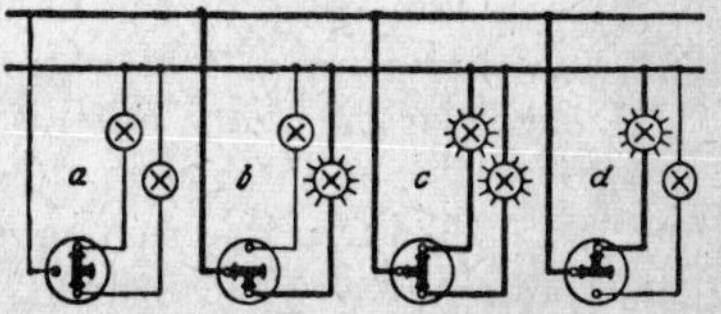

Bild 36. Serienschaltung. So sieht das Schaltbild des Kronleuchters aus

Dazu brauchen wir einen Serienschalter. Er hat drei tatsächliche und einen sogenannten blinden Kontakt und dazu eine dreiarmige Kontaktwalze. Der vierte Arm ist auch wieder blind.

Bei der Schalterstellung a wird den Lampen gar kein Strom zugeführt. In der Stellung b wird der Stromkreis für die erste Lampe, in der Stellung c außerdem der für die zweite Lampe geschlossen. Und in Schalterstellung d brennt schließlich nur noch der Kronleuchter. Zu jeder Lampe lassen sich auch wieder beliebig viele andere Lampen parallel schalten. So wird es bei ganz großen Kronleuchtern gemacht.

Magnetismus begleitet den Strom

Ein dänischer Forscher namens Oersted ist einmal draufgekommen, daß der elektrische Strom von magnetischen Kräften begleitet wird.

Was er dunkel ahnte, das bestätigte ein Versuch. Er ließ einen Leiter von elektrischem Strom durchfließen, hielt eine Magnetnadel in seine Nähe, und siehe da, die Magnetnadel des Richtungsweisers wich ab von ihrer gewohnten Nord-Süd-Richtung.

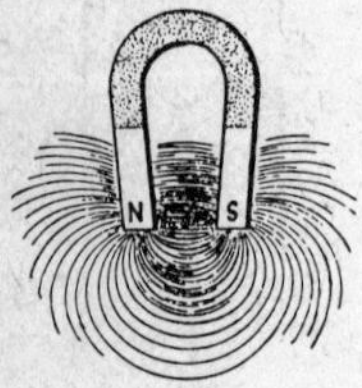

Bild 37. Aufgestreute Eisenfeilspäne deuten die wirksamen Kräfte im magnetischen Feld an

Drehte man den Leiter herum, so daß der Strom eine entgegengesetzte Richtung nahm, dann schlug die Nadel ebenfalls andersherum aus. Wie kommt das? Sollte der Draht, das Kupfer in der Gummihülle, magnetisch sein?

Untersuchen wir die Geschichte selbst.

Schalten wir den Strom ab. Jetzt läßt sich die Nadel trotz größter Annäherung an den Draht nicht mehr aus der Nord-Süd-Lage bringen. – Also der Strom!

Machen wir die Probe mit Eisenfeilspänen. Stecken wir den einadrigen Draht durch einen dünnen Karton und schließen ihn an, dann sehen wir, daß sich aufgestreute Eisenspäne wieder in ganz bestimmter Weise ordnen, und zwar in konzentrischen

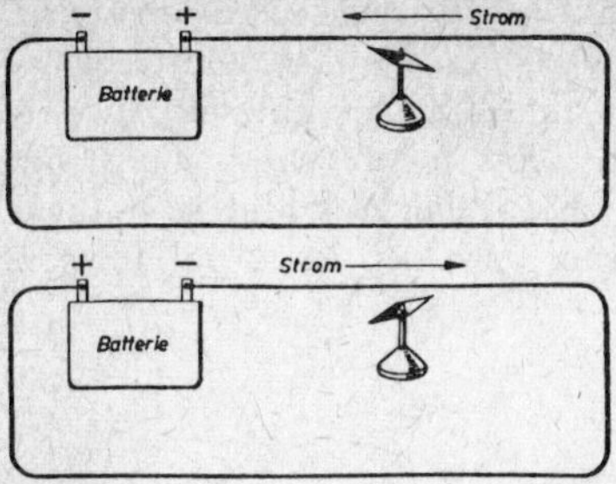

Bild 38. In der Nähe eines stromdurchflossenen Leiters wird die Magnetnadel abgelenkt. Die Richtung der Ablenkung ist von der Richtung des Stroms abhängig

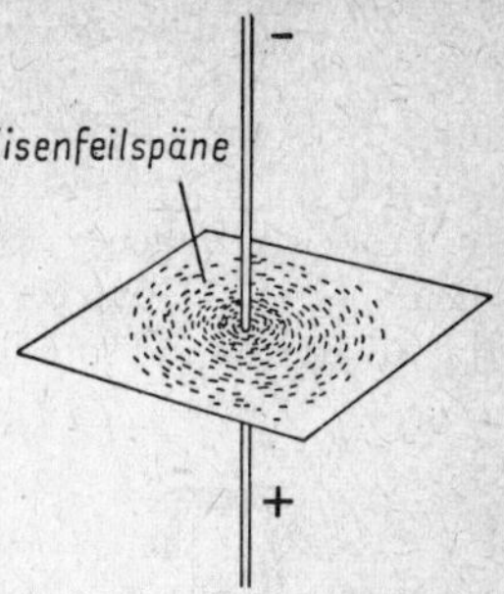

Bild 39. Kraftlinien umgeben den stromdurchflossenen Leiter

Kreisen rings um den vom Strom durchflossenen Leiter herum. Das Bild ist allerdings nicht so deutlich wie beim Hufeisenmagneten. Die ordnenden Kräfte sind schwächer. Dafür sind sie aber auch in der ganzen Länge des Drahts, ja aller vom elektrischen Strom durchflossenen Drähte, wirksam. Wie eine unsichtbare um den Draht gelegte Spirale folgen sie dem Strom. Legen wir eine Schleife, dann verstärkt sich die magnetische Wirkung. Die Eisenfeilspäne zeigen das. Und wenn wir erst eine richtiggehende Spule mit vielen Windungen nehmen, dann – ja, dann haben wir auf elektrischem Wege einen kompletten Magneten bekommen, einen Elektromagneten.

Prüfen wir ihn mit Eisenfeilspänen: es stimmt.

Prüfen wir ihn mit einem eisernen Stab: es stimmt. Je größer die Windungszahl ist, desto stärker wird das Eisen angezogen.

Und noch etwas bewirkt eine stärkere Anziehung: ein stärkerer Strom in der Spulenwicklung.

Das nützen wir aus. – Wie war das? Stärkerer Strom, stärkere Anziehung? Könnte man das nicht zum Messen des Stromes nehmen? Das tun wir.

Wir bauen uns einen kleinen Galgen. Der Eisenstab wird aufgehängt. Statt des Stricks nehmen wir eine leicht ausziehbare Spiralfeder. Unter den Eisenstab stellen wir die Spule. Anschluß! Strom darauf! Ein Ampere! Das gibt den ersten Strich, den wir an der Stelle auf das Eisen malen, wo es eben mit dem oberen Spulenrand abschneidet. – Zwei Ampere! Zweiter Strich! – Drei Ampere! Und so fort. – Immer mehr wird der Stab in die Spule hineingezogen.

Unser Strommesser ist fertig. Er heißt Weicheiseninstrument. In der Praxis, für die Schalttafel, macht man es fast ebenso, nur etwas umständlicher, mit Skala, Zeiger und so. Aber im Grunde genommen ist es auch nichts anderes, als wir uns eben im Handumdrehen gebastelt haben. Beim Anschluß ist es sogar gleichgültig, wo wir den Pluspol bzw. den Minuspol anlegen. Es arbeitet so und so richtig.

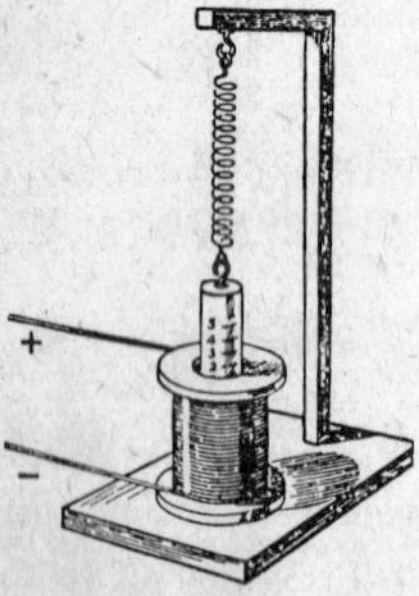

Bild 40. Weicheisen-Meßinstrument

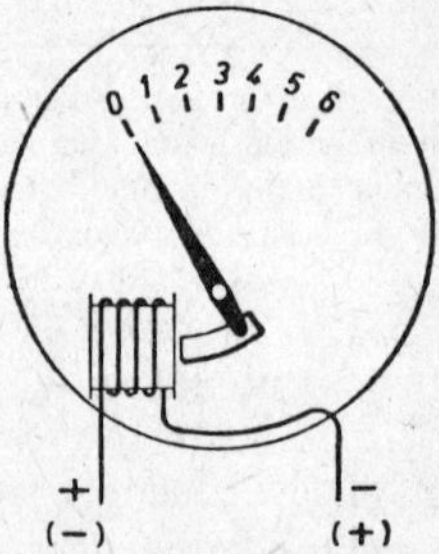

Bild 41. Handelsübliches Weicheiseninstrument. Das am unteren Zeigerende befestigte Weicheisen wird in die stromdurchflossene Magnetspule hineingezogen

Fahren wir mit unseren Beobachtungen fort! Bauen wir unser Instrument wieder ab. Stecken wir den Stab in die Spule und schalten den Strom ein, dann ist mit einem Mal der Magnetismus auf ein Vielfaches gewachsen. Aus einer ziemlichen Entfernung können wir einen andern Eisenstab anziehen. Und wir können ihn kaum mehr vom Eisenkern in der Spule losreißen. – Warum das so ist, davon wollen wir später sprechen. Vorläufig stellen wir fest: das Eisen in der stromdurchflossenen Spule ist selbst magnetisch geworden. Es ist so lange ein Magnet, als es in der Spule steckt. Nachher verliert es den Magnetismus wieder.

Wieso? – In allen Stoffen sitzen sogenannte Elementarmagnete. Da sind sozusagen lauter winzig kleine Magnetnadeln, die gewöhnlich ohne irgendwelche gemeinsame Ordnung sind, die sich alle untereinander anziehen oder abstoßen, wie es sich für richtige Magneten gehört. Diese Elementarmagnete lassen sich in den meisten Stoffen auch gar nicht ordnen. – Nehmen wir aber Nickel oder Kobalt oder Eisen und legen eine stromdurchflossene Spule um das betreffende Metallstück herum,

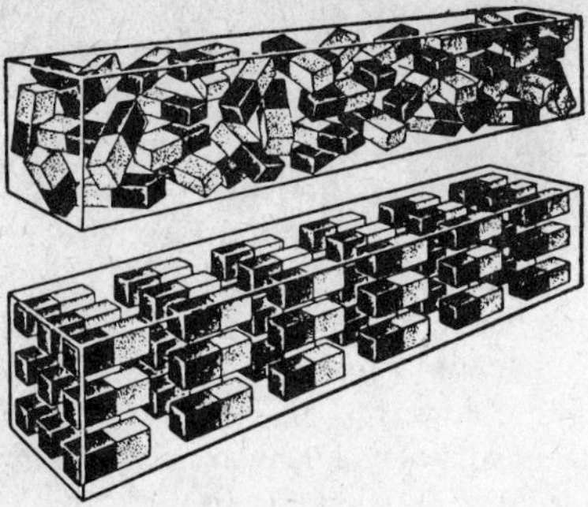

Bild 42. So kann man sich die Lage der Elementarmagnetchen vorstellen, oben in einem unmagnetischen, unten in einem magnetischen Eisenstab

dann sollten Sie sehen – oder hören vielmehr! – Man kann das nämlich tatsächlich hörbar machen.

Einschalten! Und mit einem Knacks kommt Ordnung in die Elementarmagnete: Alle Nordpole sehen jetzt nach der einen, alle Südpole nach der andern Richtung. Und diese Ordnung bewirkt, daß das Stück Eisen ein Magnet ist, mit Nordpol und Südpol, wie ihn die Magnetnadel nicht schöner hat.

Dieses magnetisch gerichtete Eisen kommt in der Spule dem durch die Kupferwindungen gebildeten Magnetismus zu Hilfe. Der Eisenkern verstärkt also die magnetische Wirkung der Spule.

Wenn wir jetzt den Strom ausschalten? –

Gleich ist die Ordnung der Elementarmagnete aufgehoben und der Magnetismus des Eisens ist wieder dahin.

Hätten wir Stahl genommen, dann wäre die Ordnung geblieben. Das Magnetisieren wäre etwas langsamer vor sich gegangen, weil die Elementarmagnetchen sich beim Ausrichten mit kleinen Kohlenstoffteilchen gestoßen hätten. Nachher aber hätten die Kohlenstoffzwerge dafür die Magnetchen gestützt. Und das ist der Grund dafür, daß Stahl magnetisch bleibt, das kohlenstoffarme, weiche Eisen seinen Magnetismus so rasch verliert und daß magnetischer Stahl dann zwei selbständige Magnete ergeben würde, wenn wir ihn irgendwo auseinanderbrächen. Immer da, wo die Elementarmagnetchen ihren Nordpol hinstrecken, ist für den großen Magneten ein Nordpol. Und immer bestimmt die Lage der Elementarmagnete auch den Südpol des magnetisch gemachten Metalls. Dabei ist es gleichgültig, ob wir das Magnetisieren mit Hilfe einer stromdurchflossenen Spule oder durch Streichen mit einem anderen Magneten besorgt haben.

Seinerzeit bin ich dagestanden und habe zu einem Lastkran hinaufgesehen, der in gemächlicher Fahrt über die Eisenträger rollte. Eine Riesenlast Eisenbarren hing unter der Laufkatze, magisch festgehalten ohne Haken, ohne Seile, ohne Ketten, Hunderte von Zentnern Eisen.

Ich ließ den modernen Herkules herankommen, folgte ihm mit den Augen, sah, wie sich ein glockenähnliches Gebilde mit der Last senkte, wie es die Eisenbarren sachte auf den Boden aufsetzte, um am andern Ende des Hofes neue zu holen. Dieses Gebilde mußte ein Elektromagnet sein. Ein fingerdickes Kabel führte in die Glocke, in der sich spulenumwickelte Eisenkerne befinden mußten. Diese Magnetpole waren die Finger, die nach der Last griffen, ohne sie zu umspannen. Das waren die Saugarme des Polypen. – Weit und breit war kein Mensch zu sehen, der sie zurechtrückte oder ihnen die Last unterschob. Nur oben im Kranhäuschen saß ein Mann, die Hand am Hebelschalter. Die dirigierte den Riesen. Die setzte die Spulen in der Glocke unter Strom, wenn sie zupacken sollten. Die schaltete den Strom ab, wenn das Ziel der Fahrt erreicht war. – Und damit ja kein Eisenstäubchen am Boden der Glocke hängen blieb, gab sie Strom von anderer Richtung in die Spulen, polte die Magnete dadurch um, tilgte damit auch den letzten Rest von Magnetismus aus den weichen Eisenkernen und bewirkte so ein Herabrieseln kleiner Rost- und Hammerschlagreste, die von den Eisenmassen abgeblättert waren.

»Wie groß ist die Leistung Ihres Mammuts?« rief ich den Kranführer im Vorbeifahren an.

»7,5 Kilowatt!« war die Antwort.

Und am Querbalken der Laufkatze war eine Aufschrift zu lesen: Tragkraft 20000 kg.

Das ist der sprechendste Beweis, welch ungeheuren Kräfte man bei geringem Stromaufwand mit einem Elektromagneten entfalten kann.

Wie wäre es aber, wenn wir eine Spule doppelt bewickeln würden und den Strom in der einen Leitung hin-, in der andern herfließen ließen? Da müßten sich doch die magnetischen Kräfte gegenseitig aufheben. – Und noch einfacher ginge das, wenn ein ähnlich einer Haarnadel in der Mitte geknickter Draht in Doppelwindungen gewickelt würde. Das ergäbe eine sogenannte »bifilare«, das heißt zweidrahtige Spule. In ihr fließt der Strom hin und zurück. Fertig ist die unmagnetische Spule.

Ein Riegel wird vorgeschoben

»Im Lauf des gestrigen Tages ist der Bauernhof des XY, bestehend aus einem Wohngebäude mit angebauter Stallung und Scheune, die mit Heu und Getreide neuer Ernte angefüllt war, vollkommen eingeäschert worden. Der Schaden beläuft sich auf mehr als 100000 DM. Als Ursache wird Kurzschluß in der elektrischen Anlage vermutet.«

So oder ähnlich berichtet täglich die Zeitung. Millionenwerte an Volksvermögen gehen im Lauf eines Jahres verloren. Manchmal ohne Schuld des einzelnen. Manchmal – das beweisen die Gerichtsberichte, die Akten der Polizei und der technischen Aufsichtsämter – manchmal sind auch Leichtsinn, Fahrlässigkeit oder Unkenntnis die Ursachen zu diesen in ihrer Summe ungeheuren Schäden.

Was ist Kurzschluß?

Die kurze Antwort lautet: Kurzschluß ist die direkte, praktisch widerstandslose Verbindung zweier Pole einer elektrischen Leitung.

Das ist einer näheren Betrachtung wert. Nehmen wir ein bekanntes Beispiel und schließen wir eine einfache Stehlampe mit Hilfe eines Kabels und des daran befindlichen Steckers an die Steckdose einer Leitung an, dann kommt der Glühfaden der Lampe ins Glühen. Der Widerstand, den der Glühdraht der Lampe der Spannung zwischen den beiden Polen entgegensetzt, bestimmt die Stärke des Stromes. Um bei einer Netzspannung von 220 Volt eine Lampe mit 250 Watt anzuschließen, braucht man einen Strom von ca. 1,1 Ampere. Das erfordert einen Widerstand des Lampenglühdrahts von 220 : 1,1 = 200 Ohm. Diese 200 Ohm fordern und begrenzen die benötigte Stromstärke, die den dünnen Draht der Lampe zum Glühen und Leuchten bringt und der ohne wesentliche Behinderung durch die Netzleitung und das Kabel zur Lampe fließt. Die Leitung darf sich dabei nicht erhitzen. Sie würde sich aber erhitzen, wenn der Strom größer wäre.

Nehmen wir nun an, durch irgendeinen äußeren Einfluß würden sich die beiden Zuführungsdrähte zur Lampe plötzlich berühren. Das wäre Kurzschluß, praktisch ungehemmter Stromzufluß vom negativen zum positiven Pol der Leitung. – Wie groß wäre nun der Strom? Wir wollen rechnen.

Nehmen wir für das Kabel der Lampe, das ja immerhin auch ein Widerstand ist, 0,01 Ohm an. Dann beträgt der Strom

220 : 0,01 = 22 000 Ampere. – Sehen Sie! Und diese vielen Ampere würden die Leitung, die das eine Ampere bei nicht spürbarer Erwärmung durchgelassen hat, selbst zum Glühdraht, ja sogar zum Schmelzdraht werden lassen. Und dieser glühende, schmelzende, die Isolation durchschmorende, den Rohrschutz erhitzende, feuerspeiende Leitungsdraht wäre die Brandursache, wenn nicht...

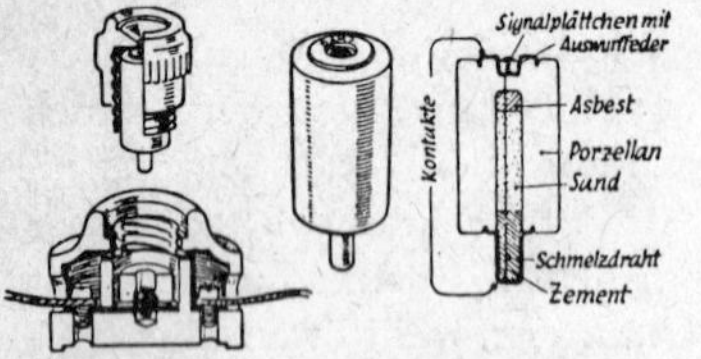

Bild 43. Sicherung. Links (teilweise im Schnitt): Sicherungspatrone mit darübergeschobener Kappe, die zum Einschrauben in das darunter abgebildete Sicherungselement dient

Und mit diesem »Wenn nicht« hat man der Stärke des Elektronenflusses einen Riegel vorgeschoben. Dieser Riegel heißt Sicherung.

Da hat man sich gesagt, Gefahr hin, Gefahr her. Damit ja nichts passiert, machen wir einfach eine geschickt gelegene Stelle im Zuführungsdraht besonders dünn und verwenden ein Material, das einen gewissen Strom aushält, aber beim Überschreiten der Grenze des Erlaubten durchschmilzt und damit den Strom unterbricht. Diese Schutzmittel bauen wir dahin, wo es uns paßt. Was machts, wenn wir auch gelegentlich mit den Drähten etwas umständlich in der Gegend herumfahren müssen. Sicherheit geht vor. Also legen wir eine *Sicherung* in den Stromfluß bzw. Stromkreis eines Abnehmers hinein.

Wie eine solche Sicherung aussieht, das weiß ein jeder. Wie sie inwendig beschaffen ist, das können wir uns aus dem oben Gesagten vorstellen. Das Wichtigste daran ist der sogenannte Schmelzdraht. Die Dicke dieses Drahts richtet sich nach dem Querschnitt der hinter der Sicherung liegenden Leitung, also der Zuleitung zur Sicherung, die er vor der Erwärmung schützen soll. Versucht man nun, eine größere Amperezahl dem Netz zu entnehmen, als für die Leitung zuträglich ist, dann kriegt das vor der Leitung selbst die erheblich dünner bemessene Sicherung zu spüren. Sie erhitzt sich, schmilzt durch, der Stromkreis ist unterbrochen.

So gibt es Sicherungen für 2, 4, 6, 10, 15 Ampere. Ein Straßenzug in Großstädten etwa kann mit einer Sicherung für 100 oder mehr Ampere abgesichert sein, je nach der Stärke der Leitung, die sich wieder nach dem Strombedarf richtet.

Die Schmelzdrähte der uns zugänglichen Sicherungen sind bekanntlich in einem Porzellankörper untergebracht, der in eine Einsteckvorrichtung paßt, deren Form es verhindert, daß etwa eine größere als die vorgeschriebene Sicherung verwendet werden kann. Der Porzellankörper besitzt einen Hohlraum, der mit Sand als Löschmittel angefüllt ist. In diesen Sand ist der Schmelzdraht eingebettet.

Am Kopf trägt die Sicherung eine Aufschrift über die Stromstärke, für die sie geeignet ist. Außerdem besitzt sie ein farbiges Signalplättchen, das gewöhnlich herunterfällt, wenn die Sicherung durchbrennt. Von der Farbe des Plättchens kann man wieder auf die Stärke der Sicherung schließen. Nach dem Durchlaßvermögen richtet sich die Dicke und die Länge des Porzellankörpers und des am Ende befindlichen Kontaktes.

Eine solche Sicherung ist natürlich von dem Augenblick an unbrauchbar, in dem sie in Tätigkeit treten mußte. Durch ihr Durchschmelzen bricht sie die Brücke ab, über die die Elektronen klettern konnten. – Sie zu flicken wäre strafbar. – Die meisten Brände, die durch Kurzschluß oder Überbelastung einer Leitung entstehen, sind auf geflickte, absichtlich stärker gewählte oder überbrückte Sicherungen zurückzuführen. – Also werfen wir, so leid es uns tut, die schadhafte Sicherung weg und schrauben eine neue ein.

Anders ist das mit den *Sicherungsautomaten*, die neuerdings immer mehr verwendet werden. Sie sind wohl in der Anschaffung teurer als Schmelzsicherungen. Dafür sind sie aber auch so gut wie gar keinem Verschleiß unterworfen. Es sind Schalter,

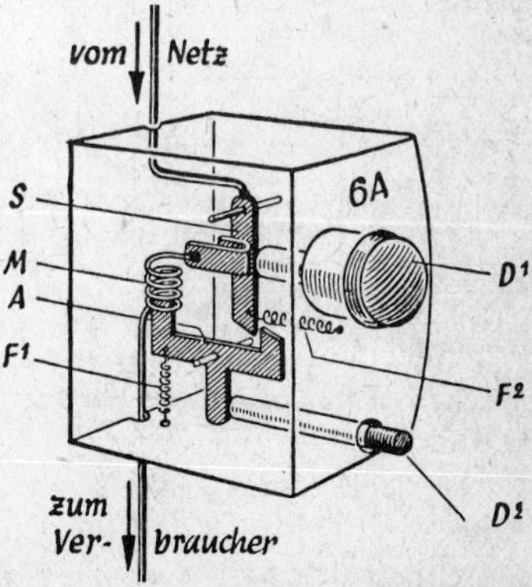

Bild 44. Sicherungsautomat. Die Unterbrechung des Stromkreises geschieht durch einen Elektromagneten

die der Strom selbst ausschaltet, wenn er eine gewisse Stärke überschreitet.

Zur Erreichung dieses Zweckes gibt es eine Menge Möglichkeiten. Eine davon wollen wir an Hand von Bild 44 betrachten.

Aus einem Porzellankörper ragen zwei Druckknöpfe D_1 und D_2 heraus. Unter der Haube des Porzellans sitzt ein System von Hebeln, Klinken und Federn, ferner eine Spule.

Wenn wir auf den Druckknopf D_1 drücken, bringen wir das Schaltmesser S in Kontakt mit einer Blattfeder. Damit ist der Stromkreis vom Netz über den Schalter und die Magnetspule M zum Verbraucher geschlossen. Die Spule übt auf den als Anker ausgebildeten Hebel der Sperrklinke eine Anziehungskraft aus.

Bei normaler Stromentnahme ist die Zugkraft der Feder F_1 aber stärker als die des Magneten. Dadurch kann die Ankerklinke den Schalter S festhalten.

Wird der Strom stärker als erwünscht, dann zieht der Magnet das linke Ankerende an. Dadurch gibt die Klinke den Schalter frei, der nun durch die Feder F_2 den Stromkreis unterbricht. Durch Druck auf den Knopf D_1 können wir den Schalter wieder in Kontaktstellung bringen, nachdem wir die Ursache für die Überlastung beseitigt haben.

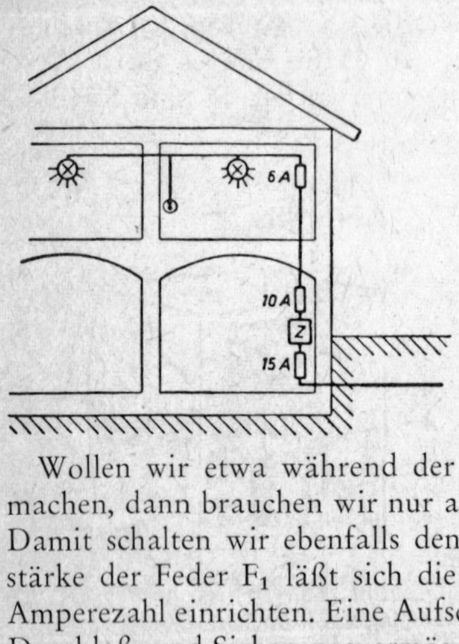

Bild 45. Staffelung der Sicherungen in einer Hausanlage

Wollen wir etwa während der Ferien die Leitung stromlos machen, dann brauchen wir nur auf den Knopf D_2 zu drücken. Damit schalten wir ebenfalls den Strom aus. Durch die Zugstärke der Feder F_1 läßt sich die Sicherung für eine beliebige Amperezahl einrichten. Eine Aufschrift am Deckel gibt über ihr Durchlaß- und Sicherungsvermögen Auskunft.

In der Gesamtanlage eines Hauses stuft man nun – wieder sicherheitshalber – die Sicherungen ab, gleichgültig, welche der beiden Sicherungsarten verwendet wird. Die Lampe, die Steckdose für Fön, Bügeleisen, Staubsauger und Radiogerät sind gewöhnlich mit 6 Ampere abgesichert. Die Stromabnehmer eines ganzen Stockwerks faßt man häufig zusammen und führt ihre Zuleitung über eine 10-Ampere-Sicherung, die hinter dem Zähler ihren Sitz hat. Vor dem Zähler sitzt eine Sicherung von 15 Ampere Durchlaßvermögen. Damit wird die Zuleitung ins Haus geschützt. Diese Sicherung ist meist plombiert, um sie vor dem Zugriff des Nichtfachmanns zu bewahren. Sie sitzt in einem Blechkasten, der ihr die Bezeichnung Panzersicherung eingetragen hat.

Durch diese Sicherung erreicht man, daß bei einem an einer bestimmten Stelle auftretenden Schaden nicht gleich das ganze Haus oder gar ein ganzer Stadtteil im Dunkeln sitzt. Wo ein größerer Schaden aufgetreten ist, was das Durchschmelzen der Panzersicherung gewöhnlich ankündigt, hat außerdem das Elektrizitätswerk mit seinen geschulten Fachleuten das Wort. Dadurch können wir uns vertrauensvoll wie bisher des elektrischen Stromes bedienen. Wir wissen ja: in der Anlage selbst, in der Sicherung, sitzt der Wächter, der den Betrieb überwacht.

Strom durch Magneten

»Ich habe einen Vetter, der besitzt eine Mühle. Die Mühle liefert Mehl. Für ihn selbst, für mich und für andere. Sie liefert es beinahe umsonst, wenn wir, das heißt die andern und ich, auch fast alles auf Heller und Pfennig bezahlen müssen. Schließlich muß der Müller den Weizen ja auch bezahlen. Nicht bezahlen muß er aber die Kraft, die das Mühlrad treibt. Diese Kraft heißt Wasser. Und Wasser fließt, ich weiß nicht wieviel Sekundenliter, in unerschöpflichen Mengen das Tal hinunter.«

Im Schatten des großen Mühlrads steht eine Hütte, kaum größer als ein kleiner Hühnerstall. Hier drin ist eine Turbine, das heißt eine Art Mühlrad, dessen Schaufeln besonders günstig angeordnet und zu Kammern ausgebildet sind. In diese Kammern fließt das Wasser in saugendem, wirbelndem Kreisen. Es versetzt die Achse der Turbine in rasche Drehung.

Neben der Turbine steht ein hölzerner Kasten, so groß wie

eine Hundehütte. Und hier, in der Hundehütte, sitzt nun nicht etwa ein reißender, beißender Hofhund, sondern eine Dynamomaschine. Das ist die elektrische Kraftzentrale des Hauses. Die interessiert uns natürlich.

Also weg mit dem Kasten!

»Das sieht doch aus wie ein Motor?«

»Wahrhaftig!«

»Ein umgekehrter Motor!«

Eine Weile später sitzen wir oben in der geräumigen Stube. Da hat die gastfreundliche Hausfrau eine handfeste Vesper aufgefahren. Als nach dem Essen der zweite Krug Wein auf dem Tisch steht, sind wir glücklich wieder bei unserer geliebten Elektrizität gelandet.

»Strom aus dem Element, aus der Batterie«, so fängt unsere Erörterung an, »das kann man zur Not noch begreifen. – Die überflüssigen Elektronen auf der Zinkplatte wollen zur Kupferplatte, wo Elektronen fehlen. Und eine Verbindung, die das ermöglicht, schafft den Weg für einen Kreislauf. – Auch bei der Reibungselektrizität scheinen die Dinge nicht so schwierig zu liegen. Man entfernt Elektronen, die die Protonen wieder zurückholen wollen. Oder man überhäuft ein Material mit Elektronen, die wieder ausrücken möchten. – Das mit den Erzeugermaschinen ist doch viel schwieriger.«

»Nein und tausendmal nein! – Aber hören Sie mal zu. Ich habe da eine Brücke gefunden. Sie wissen doch, daß man mit Hilfe eines stromdurchflossenen Leiters Magnetismus erzeugen kann. Liegt da nicht die Frage nahe, ob man wohl umgekehrt mit Hilfe von Magnetismus Strom herstellen kann? Und, passen Sie auf, es geht. Der Elektrobaukasten vom kleinen Werner kommt uns zu Hilfe.«

Wir holen den Baukasten herbei, packen die Dinge alle aus.

Bild 46. Stromerzeugung. Der über der Spule kreisende Stabmagnet bewirkt Ausschlag des Instruments

Da sind Drähte, Spulen und Eisenstücke. Da ist ein kräftiger Stabmagnet und ein noch stärkerer Hufeisenmagnet. Sogar ein kleines Meßinstrument ist dabei. Der Nullpunkt, der Ruhepunkt des Zeigers, ist in der Mitte. Links und rechts davon ist eine Skala.

Wir nehmen also eine Spule, stecken den Stabmagneten hinein und schließen die beiden Enden der Spulendrähte an das Instrument an. Die Augen sind gespannt auf den Zeiger des Meßgeräts gerichtet.

»Nichts!« stellen wir alle drei fest.

»Vielleicht hast du was falsch gemacht?« fragt mein Vetter. Dabei greift er nach dem Magneten und zieht ihn aus der Spule.

»Der Zeiger schlägt aus!«

Wir stellen den Magneten in die Spule zurück. Der Zeiger schlägt wieder aus, nur in anderer Richtung.

»Also muß der Magnet bewegt werden, damit sich die Elektronen bewegen. Ich glaube, wir haben eben eine Erfindung gemacht.«

»Nacherfindung, meine Herren! Nacherfindung! – Das hat man schon lange gewußt.

Aber ich schlage vor, wir wollen einen Schriftführer ernennen, der die Ergebnisse unserer Forschungen aufschreibt.

1. Satz: Wird ein Magnet an einem Leiter vorbeibewegt, dann **wird in den Leiter Strom induziert.** – Das kommt von dem Wort Induktion. Das heißt soviel wie Hineintragen. – Ferner haben wir beobachtet, daß der Zeiger einmal nach links und einmal nach rechts ausschlug, je nach der Richtung der Bewegung. Also:

2. Satz: Die Richtung des Stromes hängt von der Richtung der Bewegung ab.

Nun dürfte man bloß eine Art Sägegatter nehmen, wissen Sie, so ein Ding, das sich in rascher Geschwindigkeit auf- und abwärts bewegt, dann wäre eine Stromerzeugermaschine fertig.«

»Noch einfacher!« ruft der Müller. »Das geht doch auch durch Drehen.« Und schon hat er einen langen Faden geholt, hängt den Magneten auf, so daß er waagerecht mit einem Pol über der Spule liegt. Dann schubst er ihn an, daß er sich dreht. Und jedes Mal, wenn ein Pol an der Spule vorbeibewegt wird, schlägt der Zeiger aus. Einmal nach links, dann nach rechts.

»Stimmt unser Satz?«

»Der erste: ja! – Der zweite –?«

»Eigentlich auch. – Wenn wir zum Beispiel den Nordpol hier

für sich betrachten, so können wir doch bei ihm feststellen, daß er, wenn er sich selbst über der Spule befindet, von der Spule aus gesehen, eine Bewegung nach rechts ausführt. – Und wenn dann der Südpol drankommt, geht der Nordpol sozusagen nach links. Der Südpol kommt ihm gewissermaßen zu Hilfe. Also hin und her – bloß rund und nicht eckig! Ich glaube, die Dynamomaschine ist schon fertig!«

»Bravo!«

»Hm! – Mit dem bißchen Energie kann man doch keinen Hund hinterm Ofen hervorlocken.«

»Eisenkern in die Spule!« Das ist ein erlösendes Wort. Und wie wir dann wieder den Magneten kreisen lassen, da tobt der Zeiger des Instruments wie ein gehetztes Uhrpendel hin und her. – Hier schreiben wir den

3. Satz: Ein Eisenkern in der Leiterspule verstärkt die Wirkung.

»Das Hineintragen geschieht jetzt kräftiger. Aber, o heilige Einfalt«, kommt mir schließlich der Gedanke, »da liegt ja der Hufeisenmagnet. Habt ihr schon was von Ballung der Kräfte zwischen den Polen des Hufeisenmagneten gehört?«

Ja, das haben sie. Also: probieren wir es.

Wir stellen das Hufeisen auf den Kopf. Wenn wir einen Draht zwischen den Schenkeln hindurch nach unten stoßen, schlägt das Instrument aus. Bei Bewegung nach oben ebenfalls, nur wieder andersherum.

»Stimmt unser Aufschrieb?«

»Wenn man es nicht allzu wörtlich nimmt, ja. – Leiter und Kraftlinien müssen sich eben schneiden.

Also aufschreiben:

4. Satz: Für die Stromerzeugung ist es gleichgültig, ob man den Magneten an der Leiterspule oder den Leiter am Magneten vorbeibewegt. Es kommt nur darauf an, daß der Leiter Kraftlinien schneidet.«

»Sieh mal an, das reinste Laboratorium! Wenn das so weitergeht ––?«

»Na, wir werden doch irgendwie zu einer brauchbaren Dynamomaschine kommen.«

»Aber da in der Hundehütte drunten, da dreht sich doch was!«

»Also drehen wir auch. Hier die Achse durch die Spule! Rein ins Hufeisen. Wieviel Umdrehungen wünschen die Herren? –

Bild 47. Vom Schaltpult im Vordergrund des Bilds gesteuert wird diese Karusselldrehbank zum Bearbeiten von Turbinenteilen. 10 m Durchmesser besitzt die Planscheibe, auf der das 54 Tonnen wiegende Werkstück aufgespannt ist.
(Werkfoto: AEG)

Bild 48. 18 Gleichstrom-Walzmotoren birgt diese Werkshalle. Sie bilden den Antrieb für eine kontinuierlich arbeitende »Bandstraße«, die der Verformung nahezu glühendflüssiger Stahlbänder dient. (Werkbild: Siemens)

Mehr Touren kann ich mit Daumen und Zeigefinger nicht draufzwirbeln! – Immerhin zuckt der Zeiger –.«

»Wenn wir die Nähmaschine zum Drehen benützen würden?«

Das tun wir natürlich. Einer setzt sich und tritt das Fußbrett. Einer hält Magneten und Spule, die inzwischen eine richtige Lagerung und eine Riemenscheibe bekommen hat. Der dritte beobachtet das Meßinstrument.

»Prima!« ruft er begeistert aus. Aber zu eilig.

»Der Zeiger steht eisern still!« verbessert er sich bedrückt. »Da stimmt was nicht!«

Wir überzeugen uns. Es ist richtig, was er sagt. Der Zeiger steht still.

Der Mann am Trittbrett hört auf zu treten. Die Umdrehungszahl wird kleiner. Kurz ehe das Rad steht, macht der Zeiger wieder einige Ausschläge.

»Da soll ein Mensch mitkommen!«

»Vielleicht war das Drehen zu rasch?«

»Verrückt! – Je rascher, desto besser!« Hier trinken wir einen Schluck. Dann atmen wir tief und sehen uns verständnislos an.

»Ich habe eine Idee: der Zeiger ist nur nicht mehr mitgekommen.«

»Also zu rasch.«

»Für das Instrument zu rasch, für dieses Instrument hier.«

»Ja, glauben Sie, daß da überhaupt noch Elektronen fließen bei dem Tempo? – Der Zeiger würde doch sonst ausschlagen.«

Wir nehmen eine Taschenlampenbirne. Die rettet uns. Ihr Faden glüht.

»Überlegen wir also: Aus dem wechselnden Ausschlag des Instruments war zu entnehmen, daß die Elektronen einmal hin- und einmal herwärts bewegt wurden. Das hieße, daß der Strom seine Richtung gewechselt hätte. Strom, der seine Richtung wechselt, ist Wechselstrom. – Und wenn Sie hier gefälligst das Zifferblatt des Instruments betrachten wollen, da steht: Nur für Gleichstrom zu verwenden. – Das ist also die Lösung des Geheimnisses.«

»Jetzt wird es aber tatsächlich interessant. – Wie erklärt man sich denn das mit dem Wechselstrom? Die armen Elektronen.«

»Das kann den Elektronen doch gleichgültig sein, ob sie nach links oder nach rechts oder wechselnd einmal links- und einmal rechtsrum geschoben werden. Beim Gleichstrom findet das Schieben immer in der gleichen Richtung statt. Bei Wechselstrom wechselt die Richtung des Elektronenflusses. – Daher der Name.«

»Wechselt – die – Stromrichtung! – Man kann also beim Wechselstrom nicht eigentlich von einem positiven und einem negativen Pol sprechen?«

»Das ist sogar sehr wesentlich. Wie das kommt, dafür wollen wir nun eine Erklärung suchen. Und wo man Erklärungen sucht, braucht man Bilder.«

Wir zeichnen also:

Wir zeichnen einen Magneten mit Nordpol und Südpol. Die Pole verbinden wir mit parallellaufenden Strichen. Das sind die unsichtbaren magnetischen Kraftlinien. In diesem Kraftfeld deuten wir durch zwei kleine Kreise eine Drahtschleife der Spule an. »Das ist der Anker!« bemerkt mein Vetter. »Ein Draht führt nach hinten, einer nach vorn.« Diesen Anker drehen wir jetzt und beobachten einen der beiden Leiter. Nehmen wir mal an, den links im Bild gelegenen. Wir wissen, um Strom zu erzeugen, muß der Leiter Kraftlinien schneiden. Je mehr, desto besser. Mehr Kraftlinien heißt also mehr Strom.

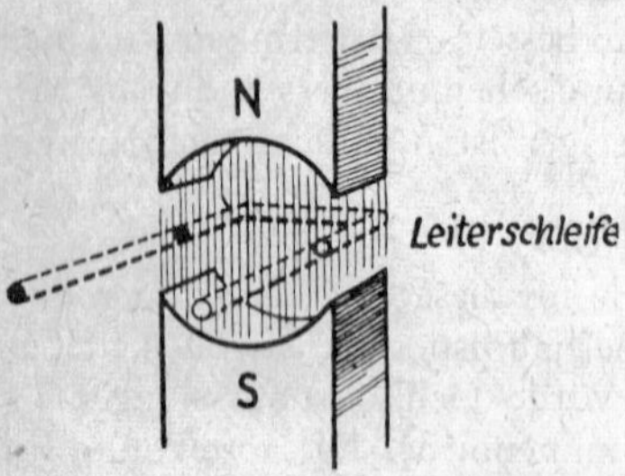

Bild 49. Leiterschleife im Magnetfeld

Jetzt wollen wir in Vorstellung und Zeichnung den Anker ganz langsam und gleichmäßig drehen und jede Sekunde eine neue Betrachtung anstellen. (Siehe Abb. 50.) Wir machen sozusagen eine Zeitlupenaufnahme, bei der wir jede aus dem Bewegungsablauf herausgegriffene neue Stellung des Ankers im Magnetfeld festhalten. Was dabei an Spannung herauskommt, können wir in einem Schaubild – graphische Darstellung sagt man sonst – aufzeichnen.

Dazu machen wir erst einen Strich. Darauf legen wir in gleichen Abständen die Zeiten fest: 1 Sekunde, 2 Sekunden usw. Je mehr Kraftlinien wir in der Zeiteinheit schneiden, desto mehr Spannung vermerken wir über der Markierung der Zeit, zu der die Feststellung erfolgt. – Also erste Beobachtung! Was kommt dabei heraus? –

»Zuerst einmal gar nichts!«

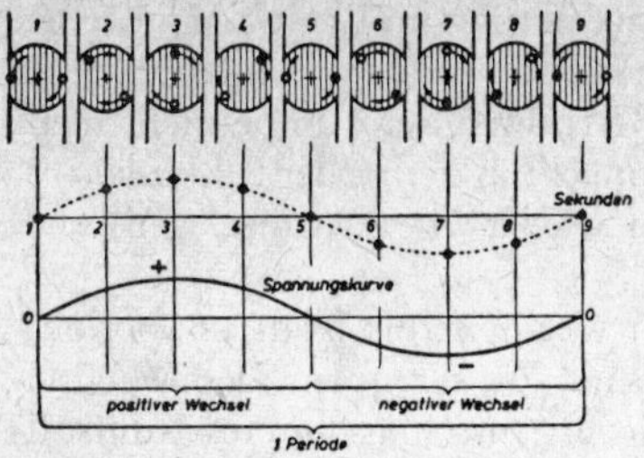

Bild 50. Entstehen der Wechselstromkurve. Ansteigen und Absinken der in der bewegten Leiterschleife erzeugten Spannung während einer Umdrehung des Ankers

»Wieso?«

»In der Gegend um die Waagrechtlage des Ankers schneidet der Leiter ja gar keine Kraftlinien. Er geht den Kraftlinien entlang.«

»Also Null! – Erste Messung Null! – Volt oder Ampere?«

»Vorläufig mal Volt! Ampere fließen erst, wenn der Stromkreis geschlossen ist!«

»Zweite Beobachtung: Der Leiter bewegt sich schräg durch die angedeuteten Kraftlinien. Er schneidet eine verhältnismäßig geringe Anzahl von ihnen.

Also entsteht eine kleine Spannung.«

»Dritte Beobachtung: Der Leiter schneidet die Kraftlinien senkrecht. Das ergibt eine hohe Spannung.« Und so fahren wir fort.

Wir bekommen lauter Punkte, die zuerst von der Grundlinie wegführen, ihr dann aber wieder näherkommen.

Weil nun aber im unteren Kreisabschnitt die grobe Richtung der Bewegung des betrachteten Leiters in gegenteiligem Sinne verläuft, bekommen wir gegenteilig gerichteten Strom. Das deuten wir an, indem wir die Messungen unterhalb der Zeitlinie eintragen.

Verbinden wir schließlich die verschiedenen Meßpunkte miteinander, dann bekommen wir eine Kurve, Sinuskurve sagt der Fachmann dazu. Sie zeigt uns Ansteigen und Abschwellen der positiven und anschließend der negativen Spannung. Positiv und negativ wechseln ständig.

»Und dazwischen liegt jeweils ein Punkt der Stromlosigkeit?«

»Ja!«

»Da geht also die Lampe aus?«

»Nein! – Sie hat doch vorher ständig geleuchtet!«

»Na, wenn ich eine Lampe wäre, ich würde ausgehen.«

»Wenn wir im Ernstfall mit diesem Schneckentempo drehen würden, würde jede andere Lampe ebenfalls wechselweise hell und dunkel werden. – Darum dreht man im Ernst auch rascher. So wie mit der Nähmaschine vorher. So rasch nämlich, daß die Lampe bzw. das Auge beim Betrachten der Lampe nicht mehr mitkommt: 50 Umdrehungen macht man in jeder Sekunde.«

»Aha! – Und das ist dann wieder Gleichstrom, weil es so rasch geschieht.«

»Wechselstrom, immer noch Wechselstrom ist das, 50periodischer Wechselstrom. – Man sagt: die Frequenz des Wechselstroms beträgt 50 Perioden. Jeder Ausschlag unseres Kontrollinstruments vom Nullpunkt bis zum Höchstwert und zurück zu Null ist ein Wechsel. – Ein Plus- und ein Minuswechsel zusammengenommen ist eine Periode. Das entspricht einer Umdrehung des Ankers.

Man hätte die Kurve, die als Sinnbild des Wechselstroms auf alle dafür geeigneten Geräte aufgemalt ist, übrigens auch auf anderem Wege bekommen können. Etwa dadurch, daß man an den Zeiger eines Meßgeräts einen Bleistiftstummel gebunden und unter dem pendelnden Stift ein Papierband weggezogen hätte. Der Stift hätte dabei die Kurve gezeichnet.«

»Gut, mit dem Ansteigen und Absinken mag alles in Ordnung sein, aber so ein Wechselstromerzeuger ist allem Anschein nach gleichzeitig eine Seildrillmaschine.«

»Ach so! Wegen der Ankeranschlüsse? Nein! Die Elektriker sind bekanntlich kluge Köpfe. Die führen die beiden Spulenden je auf einen Ring, auf dem eine sogenannte Bürste schleift, die gewöhnlich durch Kohlen gebildet wird. Aus diesen Schleifringen wird dann die erzeugte Spannung durch die Kohlebürsten ans Netz abgegeben.«

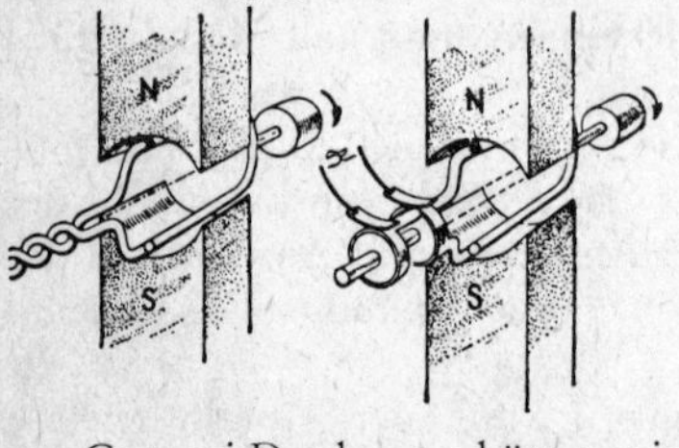

Bild 51. Links: So geht's nicht. – Rechts: Abnahme der Wechselstromimpulse durch Schleifringe und Schleifbürsten

»Gott sei Dank, nun hätten wir es!«

»Die Hälfte, Herrschaften, oder noch nicht einmal die Hälfte. Lassen Sie uns erst die Leiterschleife mit einem Eisenkern versehen. Das muß doch die Wirkung verstärken. Und damit wir nicht auf Gedeih und Verderb von der allmählich abnehmenden Stärke des ›permanenten‹ Feldmagneten abhängig sind, nehmen

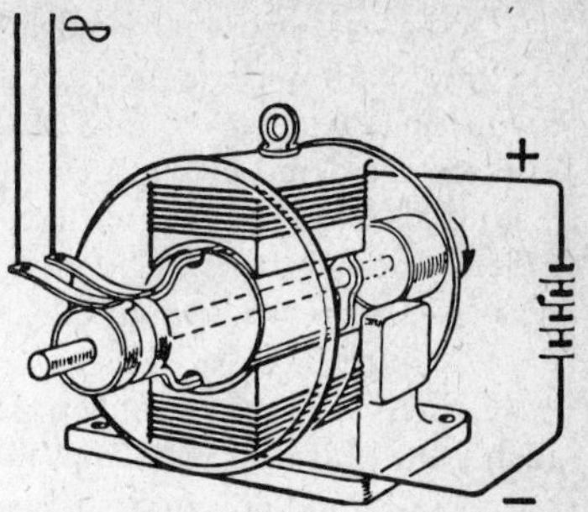

Bild 52. Wechselstromgenerator (Außenpolmaschine). Die *feststehenden Magnetpole* werden mit Hilfe von Gleichstrom erzeugt. Der Wechselstrom wird durch Schleifringe der Läuferwicklung entnommen

wir zwei Eisenkerne, die wir mit einer gleichstromgespeisten Spulenwicklung versehen. So können wir auch die Stärke des ruhenden Magnetfeldes erheblich vergrößern. – Und jetzt erst haben wir das Modell einer Wechselstrommaschine.

Eine ähnliche Wirkung haben wir übrigens, wenn wir gewissermaßen die Rollen von Anker und Feld vertauschen. Das heißt, wir können uns ebensogut eine Maschine bauen, bei der wir über die Schleifringe Gleichstrom in die Leiterschleife schikken. Drehen wir dann die Schleife, dann können wir an den Anschlüssen der feststehenden Spulen Wechselstrom abnehmen. Bei großen Maschinen für die Abgabe hoher Leistungen macht man das mit Vorliebe, eben weil man so statt der Berührungskontakte zwischen Schleifbürste und Schleifring feste Verschraubungen hat.

An der nach vorne verlängerten Ankerachse kuppelt man in der Praxis eine kleine Gleichstromerzeugermaschine an, die die Spannung für die ›Erregung‹ der Magnetspulen liefert und die Batterie ersetzt. So geht alles durch Drehung.«

»Halt! Sie sagten eben Gleichstrommaschine. – Wollen wir nicht lieber unsere letzten Forschungsergebnisse zu Papier bringen?«

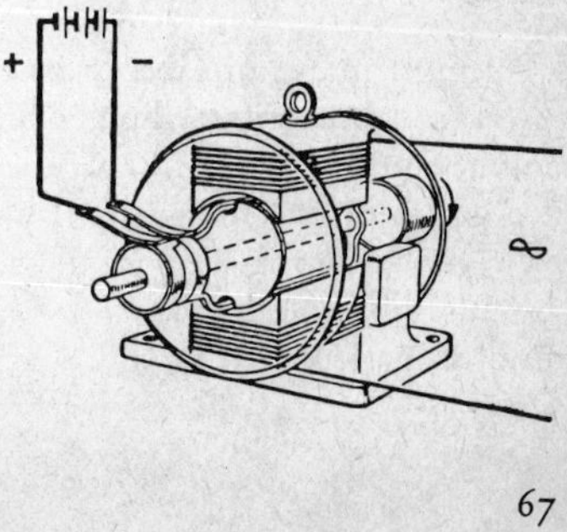

Bild 53. Wechselstromgenerator (Innenpolmaschine). Hier wird den *umlaufenden Magnetpolen* Gleichstrom zugeführt. An der feststehenden Wicklung wird Wechselstrom abgegeben

»Doch, schreiben wir also den 5. Satz:

Dreht man im magnetischen Kraftfeld einen Anker, dann wird in der Ankerwicklung Wechselstrom induziert, der durch Schleifringe dem Leitungsnetz zugeführt wird.

Und als 6. Satz fügen wir gleich hinzu:

Setzt man statt der Schleifringe einen Kollektor auf die Ankerachse, dann erhält man Gleichstrom.«

»Wie, bitte?«

»Gleichstrom! – Sie haben ganz richtig gehört. Und das ist auch ganz einfach. Man muß nur wissen, was ein Kollektor ist. Es ist ein Umpoler, ein Stromwender. Kommutator sagen manche Leute auch dazu. Wissen Sie nun Bescheid?«

»Nein!«

»Dann stellen Sie sich, bitte, vor, wir würden beide Wicklungsenden des Ankers auf einen Schleifring führen, den wir in der Mitte durchgesägt hätten. Am oberen Abschnitt, wo die Drehung des Ankers immer einer Bewegung nach rechts entspricht, käme immer ein positiver, am unteren Kollektorabschnitt gleichzeitig ein negativer Wechsel zur Abnahme – unten flössen also immer Elektronen ab, oben immer zu, ständig in gleicher Richtung. Das ist doch Gleichstrom. Freilich geschieht das stoßweise. Der Strom pulsiert, wie man sagt. Das ist pulsierender Gleichstrom.

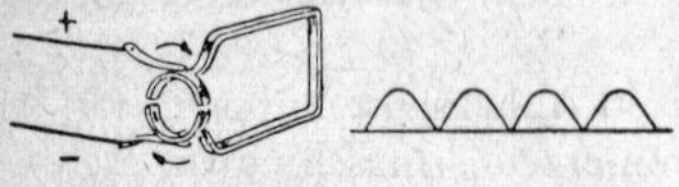

Bild 54. Durch Aufsägen des Schleifrings entsteht ein Kollektor. Er gibt Stromstöße gleicher Richtung an die Schleifbürsten ab. Rechts: Stromkurve

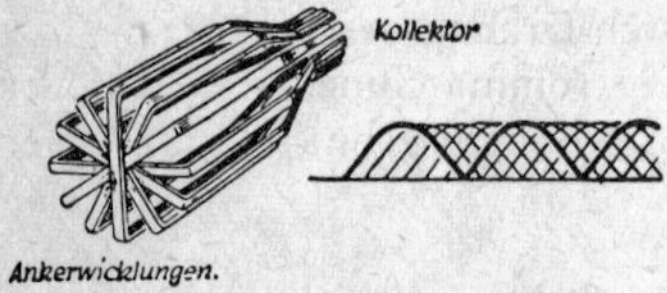

Bild 55. Je mehr Anker- bzw. Kollektorunterteilungen, desto »glatter« fließt der Gleichstrom

Nimmt man nun aber statt des zweiteiligen Ankers mit nur zwei Kollektorunterteilungen einen Anker, der, wie auf der Zeichnung, eine größere Anzahl Wicklungsgruppen und ebenso viele Kollektorunterteilungen hat, dann überschneiden sich die Kurven, der Strom fließt so gut wie ohne Schwankungen. Darüber hinaus gibt es noch weitere Mittel, die ihn glätten, so daß er praktisch dem Strom aus den Batterien gleichgesetzt werden kann.«

»Ich finde das fabelhaft, daß man auf solch gründlich verschiedenem Wege zum gleichen Ergebnis gelangen kann: Gleichstrom aus der Batterie und Gleichstrom aus der Maschine. – Aber wozu die Mühe? Alle Achtung vor dem Kollektor, aber so ein Schleifring scheint mir doch ein kompakteres Abnahmemittel zu sein. Und die Lampe glüht doch auch bei Wechselstrom. Warum macht man dann mit allerlei Kunststücken Gleichstrom daraus?«

»Weil man um die Mitte des vorigen Jahrhunderts mit dem Wechselstrom noch nicht so recht Bescheid wußte, weil man glaubte, man müsse auch aus der Maschine Gleichstrom entnehmen, den Strom, den die altbekannten Elemente lieferten. – Und warum man das heute noch tut? – Weil für manche Zwecke Gleichstrom besser geeignet ist als Wechselstrom und weil die Umstellung der Leitungsanlagen und der Geräte auf Wechselstrom teuer ist. – Daß Wechselstrom eine solch fabelhafte Sache ist, als die sie sich später entpuppt hat, das hat man zur Zeit der ersten ›dynamoelektrischen Maschinen‹ noch nicht geahnt. – Aber davon müßte man später einmal reden.«

»Machen wir! – Aber jetzt schlage ich vor, daß wir unsere Gläser austrinken und ins Elektrizitätswerk gehen. Jetzt sieht das Ding in dem Holzkasten anders aus.«

So ist es auch.

»Nur eines haben wir oben nicht besprochen, daß nämlich die Spulen des Feldmagneten der Gleichstrommaschine ihren Strom ebenfalls aus dem Anker bekommen. Das ist eine wichtige Entdeckung, die Werner Siemens gemacht hat. Es gibt dafür zwei Schaltmöglichkeiten. Die häufigere ist die, daß man je eine Ankerleitung mit einer Abzweigung zum Feld versieht, Anker und Feld also parallelschaltet. In diesem Falle nennt man das Gerät einen *Nebenschluß-Dynamo*.

Möglich ist aber auch eine Schaltungsweise, bei der der aus dem Anker kommende Strom die Eisenkerne des Magnetfeldes umfließt, so daß Anker- und Feldwicklung im gleichen Stromkreis liegen. Das ist hintereinandergeschaltet und ergibt einen *Hauptstrom-Dynamo*.

Diese zweite Art ist die von Siemens zuerst angewandte, die aber nur noch sehr beschränkt im Gebrauch ist, da die Stärke des Magnetfeldes von der Stärke der Belastung abhängt.«

»Versieht man dagegen den Feldstromkreis der Nebenschlußmaschine mit einem regulierbaren Widerstand, wie man ihn beim Motor als Anlasser verwendet, dann kann man durch Re-

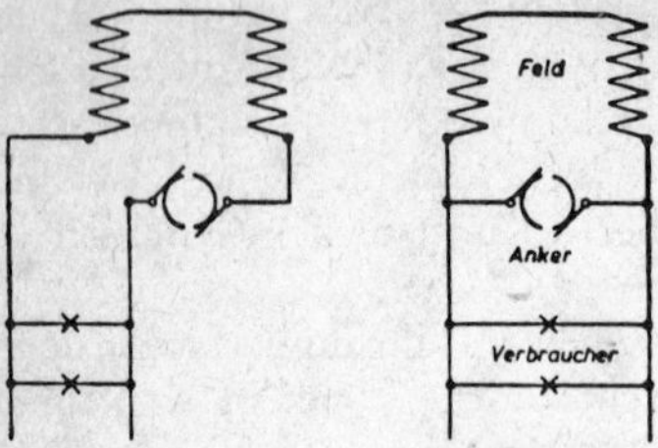

Bild 56. Gleichstromdynamo schematisch.
Links: Hauptstromschaltung.
Rechts: Nebenschlußschaltung

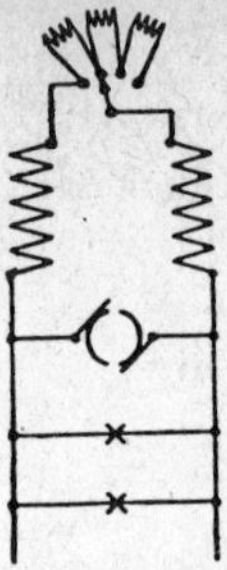

Bild 57. Gleichstrom-Nebenschlußdynamo mit Feldregler zur Spannungsregulierung

gulieren der Stromzufuhr in die Magnetwicklung die Stärke der abzugebenden Spannung beeinflussen.«

Diesen letzten Satz sagt mein Vetter. Dabei greift er nach einem Hebel, der aus einem mit Drahtwindungen bespickten Kasten herausragt. »Feierabend!« sagt er, während er den Hebel nach rechts bewegt. Gleichzeitig sinkt die Helle der Glühlampen bis zu einem schummerigen Dämmerleuchten herunter. – Das ist der Beweis für die Wirkungsweise des Feldreglers. – Als Selbstversorger in Sachen Elektrizität kann er sich das leisten.

Eine kurze Weile später gehen wir selbander am Bach entlang zur nächsten Eisenbahnstation. Ein *Radfahrer* kommt uns entgegen und wirft uns für kurze Zeit sein blendend helles Licht ins Auge. Leise schnurrend summt der Dynamo: ein kleiner spulenbewickelter Anker, der vom Vorderrad des Fahrzeuges getrieben, zwischen den Polen eines Dauermagneten läuft. Ein Elektrizitätswerk also. Scheinwerfer und Rücklicht künden von der Wirkung des beiläufig erzeugten elektrischen Stroms.

Vorne auf der Hauptstraße kreuzen die Lichtbündel der *Autos*. Ihr Licht kündet ebenfalls das Vorhandensein eines kleinen Elektrizitätswerks im Fahrzeug an. Lichtmaschine nennen wir es dort.

Das *Flugzeug*, das *Schiff* sind ohne selbsterzeugte Elektrizität nicht zu denken.

Die Lichter der Stadt, die Motoren der Fabriken und Haushalte und all die vielen elektrischen Gebrauchsgeräte bedürfen elektrischer Stromerzeuger. Dort in der Mühle durch Wasserkraft, anderswo durch Dampf, durch Benzin- oder Dieselmotoren angetrieben, schlägt der elektrische Puls, der die Erdrinde belebt.

Stauwerke werden angelegt am Neckar, am Rhein, am Nil, am Coloradofluß, am Mississippi. – Riesige Kohlenberge, Hunderte, Tausende Tonnen Öl verbrennen alljährlich unter den Kesseln. Strom durch Magneten zu erzeugen, ist ihre Aufgabe. Sie geben die mechanische Energie dazu.

Schon spielen die Gedanken der Menschen damit, das Wassergefälle am Bosporus, die Strömung am Engpaß von Gibraltar für die Stromerzeugung zu nützen. Ebbe und Flut mit ihren natürlich bedingten Verschiebungen gewaltiger Wassermengen spuken in den Köpfen. Schon ist die bei der Atomspaltung frei werdende Energie ein neuer Ausgangsquell für jene andere, die elektrische.

Erinnern wir aber auch daran: in der kleinen Fotozelle unseres Belichtungsmessers, im Kristall des Tonabnehmers am Plattenspieler, im Thermoelement, das den Wärmemesser für das Kühlwasser im Auto steuert, haben wir ebenfalls kleine Elektrizitätswerke. Winzig, aber nützlich sind sie – und sie arbeiten ohne Magneten. Der elektrischen Geheimnisse und Merkwürdigkeiten gibt es wahrlich genug.

Mit drei Leitungen geht's auch

Den Strom hätten wir. Strom aus Elementen, Strom aus Maschinen, wie es gerade nützlich und günstig erscheint. Wir kennen den Unterschied und die Gemeinsamkeiten. Ein Gemeinsames ist, daß zu ihrem Transport zwei Leitungen notwendig sind, eine negative, die die Elektronen zum Einsatz bringt, und eine positive, durch die sie in die Stromquelle zurückfließen. Das ist einfach. Und das ist gut und richtig.

Wenn nun aber einer käme und würde sagen: »Mit drei Leitungen gehts auch«, dann würden wir ihn doch zweifellos ein wenig von der Seite betrachten. So lange mindestens, bis er uns für seine Behauptung eine stichhaltige Erklärung gegeben hätte. Hier ist sie:

Wenn wir zwei Elemente hintereinanderschalten, dann haben wir eine Batterie. Diese Batterie läßt sich als Ganzes oder in ihren beiden Teilen für die Speisung von elektrischen Geräten verwenden. Klemmen wir am Minuspol des einen und am Pluspol des andern Elements je einen Draht an, dann haben wir unsere beiden Leitungen, zwischen denen 3 Volt Spannung herrscht. Damit könnten wir etwa eine Taschenlampenbirne speisen. Soweit haben wir nur wiederholt, was wir schon lange kennen.

Klemmen wir nun an der Stelle, wo die beiden Elemente unter sich verbunden sind, eine dritte Leitung an, dann haben wir schon, was wir wollten. Und wenn wir diesen dritten Leiter näher betrachten, dann finden wir, daß er eine ganz feine Einrichtung ist. Die Skizze hilft uns dabei.

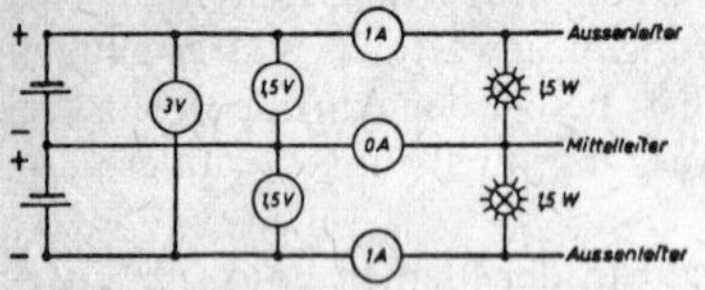

Bild 58. Gleichstrom-Dreileiter. Bei gleichmäßiger Belastung zu den Außenleitern ist der Mittelleiter stromlos

Nennen wir die beiden zuerst angeschlossenen Drähte Außenleiter und den dritten Mittelleiter, dann können wir folgende Feststellung machen:

1. Zwischen den beiden Außenleitern liegt eine Spannung von 3 Volt. Sie wird von beiden Elementen gemeinsam gestellt.

2. Zwischen einem Außenleiter und dem Mittelleiter besteht eine Spannung von 1,5 Volt. Je nachdem wir den oberen oder den unteren Außenleiter nehmen, tritt das obere oder das untere Element in Tätigkeit.

3. Wir können den Mittelleiter gleichzeitig für den oberen und den unteren Außenleiter heranziehen.

Dieses Dritte ist sogar besonders interessant und nützlich. Schließen wir nämlich an die beiden Hälften unseres Leitungssystems je eine gleich große Lampe an, dann wird der Mittelleiter regelrecht stromlos. Hin- und Rückfluß der Elektronen heben sich in ihm auf. Der Strommesser zeigt demzufolge keinen Ausschlag. Der Mittelleiter ist zum Nulleiter geworden. So nennt man ihn auch gewöhnlich.

Daraus entspringen nun eine ganze Menge Vorteile, die, wie hier im kleinen, auch im großen wirksam sind. Wir dürfen für die Betrachtung dieser Vorzüge nur statt der Hintereinanderschaltung der beiden Elemente zwei Gleichstromdynamomaschinen in Serie schalten.

Für den oberen Außenleiter ist der Mittelleiter jetzt wieder der Minuspol. Für den unteren dient er als Pluspol. Das ganze System nennen wir *Dreileiter*.

Wie ist das nun mit den Vorteilen? Zum ersten haben wir jetzt dreierlei Stromkreise. Große Abnehmer wie Motoren schließen wir zwischen den Außenleitern, also an 220 Volt, an. Dabei brauchen sie nur halb soviel Ampere, als wenn sie für 110 Volt gebaut wären. Durch die halbe Amperezahl kommen wir mit nur halb so großen Leitungsquerschnitten aus. Weiter wissen wir: jede Leitung hat einen gewissen Widerstand. Wird ein Widerstand aber von Strom durchflossen, dann erfährt die angelegte Spannung einen Abfall, dessen Größe sich nach der Ohmzahl des Leiters und der durchfließenden Amperezahl richtet: Volt = Ampere × Ohm. Diese Volt, dieser Spannungsabfall, gehen dem angeschlossenen Gerät verloren. Für die höhere Spannung, die 220 Volt, macht der durch den Widerstand der Leitung und den fließenden Strom bedingte Spannungsverlust auch einen geringeren Prozentsatz aus als etwa für 110 Volt.

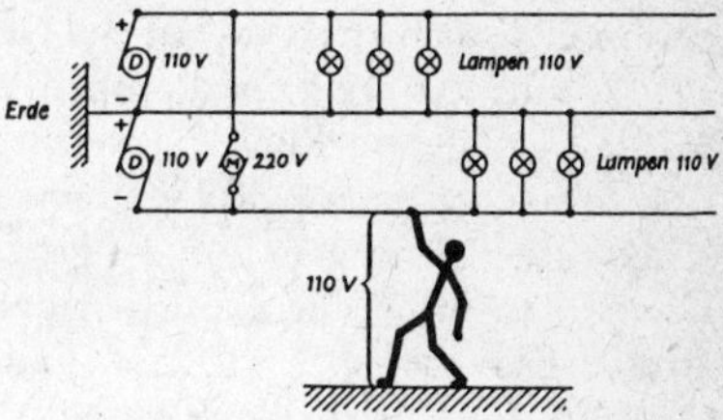

Bild 59. Verminderung der Gefahr durch Anlegen des Nulleiters an Erde

Für die zwischen Außen- und Mittelleiter angeschlossenen Geräte haben wir ebenfalls günstige Verhältnisse, wenn wir sie so anschließen, daß der Mittelleiter zu beiden äußeren Leitern hin gleichmäßig belastet ist. Wenn es uns gelingt, die Belastungen zu beiden Seiten vollkommen gleichmäßig zu halten, dann ist der Mittelleiter tatsächlich nicht mehr stromführend. Wenn es uns nicht ganz genau gelingt, dann ist es gar nicht sehr schlimm, dann führt er eben den Unterschied an Strom, der für einen Leitungsteil mehr gebraucht wird als für den anderen. Das ist auf keinen Fall viel. Dafür sorgt das Elektrizitätswerk, indem es möglichst gleichviel Lampen an den einen und den andern Außenleiter hängt.

Weil nun aber immer ein sehr geringer Strom durch den Mittelleiter fließen wird, erlaubt die Aufsichtsbehörde sogar, daß er mit einem erheblich geringeren Querschnitt verlegt werden darf als seine beiden Außenleiter.

Damit sind die Vorzüge aber noch nicht vollzählig. Einer der wichtigsten kommt noch. Die höhere Spannung ist erfahrungsgemäß die gefährlichere. Schließen wir alle unsere Lampen an 110 Volt an, dann ist die häufigste Gefahrenquelle in ihrem Gefährlichkeitsgrad bedeutend herabgemindert. Legen wir außerdem an der Dynamomaschine im Werk den Nulleiter an *Erde*, das heißt, verbinden wir ihn mit einem im Erdreich vergrabenen Metallstück und sorgen dafür, daß auch die Gehäuse all unserer Großverbraucher, also der Motoren, der Bügeleisen usw., geerdet sind (das kann man zum Beispiel durch die Wahl der richtigen Steckkontakte und der dazu passenden Stecker tun), dann kriegen wir, wo wir auch mit *einem* Außenleiter in Berührung kommen, immer nur die Spannung zwischen »außen« und »Null«, in unserem Falle also 110 Volt, zu spüren. Notwendig ist nur, daß wir den Nulleiter nirgends abschaltbar machen und demzufolge auch auf keinen Fall mit einer Sicherung versehen. Sonst wäre vielleicht der nützlichste aller Vorzüge, der nämlich, der die Gefahr vermindert, wirkungslos. Und zudem würde sich der Nutzen ins Gegenteil umkehren. Statt der 110 könnte ein Teil der Lampen 220 Volt bekommen. Damit wären sie augenblicklich durchgebrannt.

Eins noch zum Schluß: Weil wir zwischen den beiden Außenleitern zweckmäßigerweise die großen Verbraucher anschließen, nennt man im Volksmund den dabei fließenden Strom *Kraftstrom*. Der zwischen Außen- und Nulleiter fließende Strom dagegen wird *Lichtstrom* genannt, weil er meist zur Speisung von Lampen benützt wird. – Elektrisch ist beides dasselbe. Verschieden ist nur die Spannung und meistens der Preis, der für Kraft gewöhnlich billiger angesetzt ist als für Licht. Das geschieht nicht, weil Kraftstrom schlechter ist. Das soll nur als Anreiz dienen, den elektrischen Strom auch zum Kochen und Backen, also auch für andere als nur Beleuchtungszwecke zu verwenden. Wenn wir das tun, dann spüren wir auch selbst die Vorzüge des Dreileitersystems – und sogar an der zumeist empfindlichsten Stelle, nämlich dem Geldbeutel.

Wir bauen einen Motor

Wenn eine Dynamomaschine ein umgekehrter Motor ist, dann ist ein Motor eine umgekehrte Dynamomaschine, nicht wahr? Und nachdem wir uns eben einen Dynamo gebastelt haben, dürfte uns der Bau eines Motors nicht schwer fallen.

Fangen wir mit unserem Hufeisenmagneten wieder an. Damit alles ganz einfach und ohne störendes Beiwerk ist, biegen wir uns aus dickem Draht eine im Querschnitt rechteckige Spule zusammen mit 5 oder 6 Windungen. Die beiden Enden sind die Achsen, um die sich die Spule drehen läßt.

Nun zimmern wir uns aus Holz einen Lagerbock, legen die Spulenden in die eingeschnittenen Kerben und den Hufeisenmagneten so unter die Spule, daß sie sich zwischen den Schenkeln des Magneten drehen läßt, dann haben wir wohl einen Motor?

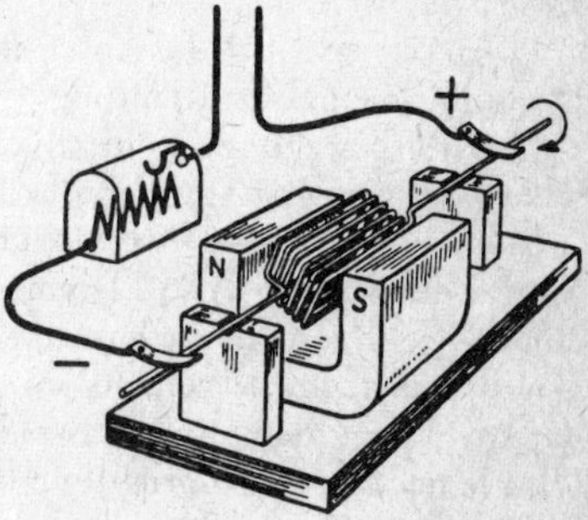

Bild 60. Stromdurchflossene Spule im Magnetfeld. Beinahe ein Motor...

Jawohl! Wir dürfen nur Wechselstrom in den Anker schicken und ihm einen kleinen Schubs geben, dann geht das schon. Und würden wir unseren Anker gar noch mit einem Eisenkern versehen, der die magnetische Wirkung des Ankerstroms verstärkt, dann hätten wir das Modell eines wirklichen Wechselstrommotors. Aber über den Wechselstrommotor wollen wir uns zu gegebener Zeit genauer unterrichten.

Ja, und wenn wir in die Spule Gleichstrom geschickt hätten? Das probieren wir einmal. Und zwar so: ein Pol der Batterie wird am hinteren, einer am vorderen Ende der Spule angeschlossen. In die eine Zuleitung legen wir einen regulierbaren Widerstand. – Einschalten! Die Spule macht einen kurzen Ruck! – Aus!

Also ist es doch kein Motor – keiner für Gleichstrom wenigstens.

Probieren wir noch einmal. Verschieben wir die Schleifbürste unseres Widerstandes, so daß sich die im Stromkreis liegenden Windungen verringern. Damit erhöht sich bekanntlich die Stromstärke. Jetzt wieder einschalten: der Ruck ist stärker, ein richtiger Drehdruck, eine kleine Drehbewegung.

Woher kommt das? Nun, von der Magnetwirkung der Ankerspule natürlich. Eine stromdurchflossene Spule ist immer ein Magnet. Der Hufeisenmagnet ist bekanntlich auch einer. Und wo zwei Magneten miteinander in Verbindung treten, da gibt es Anziehung oder Abstoßung. Ob das eine oder andere, ist für diese Betrachtung gleichgültig. Beides ist eine Bewegung. In unserem Falle, in dem der eine Magnet, der Anker, eine Mittelachse hat, ist es eine Bewegung um die Achse, also eine Drehbewegung. – Aber langsam. Vorläufig wissen wir erst, daß der Ruck mit zunehmendem Strom ebenfalls größer wird. Untersuchen wir weiter.

Polen wir erst mal die Anschlüsse um, dann vollzieht sich die Drehung in anderer Richtung. Leider aber ist es wieder keine volle Kreisbewegung, sondern eben nur ein kurzer Ruck mit mehr oder weniger Abweichung aus der Mittellage.

Mehr oder weniger Abweichung – das ist abhängig von der Stärke des Stroms. Also klemmen wir auf der Achse der Spule einen Zeiger fest, dann haben wir wieder ein Meßinstrument. *Drehspulinstrument* nennen wir das auf Grund der Bauart. In der Mittellage der Spule weist der Zeiger auf den Nullpunkt. Und je nach der Stromrichtung schlägt er nach links oder nach rechts aus. – Ein solches Instrument hatte der kleine Werner in seinem Baukasten.

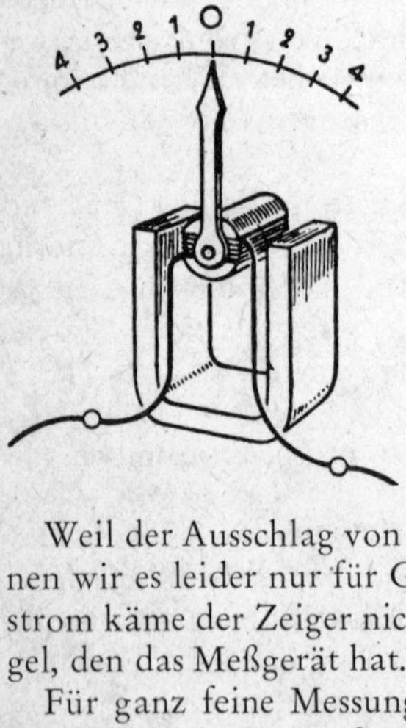

Bild 61. Drehspulinstrument

Weil der Ausschlag von der Stromrichtung abhängig ist, können wir es leider nur für Gleichstrom gebrauchen. Bei Wechselstrom käme der Zeiger nicht mehr mit. Das ist ein kleiner Mangel, den das Meßgerät hat. Dafür mißt es aber sehr genau.

Für ganz feine Messungen muß es natürlich fein säuberlich gearbeitet sein. Es muß Lager bekommen, wie man sie bei Taschenuhren verwendet. Die Spule wird aus einem langen, aber sehr dünnen Kupferdraht mit mehreren tausend Windungen gewickelt. Der Zeiger wird aus dünnem Aluminiumblech hergestellt und das Ganze in ein staubdichtes Gehäuse gebracht. Messungen bis zur Genauigkeit von 1 Millionstel Ampere lassen sich damit vornehmen.

Wo das nicht genügt, nimmt man statt der Drehspule ein Metalldrähtchen, das als einfachste Form einer Spule nur eben zu einer Drahtschleife ähnlich einer Haarnadel gebogen ist, so daß bei Anschluß an eine elektrische Stromquelle ein Ende der Drahtschleife nach der einen, das andere Ende nach der entgegengesetzten Richtung abgelenkt wird. So wirkt die Schleife wie ein winzig kleines federleichtes Magnetchen. Zwischen die Schleife hängt man ein kleines Spiegelchen, das nun je nach den Stromschwankungen die kleinsten Bewegungen der Leiterschleife mitmacht.

Geben wir Licht auf den Spiegel, dann wird es vom Spiegel zurückgeworfen auf eine Skala, die mehrere Meter lang sein kann. Wir haben ein Meßgerät, das an Empfindlichkeit und Genauigkeit kaum mehr zu übertreffen ist.

Aber wir wollten ja eigentlich einen Motor bauen. Geht das am Ende unter Ausnützung des kurzen Rucks, den die stromdurchflossene Spule im Magnetfeld erfahren hat? Sie werden sehen, es geht.

Lagern wir unsere Drehspule besser, sehen wir zu, daß sie schön ausgewuchtet ist, daß sie den Schwung behält, den ihr der Ruck mitteilt! – Viel mehr als halbherum reicht es mit dem besten Willen nicht, aber das genügt. Vorläufig wenigstens. Denn jetzt polen wir einfach unsere Anschlüsse um. Das bewirkt wieder eine halbe Drehung. Zwei Halbe sind ein Ganzes. Damit sind wir ja ganz herum!

So, und jetzt setzen wir einen Umpoler oder, wie der Praktiker häufiger sagt, einen Kollektor, einen Kommutator, auf die

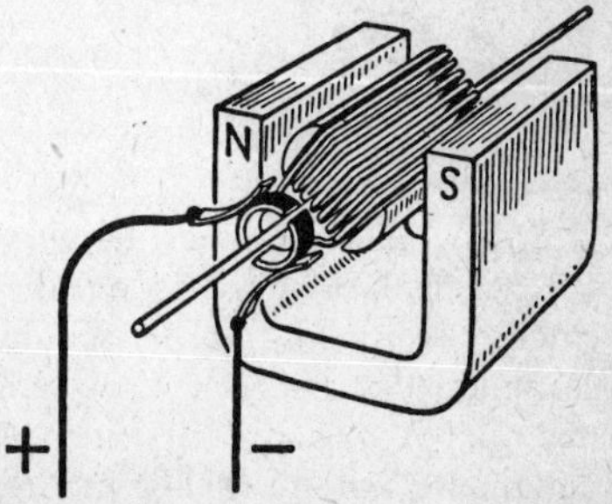

Bild 62. Gleichstrommotor mit permanentem Feldmagnet. Der zweiteilige Anker bedingt einen etwas holperigen Lauf

Achse, lassen zwei Messingfedern als Stromzuführungen daran schleifen, legen die Drahtwindungen um einen Eisenkern herum, der die magnetische Wirkung der stromdurchflossenen Spule verstärkt. Der Motor ist fertig – ein einfacher Motor mit zweipoligem Anker. Er läuft zwar etwas ruckweise, aber er läuft.

Wenn wir jetzt wieder bei der Dynamomaschine in die Lehre gehen und statt der Zweiteilung eine Dreiteilung des Ankers mit drei Wicklungen und dreiteiligem Kollektor vornehmen, dann geht es schon besser. Je mehr Unterteilungen von Anker, Ankerwicklung und Kollektor wir machen, desto besser geht es.

Wollen wir jetzt dem Motor eine andere Drehrichtung geben, dann dürfen wir bloß die Anschlüsse der Kollektorzuführung vertauschen, dann klappt auch das.

Nun werden Sie sagen: In solch einem runden Motorgehäuse ist doch aber sicher kein Hufeisenmagnet, und ohne den geht es doch wohl nicht. – Wenn wir nun den Hufeisenmagnet auch auf elektrischem Wege herstellen würden? Zwei Eisenkerne? Eine Drahtwicklung drumherum? – Das ist es. Und das hat sogar verschiedene Vorteile gegenüber dem permanenten Magneten. Einmal können wir die Stärke des Magneten durch die Wahl der richtigen Wicklung bestimmen. Dann läßt er sich enger zusammendrängen. Und damit gehts auf elektrischem Wege sogar besser. Wir dürfen nur Anker- und Feldwicklung richtig zusammenschalten.

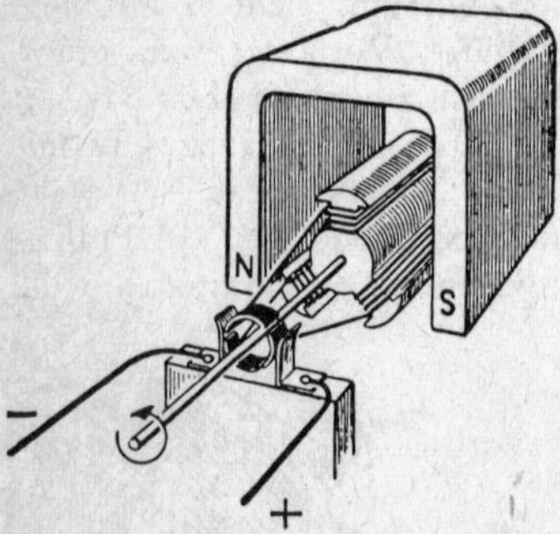

Bild 63. Schon bei drei Ankerunterteilungen geht's besser

Dafür gibt es auch wieder verschiedene Möglichkeiten. Schalten wir Anker und Feld parallel zueinander, dann haben wir einen *Nebenschlußmotor.* Schalten wir Anker und Feld hintereinander, dann sprechen wir von einem *Hauptstrommotor.* Je nach der Art der zu leistenden Arbeit wählt man die eine oder die andere Schaltung. Die meisten Gleichstrommotoren sind im

Nebenschluß geschaltet. Sie zeichnen sich durch gleichmäßigen Lauf auch bei wechselnder Belastung aus. Der Hauptstrommotor hat ein besonders gutes Anzugsvermögen. Bei geringer Belastung erhöht er seine Drehzahl, bei stärkerer mechanischer Belastung verstärkt er seine Drehkraft. – Ohne Belastung geht er aber durch, wie man sagt. Das heißt, er steigert seine Umdrehungszahl ständig, bis schließlich die Windungen des Ankers abgeschleudert würden. Das würde den Tod des Motors bedeuten.

Wegen des guten Anzugsvermögens wird der Hauptstrommotor gern für den Antrieb von Straßenbahnwagen benützt. Hier kann man ihn durch direkte Kupplung mit den Rädern auch ständig im Zaume halten.

Kleine Hauptstrommotoren bezeichnet man häufig auch als *Universalmotoren* oder *Allstrommotoren*, weil sie sich in gleicher Weise bei Gleich- und Wechselstrom verwenden lassen. Staubsauger, Ventilator, Fön und andere Kleinmotoren, die wir im Haushalt verwenden, sind meist im Hauptstrom geschaltet.

Außer diesen beiden Motoren gibt es für die Verwendung bei Gleichstrom noch sogenannte *Verbund-* oder *Kompoundmotoren*, die zwei Feldwicklungen haben, von denen eine mit dem Anker im Nebenschluß, die andere im Hauptstrom geschaltet ist. Je nach dem Zweck kann man dabei das Hauptgewicht auf die eine oder die andere Schaltweise legen. So verbinden sich im

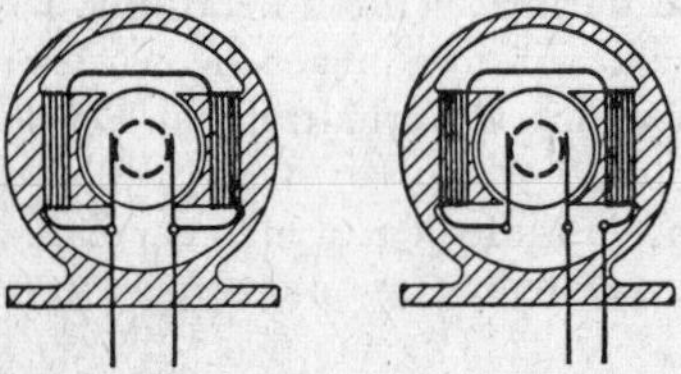

Bild 64. Gleichstrommotoren, vollelektrisch betrieben.
Links: Nebenschlußmotor.
Rechts: Hauptstrommotor

Verbundmotor die Eigenschaften der beiden einfach geschalteten Motorarten ganz nach Wunsch.

Die meisten *Zähler* zur Messung der Arbeit bzw. des Verbrauchs elektrischer Energie sind übrigens ebenfalls kleine Motoren, die in einem dunklen Blechgehäuse ihr Dasein fristen. Ihre Schaltung entspricht der nachstehenden Skizze. Das Feld F wird vom Strom der hinter dem Zähler liegenden Verbraucher durchflossen – wie zum Beispiel ein Strommesser. Der kernlose Anker A ist zu den Verbrauchern parallel geschaltet, entsprechend der Schaltung eines Spannungsmessers.

So wirken Strom und Spannung an der Erzeugung der Drehbewegung mit. Sie ergeben in ihrer Zusammenwirkung eine

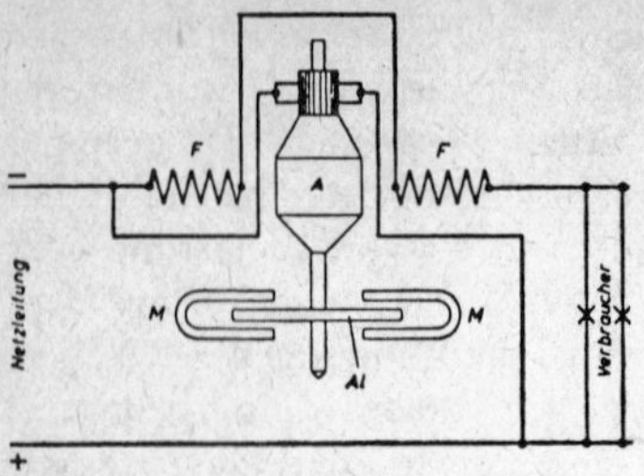

Bild 65. Motorzähler schematisch. Das Feld F hintereinander-, der Anker A des Motors parallelgeschaltet zum Verbraucher. Die Aluminiumscheibe Al wirkt zusammen mit dem Dauermagnet M als Bremse. Der Motor treibt ein Zählwerk

Drehgeschwindigkeit, die zur aufgenommenen Wattzahl in einem bestimmten Verhältnis steht.

Damit das Motörchen bei großer Belastung, das heißt bei großer Stromaufnahme nach dem Zähler aber nicht »durchgeht«, muß man ihm im Zähler selbst auch eine mit der Belastung sich ändernde Arbeit geben. Dieser Aufgabe dient eine Aluminiumscheibe Al, die mit dem Motoranker fest verbunden ist. Bei der Drehung wird die Scheibe zwischen den Polen eines Dauermagneten M bewegt. Dabei entstehen in der Aluminiumscheibe Ströme, die gewissermaßen in ihr selbst hin und her vagabundieren. Man nennt sie Wirbelströme.

Bei langsamer Drehung sind diese Ströme klein. Bei rascherer Drehbewegung werden sie größer. Sie vergrößern sich mit der Zunahme des den Zähler durchfließenden Stroms. Je größer die Drehzahl ist, desto größer wird darum auch die Belastung des Zählermotors durch die Dynamowirkung der Scheibe. Ihre Bremswirkung steht daher im gleichen Verhältnis zur Drehgeschwindigkeit der Achse.

Mit diesem elektrisch gebremsten Motor treibt man ein Zählwerk, das die Wattstunden bzw. Kilowattstunden des Verbrauchs anzeigt.

So, über den Motor, den Gleichstrommotor, wüßten wir nun Bescheid. Von anderen Motoren wollen wir, wie gesagt, später sprechen.

Aber eins wollen wir uns noch ein wenig betrachten, was Ihnen bestimmt am Motor irgendeines größeren Arbeitsgeräts aufgefallen ist, nämlich den *Anlasser.* Wissen Sie, wozu der Anlasser dient?

Na, zum Anlaufen lassen! Und warum? – Warum braucht man zum Motor ausgerechnet einen Anlasser? Ein Bügeleisen und eine Lampe haben doch auch keinen. Merken Sie schon, daß das eine interessante Frage ist: Warum Anlasser?

Sehen wir uns zuerst den Motor noch einmal an. Seine Hauptbestandteile sind Anker und Feld. Sie müssen beide sozusagen elektrisch aufeinander abgestimmt sein, zueinander passen. Die Stärke des Zugvermögens, der Drehkraft des Motors hängt in erster Linie von der Stärke des Ankerstroms ab, also letzten Endes vom Ohmschen Widerstand der Ankerwicklung. Ein geringer Widerstand der Wicklungsdrähte bedingt einen hohen Stromfluß.

Beim Hauptstrommotor ist die Feldwicklung, das heißt die Wicklung der ruhenden Magneten hintereinandergeschaltet mit dem Anker. Der Ankerstrom muß daher auch durch die Feldwicklung hindurch. Das ist der Grund, warum man bei Hauptstromschaltung auch dem Feld besonders dicke Drahtwicklungen gibt. Sie sollen ja dem Strom möglichst wenig Widerstand entgegensetzen.

Anders bei Nebenschlußmotoren, hier ist das Feld eine selbständige Angelegenheit. Die Wicklung des Felds ist für sich allein an die Netzspannung angelegt. Man wählt darum in diesem Falle möglichst dünne Drähte und recht viele Drahtwindungen, die den Eisenkern magnetisieren. Dadurch wird der Strom ziemlich niedrig gehalten. Das Feld beansprucht wenig Ampere. Dafür hat es ja viele Volt zur Verfügung, weil es die ganze Netzspannung für sich allein hat, während bei Hauptstromschaltung Anker und Feld sich in die zur Verfügung stehende Spannung teilen müssen.

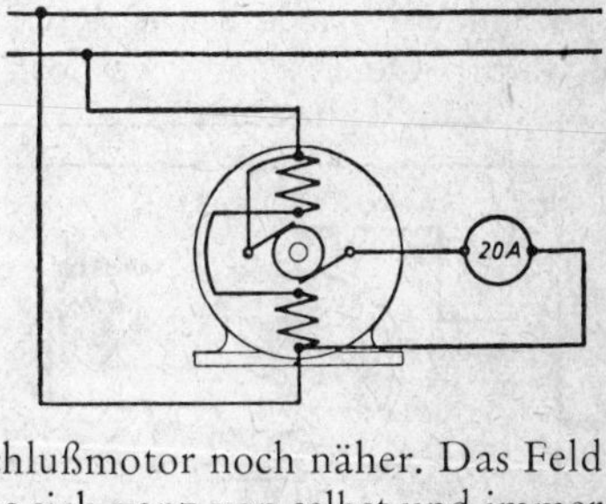

Bild 66. Strommessung im Ankerstromkreis

Betrachten wir den Nebenschlußmotor noch näher. Das Feld hat, was es braucht. Das holt es sich ganz von selbst und immer schön gleichmäßig, gleichgültig, ob der Motor steht oder sich dreht. Es ist nichts anderes als ein ruhender Weicheisenelektromagnet.

Ist das beim Anker auch so? – Ich meine, so schön gleichmäßig, ob er steht oder sich dreht?

Vorläufig soll er mal stehen. Damit wir unserer Sache ganz sicher sind, bauen wir ihn sogar aus dem Motorgehäuse aus. Da sehen wir, zwischen den Eisenleisten des Ankers hindurch sind Kupferdrahtspulen gelegt, die als eine Art zusammengesetzter Schleifen immer wieder an den Lamellen des Kollektors angelötet sind. Wenn wir zwei gegenüberliegende Lamellen aus der Vielzahl der anderen herausgreifen, können wir die Ohmzahl der Wicklung feststellen. Dafür legen wir einfach eine gewisse, aber vorsichtshalber recht kleine Spannung an und messen die Amperezahl, die der Anker fließen läßt. Damit kann man den Widerstand, den Ohmschen Widerstand des Ankers, errechnen. Und der ist erstaunlich klein. Nehmen wir mal an, er sei 0,5 Ohm.

Nun denken wir uns, wir würden diesen Anker mit eben dem Widerstand von 0,5 Ohm an 220 Volt anschließen. Das würde einen Strom von 220:0,5 = 440 Ampere auslösen. Erfolg: die Sicherung wäre durchgebrannt. Und wenn das nicht wäre, wäre bestimmt die Wicklung des Ankers selbst verbrannt.

Seltsam, nicht wahr? – Aber unsere Rechnung und die daran geknüpfte Überlegung stimmt schon.

Bauen wir unseren Anker wieder ein und setzen den Motor kunstgerecht in Betrieb. Wenn er mit voller Tourenzahl läuft, messen wir den Strom, indem wir einen Strommesser in die Zuführung einer Ankerbürste legen: 20 Ampere.

Woher kommt das nun? Die Rechnung ergibt 440 Ampere, die Probe jetzt 20 Ampere! Hat das Ohmsche Gesetz Löcher bekommen? Ist da etwas durch die Maschen des Gesetzes geschlüpft? Oder ist sonst was los?

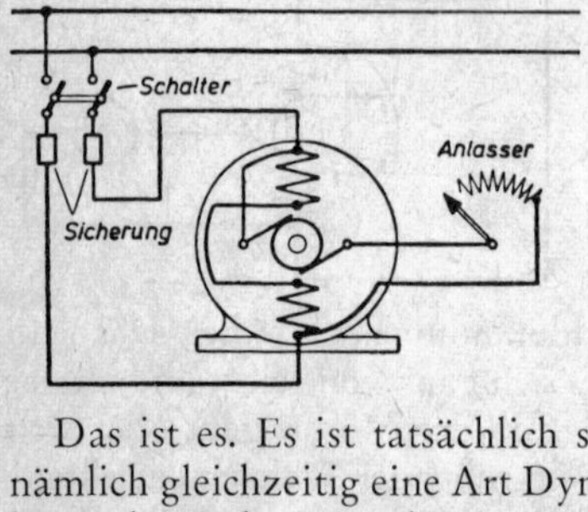

Bild 67. Gleichstrom-Nebenschlußmotor mit Anlasser

Das ist es. Es ist tatsächlich sonst was los. Unser Motor ist nämlich gleichzeitig eine Art Dynamomaschine. Durch die Drehung des Ankers werden ja Leiterschleifen im Magnetfeld bewegt, das ergibt die Induktion einer elektrischen Spannung in den Drähten des Ankers. Auf der einen Seite, durch den Kollektor nämlich, wirkt also eine elektrische Spannung auf die Wicklung. Der Strom, den sie hervorruft, bewirkt die Drehbewegung.

Durch die Drehung des Ankers tritt aber dieser ankommenden eine *gegenelektromotorische Kraft* entgegen, die freilich etwas kleiner ist als die von außen angelegte. Damit kriegt die Ankerwicklung aber nur den Unterschied zwischen den beiden Spannungen zu spüren. Es ist wie bei einem Fluß, der ins Meer mündet. Bei Ebbe fließt das mitgeführte Wasser mit der durch das Gefälle bedingten Geschwindigkeit ins Meer. Bei Flut wirkt das vom Meer zurückflutende Wasser dem abfließenden Wasser entgegen. Das kann sich so auswirken, daß die Geschwindigkeit des tatsächlichen Abflusses nahezu ganz aufgehoben ist.

Beim Elektromotor ist sozusagen immer Flut. Dafür ein Zahlenbeispiel: Nehmen wir an, 220 Volt mißt die angelegte Netzspannung, 210 Volt drücken dagegen. Also kriegt der Anker nur mehr 220–210 Volt, also ganze 10 Volt zu spüren. – Und jetzt sehen wir, daß das Ohmsche Gesetz doch nicht so weitmaschig ist, wie wir glauben wollten. Rechnen wir: 10 Volt drücken auf eine Leitung (die Ankerwicklung) von 0,5 Ohm. Das ergibt einen Strom von 10 : 0,5 = 20 Ampere.

Für diese 20 Ampere baut der Konstrukteur den Anker. Danach richtet sich der Querschnitt der Drähte. – Wenn nun aber der Motor stillsteht?

Das ist es! Da wird keine gegenelektromotorische Kraft erzeugt, die die wirksame Spannung für den Anker vermindert. Darum wird für die Zeit des Anlassens ein Widerstand in die Ankerleitung hineingelegt, der dem Anker einen Teil der Spannung abnimmt. Im ersten Augenblick, während der Anker steht, kriegt der Widerstand fast die ganze zur Verfügung stehende Spannung, der Anker nur einen kleinen Teil. Damit dreht er

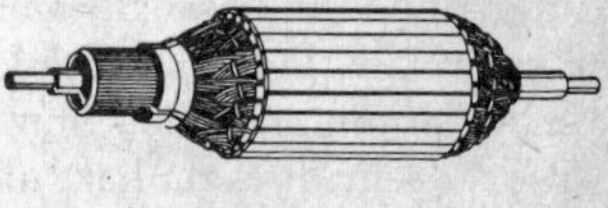

Bild 68. Technische Ausführung eines Gleichstromankers

sich aber schon. Und mit dem Beginn des Drehens entwickelt er eine gegenelektromotorische Kraft, die dem Anlaßwiderstand gewissermaßen zu Hilfe kommt und den Stromfluß verringert. Rücken wir also den Anlaßhebel ein Stückchen mehr nach rechts! Das bedeutet weniger Widerstand des Anlassers, also höheren Strom für den Gesamtstromkreis. Der höhere Strom bewirkt eine raschere Ankerdrehung. Die bewirkt eine größere Gegenspannung. Damit sinkt der Strom wieder ein wenig ab. – So schaukeln wir die Stromzufuhr langsam hinauf. Schritt um Schritt rücken wir den Hebel vor. Dazwischen lassen wir dem

Anker immer wieder Zeit, gegenelektromotorische Kraft zu erzeugen, bis wir den Anlaßwiderstand schließlich ganz weggenommen haben. Jetzt hat der Anker alles, was er für den Dauerbetrieb braucht. Das sind seine 20 Ampere. Und kein vernünftiger Mensch würde einsehen, daß man ihn etwa für die kurze Zeit des Einschaltens mit einer Wicklung für 440 Ampere ausgestattet hätte. Umfang und Aufwand dafür hätten sich nicht einmal gelohnt. Der Anlaßwiderstand ist billiger. Und wir können uns auch für die Zuleitung mit einem Querschnitt für die kleine Stromstärke begnügen.

Zum Schluß noch kurz: Beim Nebenschlußmotor muß der Anlasser also zweifellos im Ankerstromkreis liegen. Beim Hauptstrommotor sind Anker, Feld und Anlasser hintereinandergeschaltet. Und weil bei ganz kleinen Motörchen, wie im Staubsauger, nur winzige Amperezahlen gebraucht werden, verzichtet man dort auf den Anlasser und gibt ihnen schon beim Einschalten die volle Spannung. Der verhältnismäßig hohe Widerstand der Wicklung begrenzt ja auch den Anlaufstrom auf ein für den Motor selbst, für die Zuleitung und die Sicherung erträgliches Maß.

Magnetische Kleinigkeiten

Das ist Ihnen doch sicher auch schon so gegangen: Sie haben sich etwas Wichtiges vorgenommen. Sie müssen eine dringende Arbeit verrichten, einen unaufschiebbaren Brief schreiben, unbedingt, ohne Aufschub. Sie müssen sich konzentrieren, zusammennehmen. Sie sind auch gerade in Form, in bester, nie wiederkehrender Stimmung dazu, nur darf, wie gesagt, keine Störung... »Rrrr!« schrillt es da hart und unbarmherzig dazwischen. Und noch einmal rasselt es: »Rrrrrr...« mit drei, mit vier Ausrufezeichen. »Zum Donnerwetter! Man möchte doch grad die Klingel zusammenschlagen. Ärgerlich! Ausgerechnet jetzt!...«

Nehmen wir sie lieber ab, die *Klingel.* Entfernen wir den Staub, der auf dem, ach so hoch hinaufgehängten Kästchen mit der Glocke liegt. Nehmen wir das Kästchen liebevoll weg. So. Da liegt sie nun vor uns in ihrer ganzen Schlichtheit.

Da ist eine Spule, zu der ein Draht führt. Das Ende der Spule ist mit einer geschwungenen Blattfeder verbunden, an die gegen den Eisenkern der Spule hin ein Eisenplättchen angenietet ist,

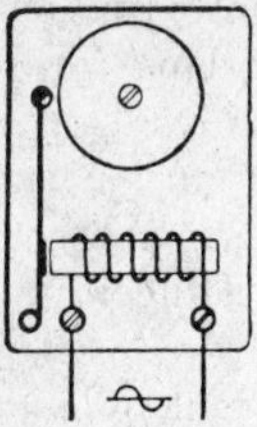

Bild 69. Wechselstromklingel

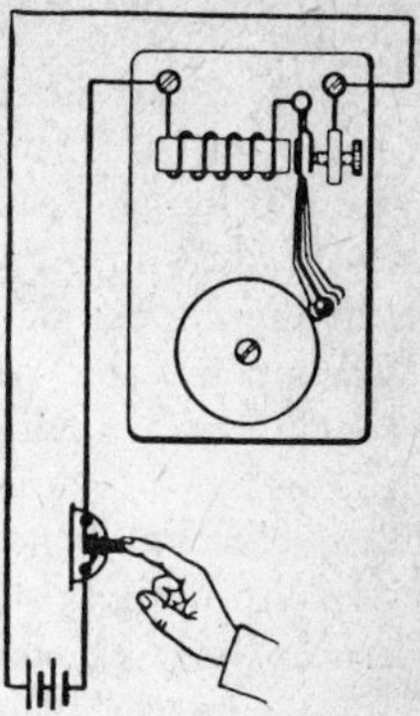

Bild 70. Klingelanlage für Batteriebetrieb

das in seiner Verlängerung einen Klöppel trägt. Auf den abgesetzten Federteil drückt eine Kontaktschraube mit gerändeltem Kopf. Von dieser Schraube führt ein Draht hinaus.

Drückt man nun auf den im Zuge der Klingelleitung liegenden Knopf, der den Stromkreis einer an die Klingelklemmen angelegten Batterie schließt, dann klingelt es.

Aber verfolgen wir, wie das geschieht. In Ruhestellung fließt der Strom nach dem Drücken des Schaltknopfes über die Magnetspule und die Feder zur Kontaktschraube und von hier zurück in die Stromquelle. Die stromdurchflossene Spule macht den Eisenkern zum Magneten. Der Magnet zieht das Eisenplättchen an, das dadurch mit seinem Klöppel gegen die Glocke schlägt. Das Anziehen bewirkt andererseits aber auch die Entfernung der Blattfeder von der Kontaktschraube. So ist der Stromkreis für die Magnetspule unterbrochen. Der Eisenkern verliert damit seinen Magnetismus. Er läßt das Eisenplättchen mit dem Klöppel los. Nun kommt die Feder erneut in Berührung mit der Schraube: Stromstoß in Spule! Anziehung des Klöppels: Glockenton! – Und je nach dem Schwingungsvermögen der Blattfeder geschieht das in längeren oder kürzeren Zeitabständen, ein- oder fünf- oder gar zehnmal in jeder Sekunde. So klingelt es also. Und es ist sogar gleichgültig, ob wir unserer Klingel Gleich- oder Wechselstrom zuführen. Bei Wechselstrom gehts genauso, weil es dem Magneten gleichgültig ist, ob der Strom hin- oder herwärts oder wechselnd hin und her die Spule durchfließt.

Für Wechselstrom gibt es zwar ganz besondere Klingeln. Die sind noch viel einfacher. Da besorgt ja der Strom selbst das Öffnen und Schließen des Stromkreises. Legen wir Wechselstrom an eine einfache Magnetspule, dann wird ihr Eisenkern sogar ständig umgepolt, hundertmal in jeder Sekunde. Da braucht man dann nur einen federnden Klöppel mit dem bewußten Eisenstückchen dran und natürlich die Glocke, dann klappt es schon. Man muß nur durch Wahl der richtigen Federlänge ihre Schwingung den Schwingungen des Stromes anpassen.

Wenn uns der Weckruf der Klingel zu laut ist, dann biegen wir einfach den Klöppel zurück, oder lassen wir von vornherein Klöppel und Glocke weg: Statt der randalierenden Klingel haben wir einen vornehmen *Summer.*

In Verbindung damit gibt es in Hotels oder in Krankenhäusern noch optische *Signalanlagen,* die auf einem »Tableau« vereinigt sind. Sie zeigen an, wo das Zimmermädchen oder die Schwester gewünscht wird.

Durch den Druckknopf D_1 wird außer der Klingel eine weitere Magnetspule M_1 für die Dauer des Druckes unter Strom gesetzt. Dadurch wird ein Eisenhebelchen angezogen, und dieses bringt eine kleine Tafel mit einer Ziffer (1) oder einer anderen Aufschrift vor ein Fenster. Der Schaltknopf Nummer zwei betätigt den Magneten Nummer zwei und damit das Täfelchen Nummer zwei. Bei entsprechender Schaltung gibt er ebenfalls ein Klingelzeichen mit der gleichen Glocke. Beliebig viele Magneten und Zeigetafeln lassen sich so auf einem Tableau vereinigen. – Und wenn sich der oder die Gerufene am Schaubrett orientiert hat, dann drückt er oder sie auf einen andern Druckknopf (D_3), der auf dem Tableau selbst sitzt. Dadurch treten andere Magneten, die jedem Täfelchen zugeordnet sind, in Tätigkeit, und die Schaunummer hinter dem Fenster verschwindet wieder.

Nun was Neues: In einem »modernen« Haus ist der elektrische *Türöffner* der Empfangschef und begrüßt den Gast mit einem kurzen Knacken oder einem freundlichen Schnarren, je

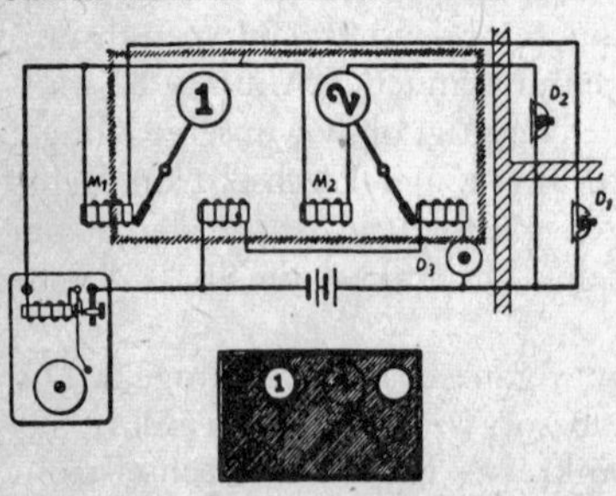

Bild 71. Signaltableau. Durch Druck auf den Knopf D_1 wird die Signalscheibe 1 vor ein Fenster bewegt. Schalter D_2 betätigt Signalscheibe 2. Dabei ertönt jeweils die Klingel. Schalter D_3 rückt die vorgeschobene Signalscheibe in ihre Ausgangsstellung zurück

nachdem, ob Gleich- oder Wechselstrom für die Einrichtung verwendet wurde. Durch einen Druckknopf wird wieder eine Magnetspule unter Strom gesetzt, deren Kern einen federnden Sperrhebel anzieht, der so einen Nocken freigibt. Dadurch läßt sich die Tür von draußen öffnen. Von innen dient dazu die übliche Türklinke.

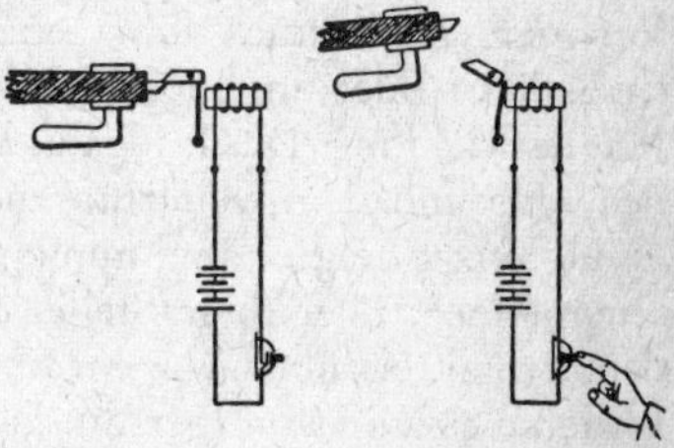

Bild 72. Elektrischer Türöffner. Ein Druck auf den Schaltknopf gibt die Tür frei. Von innen kann sie außerdem durch die Türklinke geöffnet werden

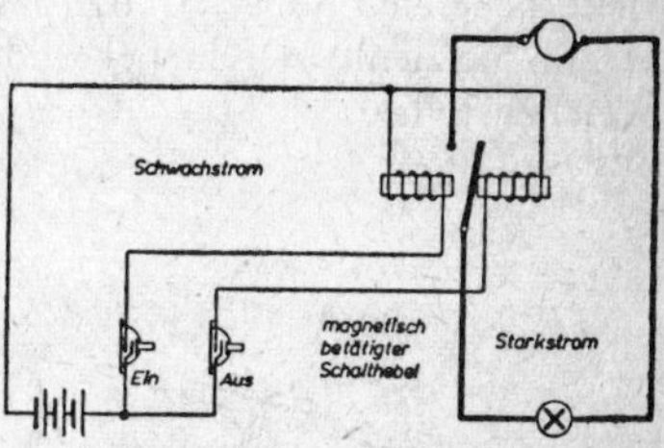

Bild 73. Fernschaltung durch Relais. Der Arbeitsstrom braucht nicht bis zur Schaltstelle geleitet zu werden

Durch Betätigen eines Elektromagneten lassen sich in ähnlicher Weise Schalthebel bewegen. So kann man auf große Strecken hin mit Schwachstrom die Schalter für beliebig hohe Spannungen und beliebig starke Ströme betätigen. Und man braucht dabei nicht einmal die aus- und einzuschaltende Leitung selbst bis zur Schaltstelle zu führen. Man spart dabei Draht und vermeidet Spannungsverluste, die die langen Drähte verursachen würden. Diese Schalteinrichtungen nennt man *Relais.* Und es genügt Schwachstrom zur Betätigung aller dieser elektromagnetischen Kleinigkeiten, je nachdem ganze 4 oder 6 Volt, wie sie zum Beispiel die Batterie der Taschenlampe liefert.

Eine ebenfalls durch Elektromagneten betätigte Einrichtung wollen wir uns noch kurz betrachten, die freilich nicht durch Schwachstrom in Gang gesetzt wird. Es ist der elektrische *Weichensteller* der Straßenbahn. Auch Sie sind sicher schon erschreckt zusammengefahren, wenn es da, scheinbar ohne menschliches Zutun, plötzlich in den Schienen einen lauten Knacks gab, mit dem gleichzeitig die Schienenweiche die für die anfahrende Straßenbahn notwendige Stellung eingenommen hat.

Im Boden zwischen den Schienen ist hier ein starker Elektromagnet eingebaut, der durch eine sinnreiche Einrichtung betätigt wird. Kurz vor der Weiche ist die Oberleitung, also der für die Stromzuführung dienende Draht, mit einem kurzen Drahtstück durchsetzt, das gegen den übrigen Fahrdraht isoliert ist. Von dem Isolierstück führt ein Draht auf dem Umweg über einen Mast oder an einer Hauswand hinab zum Anfang einer Magnetwicklung. Das Ende der Magnetwicklung ist wieder über den Mast mit dem weiterführenden Fahrdraht verbunden, wie es die Skizze zeigt. Fährt nun eine Straßenbahn mit eingeschaltetem Motor über diese Stelle, dann ist von den Schienen her der Stromkreis über Wagenrad, Motor und Fahrschalter zum Isolierstück und von hier durch die Magnetspule hindurch zur weitergehenden Oberleitung geschlossen. Die Spule hat also Strom. Sie zieht einen Hebel an. Dieser Hebel ist der unsichtbare Weichensteller.

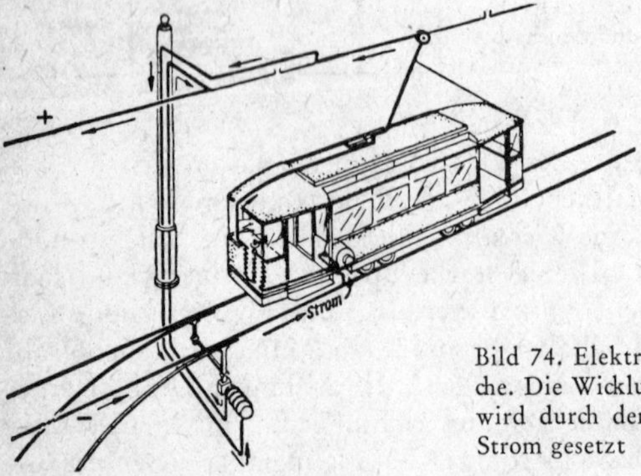

Bild 74. Elektrisch betriebene Weiche. Die Wicklung der Magnetspule wird durch den Fahrschalter unter Strom gesetzt

Steht die Weiche schon richtig, dann muß der Fahrer mit ausgeschaltetem Motor die isolierte Stelle der Oberleitung passieren. Macht er es aber falsch, dann macht es der Magnet natürlich auch falsch.

Laßt Ströme sprechen

Daß Elektrizität Magnete erzeugen und man mit diesen Magneten Eisenteile bewegen kann, das wissen wir nun aber gründlich. Mehr hat jener amerikanische Maler im Jahre 1832 auch nicht gewußt. Trotzdem ist er aber durch dieses Wissen und mit den Überlegungen, die er daran knüpfte und in die Tat umsetzte, ein berühmter Mann geworden. Sein Name ist Morse. Sein Werk ist die Begründung der elektromagnetischen Telegrafie. Er hat für die Buchstaben des Alphabets Zeichen erdacht, Striche und Punkte, wie sie heute noch zum »Morsen« verwendet werden. Und er hat ebenso einfache wie sinnreiche Apparate erfunden, mit deren Hilfe man durch diese Striche und Punkte Nachrichten übermittelt.

·—	a	—·—	k	···	s	·————	1
—···	b	·—··	l	—	t	··———	2
—·—·	c	——	m	··—	u	···——	3
—··	d	—·	n	···—	v	····—	4
·	e	———	o	·——	w	·····	5
··—·	f	·——·	p	—··—	x	—····	6
——·	g	——·—	q	—·——	y	——···	7
····	h	·—·	r	——··	z	———··	8
··	i					————·	9
·———	j					—————	0

Bild 75. Morsezeichen

Haben Sie nicht schon, im Dienstraum eines Bahnhofs etwa, ein solches Morsegerät gesehen? So durch den Türspalt hindurch oder durchs Fenster des Fahrkartenschalters?

Da tickt es im ungleichen Takt, lange und kurze Töne. Da fließt ein schmales weißes Band aus dem Räderwerk einer kleinen Maschine, fließt und fließt und wird mit diesen magischen Strichen und Punkten beschrieben, die Zeichen und Worte, Nachrichten oder Befehle bedeuten, während der Beamte, den es angeht, seelenruhig Fahrkarten verkauft, Koffer in Verwahrung nimmt, Auskünfte gibt. – Nachher, wenn Sie bedient sind, geht er zum Fernschreiber hinüber und liest die geheimnisvolle Schrift, so ruhig und sicher, wie Sie im Zug Ihre Illustrierte lesen.

Doch so ganz einfach geht das nicht. Da muß vor allem irgendwo eine Batterie sein. Die ist der Stromspender. Einer ihrer Pole führt in die Erde, wo sie mit einer vergrabenen Kupferplatte verbunden ist. Der andere Draht führt, sagen wir mal zum nächsten Bahnhof, also etwa von Station A nach Station B. In B haben wir eben die Fahrkarte gelöst. Da steht die tickende Maschine, die Striche und Punkte auf ein fließendes Band aufzeichnet. Das Aufzeichnen besorgte früher ein gewöhnlicher

Bild 76. Fernschreibanlage. Das durch Uhrwerk oder Elektromotor abgewickelte Band der Spule in B wird im Rhythmus der von A kommenden Stromstöße beschrieben

Schreibstift. Heute ist es ein Rädchen, das in eine Farbtunke eintaucht und immer dann mit dem Papierstreifen in Berührung kommt, wenn ihm ein Elektromagnet einen kleinen Stoß gibt. Dauert dieser lange Zeit, dann zeichnet der Stift oder das Rädchen einen Strich. Ist der Stoß kurz, dann zeichnet es einen Punkt.

Dazu muß die Magnetwicklung natürlich in einem Stromkreis liegen. Wie verläuft der? Da ist einmal der Draht. Aber nur einer. Der führt von A nach B und geht in B zum Anfang der Magnetspule. Das Ende der Magnetspule ist durch einen andern Draht wieder mit der Erde verbunden. In A ist eine Erdverbindung. In B ist eine Erdverbindung. Der Draht ist der eine, die Erde der andere Leiter – die Erde, das große Elektronenreservoir, wie wir bereits früher schon einmal erkannten.

Nun, wenn grade nicht telegrafiert wird, ist der Stromkreis natürlich unterbrochen. Erst wenn er geschlossen wird, besorgt der Elektromagnet in B den besagten Schubs. Und dafür wieder sorgt ein sogenannter Taster. Das ist eine Art Tippschalter, den ein Beamter in A in Kontaktstellung bringt. Drückt der Herr in A lange, dann zieht der Magnet in B den Hebel des Schreibstifts oder des Rädchens lange Zeit an. Das ergibt einen Strich auf dem Fließband in B. Drückt man in A kurz, dann zeichnet die Einrichtung in B einen Punkt.

Wie es aber in einem ordentlichen Geschäft üblich ist, von Briefen Durchschläge zu machen, so macht man in A ebenfalls eine Aufnahme der Morsezeichen. Man darf dafür nur in A selbst die Magnetspule eines Schreibstiftes zu der in B parallel schalten.

Damit auch rückwirkend B nach A telegrafieren kann, hat auch der Beamte in B einen Taster. Und zur Unterstützung der Batterie in A ist auch in B eine solche aufgestellt. Das ergibt dann eine Anlage, wie sie Bild 77 veranschaulicht.

So geht das also mit dem Telegrafieren. Ergänzend sei noch gesagt, daß geübte Beamte sogar aus dem Ticken des angezoge-

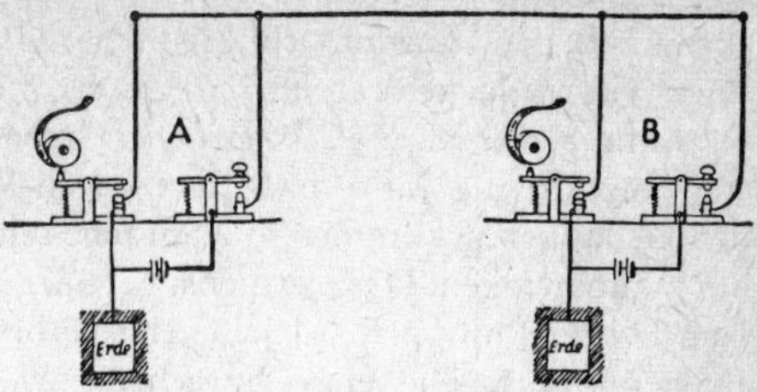

Bild 77. Mit dieser Anlage kann man in beiden Stationen Telegramme aufgeben und aufnehmen

nen »Ankers« – so nennt man ein von einem Magnet bewegtes Eisenstück – die übermittelte Nachricht heraushören. Dieser Umstand hat dazu geführt, daß man statt dem aufzeichnenden Schreibgerät einen sogenannten »Klopfer« entwickelt hat. Auf diese Weise kann man sogar rascher telegrafieren, das heißt mehr Zeichen in einer gewissen Zeit geben, als wenn man im Hinblick auf die Schreibgenauigkeit den langsameren Schreibapparat benützen würde. – Nur kann der das Gerät bedienende Beamte dann nicht auch noch Fahrkarten verkaufen.

»Ja, ist denn der ›Klopfer‹ nicht eigentlich ein Sprechapparat?« könnte da einer fragen. Und in gewisser Hinsicht hätte er recht. Man nennt ihn sogar ganz im Ernst so.

»Aber«, wird da einer einwenden, »das mit dem Morsen ist gut und schön. Bloß im Geschäftsleben, denken Sie sich, im Geschäftsleben... Da lobe ich mir doch mein Telefon. Da wählt man mit Hilfe von Zahlen seinen Gesprächspartner, sagt ihm ehrlich und redlich auf gut deutsch Bescheid, so wie einem der Schnabel gewachsen ist. Und am Schluß, nachdem man selbst auch die Meinung gesagt bekommen hat, legt man den Hörer auf. Aus! Und dazu braucht man bloß den Namen und bestenfalls die Wohnung des Betreffenden zu wissen. Die Nummer, durch die man ihn erreichen kann, steht sogar im Telefonbuch.«

Recht hat er. Ringsherum recht. Das Telefon ist unbestreitbar eine wunderbare Einrichtung. Für ein paar Pfennige spricht man über Dutzende von Kilometern Entfernung weg. Für ein paar Mark trägt der Draht durch das Telefon die menschliche Sprache über Ozeane und Kontinente. Und da braucht man nicht einmal zu schreien. Das ist alles so einfach, so selbstverständlich. Man wundert sich kaum noch darüber. Und das ist eigentlich schade.

Ist zum Beispiel die Erkenntnis, daß man mit dem zweckvoll eingesetzten Spiel von Magnet und Eisen durch die Vermittlung von Kupferdraht nun nicht nur telegrafieren, sondern auch telefonieren, also nicht nur fernschreiben, sondern auch fernsprechen kann, nicht bewunderungswürdig? Und so ein Telefon kann sogar viel einfacher gebaut sein als etwa der Telegraf, den wir zu Anfang des Kapitels besprochen haben. Trotzdem ist man erst etwa dreißig Jahre nach den ersten Versuchen Morses auf den Gedanken gekommen, die Sprache selbst auf weite Strecken hin zu übertragen. Das Verdienst gebührt hier einem Deutschen, dem Lehrer Philipp Reis. Seine erste Hörstation war in seinem eigenen Haus. Die erste Sprechstation war im Geäst eines Zwetschgenbaumes.

Freilich, das erste Reissche Telefon war noch kein Fernsprecher, wie wir ihn heute kennen. Aber es war ein Anfang, ein Grundstein, der gelegt werden mußte.

Auf diesem Grundstein hat nach dem Tod von Reis der Amerikaner Bell weitergebaut. Er ist auf eine sehr interessante Lösung gekommen, die gleichzeitig äußerst einfach zu verwirklichen war. Seine Erfindung hatte mit unserem heutigen Fernsprechgerät schon große Ähnlichkeit.

Um das Ende eines stählernen Dauermagneten hat Bell eine Spule aus dünnem Kupferdraht gewickelt. Dann hat er sich gesagt: Wenn du den Magneten bewegst, dann wird in der Spule Strom induziert. Dieser Strom... Halt! Man könnte doch sagen: wenn du den Magnetismus bewegst! Vielleicht könnte der Magnetstab stehenbleiben? – Wenn man das könnte!

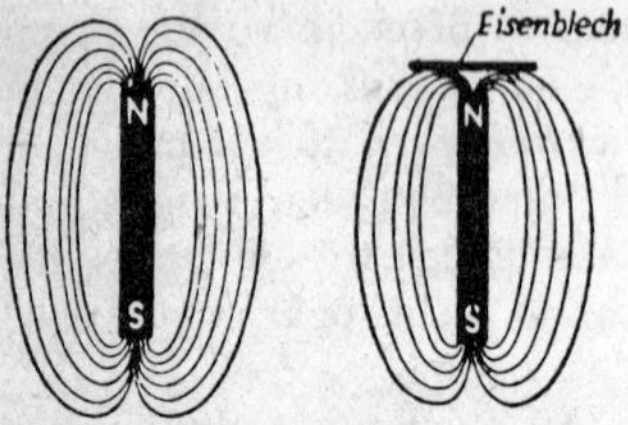

Bild 78. Veränderung der Kraftlinienstruktur eines Stabmagneten durch vorgelegtes Eisenblech

Man kann es. Bell konnte das schon. Er legte einfach ein dünnes Eisenblech an das Ende des Stabmagneten, auf dem die Spule steckte. Das Eisenblech wurde natürlich mitmagnetisiert. Dadurch bekamen die Kraftlinien des Stabmagneten eine andere Struktur. Veränderte man die Lage des Eisenblechs, dann änderten sich die Kraftlinien ebenfalls. Sie wurden schwächer und stärker, je nachdem man das Eisenblech dem Magneten näherte oder von ihm entfernte. – Das war bewegter Magnetismus.

Bewegter Magnetismus und Spule! Diese beiden zusammen ergeben nun schon ein richtiges kleines Kraftwerk. In der Spulen-

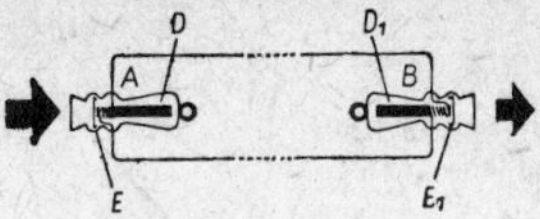

Bild 79. Bells Telefon. Auf die Dauermagneten D und D_1 sind Spulen aufgesteckt. Durch die Sprecherschütterung des Eisenblechs E entstehen Ströme, die durch die Leitung zur Spule des Geräts B übertragen werden. Die wechselnde Anziehung des Eisenblechs E_1 ergibt wieder die in A gesprochenen Töne

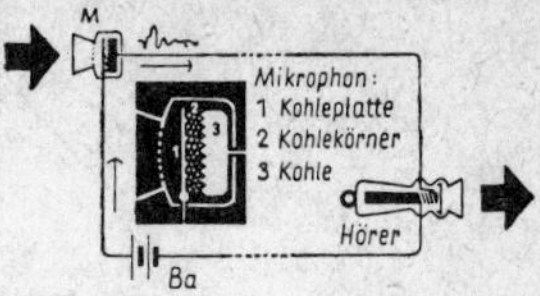

Bild 80. Mikrophon zur Steuerung des Batteriestroms. M = Mikrofon, Ba = Batterie

wicklung werden durch den sich ändernden Magnetismus Elektronen bewegt. Es fließt Strom.

Und jetzt haben wir bzw. hatte Bell schon halb gewonnen. Die Bewegung des dünnen Eisenbleches konnte man nämlich durch die menschliche Stimme bewirken. Beim Sprechen wurde das Blech durch die Schallwellen erschüttert. Eine Erschütterung ist eine kleine Bewegung. Im Rhythmus der Schallwellen wurden also Stromstöße hervorgerufen.

Leitet man diese Stromstöße durch Kupferdrähte wieder in eine Spule, die in gleicher Weise wie die erste auf einen Stahlmagneten gesteckt ist, dann beeinflußt der durch die Stromstöße hervorgerufene Magnetismus die Wirkung des Stabmagneten. Der Magnetismus des permanenten Magneten wird verstärkt oder vermindert. Ein vor ihm sitzendes Eisenblech wird nicht mit gleichmäßiger, sondern mit wechselnder Kraft angezogen, also einmal mehr, einmal weniger. Es wird bewegt. Dadurch erschüttert es die Luft. Diese Erschütterungen bedeuten wieder Schallwellen. Wir vernehmen einen Ton. Unser Telefon ist fertig.

Es arbeitet sogar ganz ohne Batterie. Und wenn Sie die Skizze betrachten, sehen Sie: Sprechgerät und Hörgerät sind sich völlig gleich. Wir können an beiden Enden sprechen und hören. Einfacher geht es wirklich nicht.

Ganz ähnlich dem Bellschen Telefon ist übrigens der *Lautsprecher* gebaut, der *permanentdynamische* wenigstens, wie er in vielen Radiogeräten verwendet wird. »Permanent« darum, weil ein permanenter Magnet, ein Dauermagnet also, einen seiner Hauptbestandteile bildet. Bild 81 zeigt einen Schnitt durch dieses im Aufbau sehr einfache Gerät. Auf den kräftigen Ma-

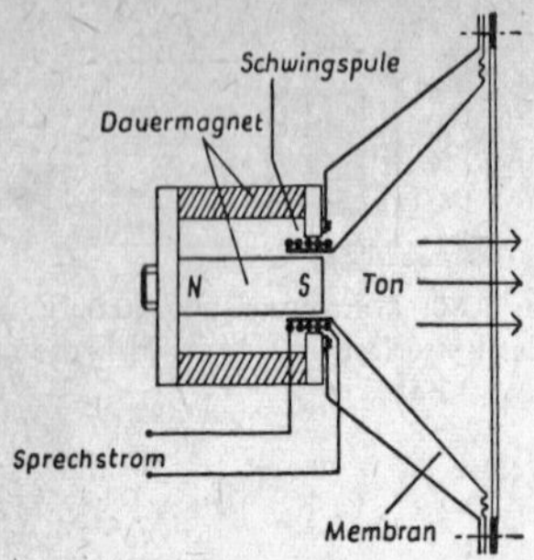

Bild 81. Permanentdynamischer Lautsprecher

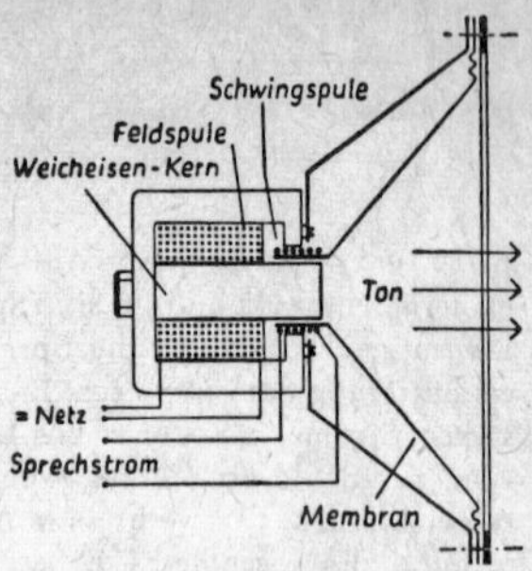

Bild 82. Elektromagnetischer Lautsprecher

gneten ist eine eng anliegende, aber leicht bewegliche Spule aus sehr dünnem Draht geschoben. Sie sitzt auf einer Manschette, die eine röhrenartige Verlängerung der trichterförmigen Membran bildet. Sobald aus dem Radio oder von einem anderen Verstärker her Stromstöße durch die Schwingspule geschickt werden, bildet sich ein im Rhythmus des Stroms wechselndes Magnetfeld um die Spulenwicklung. Im Spulenkern ist es nach unseren früheren Feststellungen besonders stark. Es kommt sozusagen mit dem Feld des Dauermagneten in Konflikt. In der Achsrichtung der Spule wird sie im Stromrhythmus hin und her bewegt. Dabei wird die Membran mitgenommen. Durch ihre Größe und Form stößt sie die an sie anstehende Luftsäule an. Die Luft wird miterschüttert. Das geschieht in stärkerem Maße und auf größerem Raum als bei der Telefonmembran. Der Ton ist lauter. Das betrachtete Gerät ist ein Lautsprecher.

Die Stärke des Tons ist neben der Form und Größe der Membran auch von der Stärke des Magneten abhängig. Bei sehr hochwertigen permanentdynamischen Lautsprechern ist man mehr und mehr von den sonst üblichen Stahlmagneten abgekommen. Im sogenannten Alni-Magneten, einer magnetisierten Aluminium-Nickel-Legierung, lassen sich erheblich größere Magnetkräfte speichern. Sie reichen sogar für sehr große Lautsprecher und für die Erzielung einer sehr guten Tonqualität aus.

Die ganz großen Tonanlagen, etwa im Kino oder für Massenübertragungen im Freien, sind dagegen mit *elektrodynamischen Lautsprechern* ausgestattet. An Stelle des Dauermagneten besitzen sie einen Weicheisenkern, über dessen eines Ende eine Feldspule geschoben ist. Die Wicklung dieser Spule muß mit Gleichstrom gespeist werden. Ihre Ausmaße, die Zahl der Windungen und die Größe des Stroms bestimmen die Stärke der Magnetisierung des Kerns. Ähnlich dem Dauermagneten bilden sich gleichbleibende Magnetpole am Kern.

In Schwingspule und Membran entspricht der Aufbau dieses Lautsprechers dem zuvor beschriebenen. Auch seine Wirkungsweise ist ähnlich. Gegenüber der größeren Lautstärke besitzt er allerdings auch eine kleine Schwäche: wenn der Erregerstrom für die Feldspule ausbleibt, flüstert die Membran nur in der Tonstärke, die das sehr geringe Maß des im Eisenkern verbliebenen (wie man sagt »remanenten«) Magnetismus erlaubt. Und das reicht für die »Beschallung« auch des kleinsten Zimmers nicht aus.

Aber wenden wir uns wieder dem altertümlichen Telefon des Amerikaners Bell zu, und spinnen wir den verlorenen Faden weiter.

Wir waren geneigt anzunehmen, man dürfte da bloß eines der Bellschen Geräte in Berlin und ein anderes in Stuttgart an zwei Strippen legen. Dann könnte man sich vergnügt miteinander aussprechen. Ja? – Nein! Der Herr in Preußen würde nichts von dem gemütlichen Schwäbisch, und der in Schwaben würde keinen Ton Berlinerisch hören. Für diese große Entfernung wäre unser selbstversorgerisches Telefon zu schwach.

Wenn wir jetzt eine Batterie nehmen würden? – Gut, nehmen wir eine. Dann müssen wir aber noch eine Änderung treffen. Wir müssen in den Stromkreis zum Hörer einen Widerstand hineinlegen, der im Rhythmus der Sprache verändert werden kann. So muß es auch gehen.

Einen solchen veränderlichen Widerstand nennt man *Mikrofon.* Es besteht aus einer dünnen Kohleplatte, der »Membran«, und einem Kohleklötzchen. Zwischen diesen beiden sind kleine Kohlekörnchen eingebettet. Kohle leitet bekanntlich. Wird die Membran gegen das Klötzchen gedrückt, dann werden die Kohlekörner zusammengepreßt. Das Leitvermögen der Kohlekörner wird dadurch besser. Das wirkt wie ein Ventil für die Steuerung des Batteriestroms.

Sprechen wir also gegen die Kohlemembran. Das gibt Stromstöße, die wir über eine Kupferleitung in das Bellsche Gerät schicken. Wir haben ein modernes Telefon mit Mikrofon und Hörer. Mit ihm können wir getrost von Stuttgart nach Berlin sprechen, besonders dann, wenn wir die Ströme unterwegs ge-

Bild 83. Telefonanlage mit zwei Sprech- und Hörstationen

legentlich verstärken, so wie wir es zum Beispiel beim Radiogerät machen.

Einen Haken hat die Geschichte noch. So gern man in Berlin Schwäbisch hört, so gern möchte man dort auch sprechen. Warum auch nicht? Da bekommt eben Berlin auch ein Mikrofon und Stuttgart einen Hörer. Die schalten wir zusammen, wie es die Skizze zeigt. Würden wir dann Hörer und Mikrofon noch in eine schöne zeitgemäße Form bringen, könnten wir uns gewiß über fast nichts mehr beklagen.

»Fast«, habe ich gesagt. Und wo in der Welt die Menschen »fast« sagen, bleibt meistens etwas zu wünschen übrig. Wenigstens immer dann, wenn es sich um etwas Gutes handelt. Und dazu gehört gewiß unser Telefon.

Wünschen wir also noch etwas? Eine Klingel etwa. »Wecker« sagen die Herren vom Amt, weil der Teilnehmer am andern Ende der Leitung eventuell gerade schläft, wenn man ihn sprechen will.

Dafür gäbe es nun verschiedene Möglichkeiten. Die neuartigste ist die einfachste. Oder sollen wir, wenn es sich doch um etwas Modernes handelt, gleich vom Selbstanschluß sprechen? Sollen wir das Fräulein vom Amt ausschalten, das früher – und in manchen Gegenden und für manche Zwecke heute noch – wunschgemäß die Leitungen zweier Apparate miteinander verbindet?

Bild 84. Moderner Telefonhörer. Der Hörerteil trägt die charakteristischen Züge des Bellschen Geräts. In der Sprechmuschel sitzt das Mikrophon

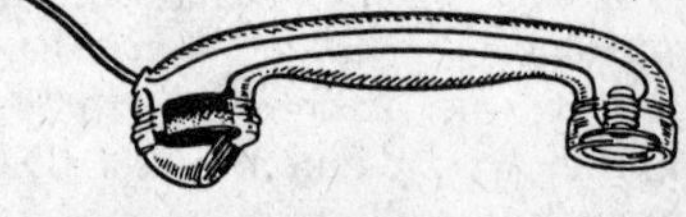

Wir nehmen uns viel vor. Das werden Sie sehen. So eine Selbstwählanlage ist ein technisches Wunderwerk, dessen Rätsel wir sicher nicht alle lösen werden. Das wollen wir aber auch nicht. Aber wir möchten doch wenigstens so ungefähr wissen, wie das funktioniert.

Nehmen wir also den Kasten von unserem Fernsprechapparat weg! Da wimmelt es ja von elektrischem Kleinzeug. Es ist gut, daß uns bei diesem Wort kein Telefoner ertappt hat. Der würde uns sonst belehren, daß das alles Sinn und Zweck hat, daß kein Kontäktchen zu viel und kein Kabelstückchen zu wenig in dem dunklen Gehäuse sitzt und daß dieses scheinbare Durcheinander beste Ordnung bedeutet, sonst würde es nämlich nicht funktionieren.

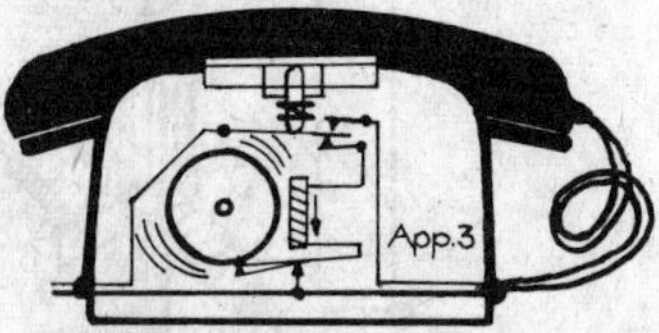

Bild 85. Hörer aufgelegt. Der Stromkreis für den »Wecker« ist geschlossen

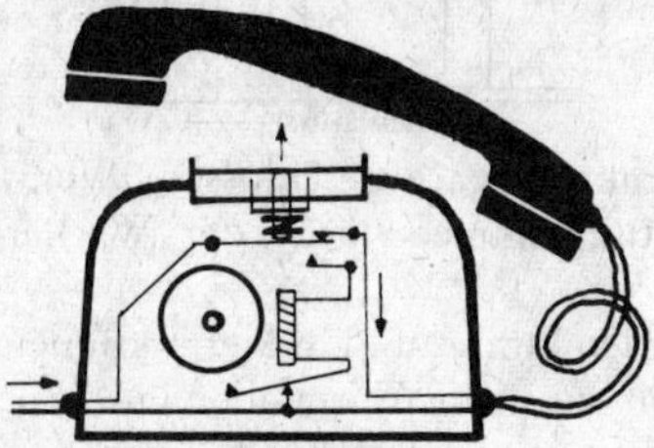

Bild 86. Hörer abgenommen. Die Klingelleitung ist unterbrochen. Der Strom läuft zum Hörer

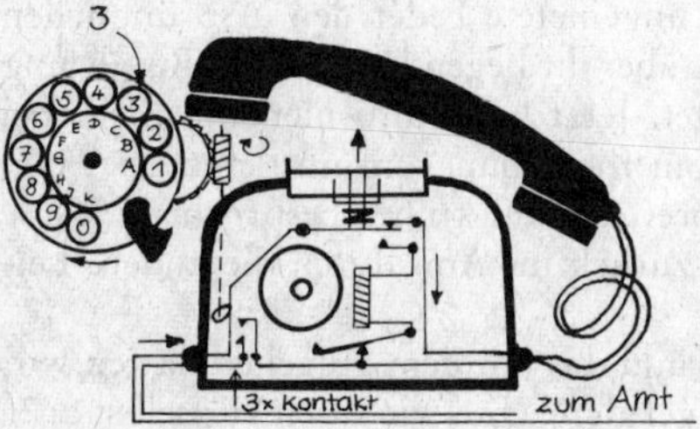

Bild 87. Wähleinrichtung. Die halbkreisförmige Scheibe unter der Spindel erzeugt beim Rücklauf der Wählscheibe Stromstöße, die zum Amt gehen

Wir wollen dieser Ordnung nachspüren! Gelegentlich wollen wir aber bewußt die Augen zumachen und dieses und jenes übersehen, damit wir die große Linie nicht verlieren. Auf die kommt es uns an.

Nehmen wir erst mal den Hörer ab. Dabei steigt die Hörergabel nach oben. Legen wir ihn wieder auf. Jetzt senkt sich die Gabel wieder. Aber nicht nur die Gabel senkt sich, sondern mit ihr eine Kontaktfeder, die bei unserem Telefon am unteren Ende des Gabelstutzens angenietet ist. Zu dieser Feder führt ein Draht, der vom Amt kommt.

Bei aufgelegtem Hörer berührt die mittlere Feder das untere, bei abgenommenem Hörer berührt sie das obere Blättchen.

Legen wir erst mal den Hörer auf. Wenn jetzt Strom in die Leitung käme, könnte er am Fuß der Hörergabel vorbei zur unteren Kontaktfeder weiterfließen in die Spule einer Klingel. Das ist der bewährte Wecker, den wir ja bereits kennengelernt haben. Und nach dem Wecker könnte der Strom schon wieder

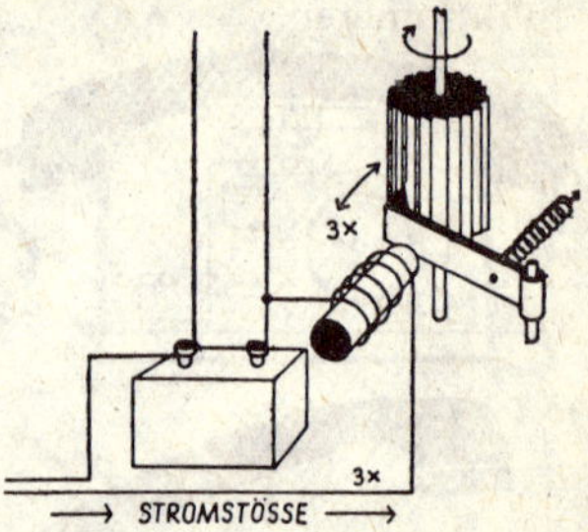

Bild 88. Drehwähler im Amt. Die Stromstöße vom anrufenden Apparat bewirken ein Anziehen der Stoßklinke, die das Zahnrad dreht

zurück zur Batterie. Der Stromkreis wäre geschlossen. Wenn also ein Stromstoß in die Leitung käme, würde der Wecker klingeln.

Es klingelt also. Wir nehmen den Hörer ab. Und jetzt können wir schon sprechen. Aber das tun wir nicht. Wir wollen ja sehen. Beim Abnehmen des Hörers haben wir beobachten können, wie die an den Gabelstutzen angenietete Feder den ursprünglichen Kontakt löste und mit der über ihr liegenden Feder in Berührung kam. Sie hat umgeschaltet. Jetzt kann also niemand mehr bei uns anläuten. – Der Strom fließt nun vom mittleren über den oberen Kontakt zum Hörer, auf die früher besprochene Weise durch ihn hindurch und zurück ins Amt durch die andere Leitung. Also sprechen wir.

Das mit dem Klingeln und das mit dem Sprechen hätten wir. Wie hat man uns aber angerufen? Und wie rufen wir selbst an?

Nehmen wir erst wieder den Hörer ab. Jetzt ist der Stromkreis für ihn geschlossen. Und nun schauen wir unser Gerät einmal genauer an.

Auf der Stirnseite unseres Apparates ist eine Wählerscheibe. Da sind Zahlen drauf von 1 bis 9 und dann 0 (Bild 87).

Stecken wir den Finger in eins der Löcher, und drehen wir die Wählerscheibe bis zum Anschlag. Damit ziehen wir eine Feder auf, die in unserem Bild nicht sichtbar ist, weil sie dicht hinter der Wählerscheibe liegt. Wenn wir den Finger herausnehmen, dreht sich die Scheibe wieder zurück. Dabei faßt ein Mitnehmer in ein Rädchen, das in eine Spindel greift. Auf der Spindelachse sitzt ein halbkreisförmiges Isolierplättchen. Die zurückgehende Wählerscheibe dreht Spindel und Isolierstück um die Spindelachse, wenn wir »eins« gewählt haben, einmal, wenn wir »drei« gewählt haben, dreimal.

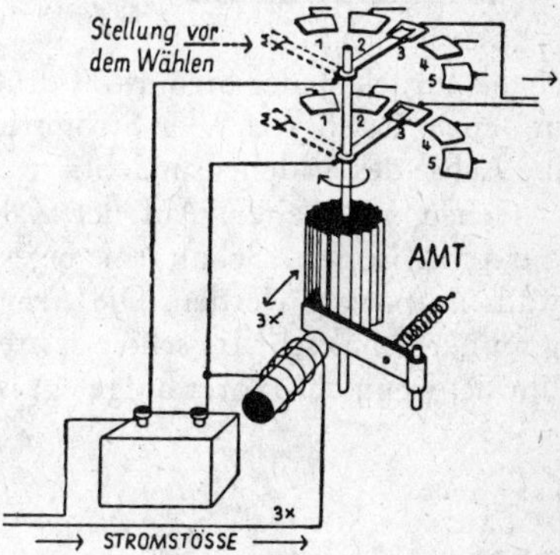

Bild 89. Telefonzentrale. Schaltarme auf der Zahnradachse stellen die Verbindung her

Das kreisende Isolierplättchen trennt zwei weitere Federkontakte, die wir bei der ersten Betrachtung bewußt übersehen haben. Bei der Trennung ist der Stromkreis unterbrochen. Nach der Umdrehung schließt er sich wieder. Das bedeutet, daß der Strom fließen kann. Wenn wir 3 gewählt hätten, dann würde das drei Stromstöße bewirken. Diese Stromstöße gehen ins Amt.

So ein richtiges großes Amt ist wieder eine komplizierte Sache. Darum vereinfachen wir auch hier. Nehmen wir ein Amt für den Hausgebrauch, wie man es für den Innenverkehr in kleineren Betrieben hat, die nicht mehr als zehn Anschlüsse brauchen.

Selbstverständlich beachten wir hier die Stromquelle. Noch mehr interessiert uns aber, was nun mit den Stromstößen wird, die unser Drehunterbrecher verursacht hat. Die Zahl 3 haben wir gewählt; das ergab drei Stromstöße. Und wenn wir beachten, daß das Abnehmen des Hörers beim Schließen des oberen Stromkreises über den Hörer selbst auch einen Stromstoß gegeben hat, dann sind es zusammen vier.

Der Stromkreis ist nun über die Batterie und eine Magnetspule geschlossen. Wenn Strom fließt, zieht der Magnetkern einen Anker an, der als Hebel ausgebildet ist und ein kleines Schubwerkzeug darstellt. Bei jeder Stromunterbrechung zieht eine kleine Feder den Hebel in die Auskerbung eines Zahnräd-

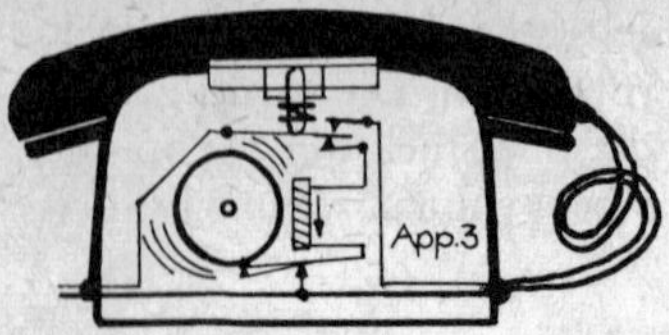

Bild 90. Anruf. Es klingelt bis zur Abnahme des Hörers

chens zurück. Jeder Stromstoß drückt die Klinke des Rädchens um einen Zahn vor. Vier Stromstöße bedeuten vier Rucke, die die Achse des Rädchens macht.

Gehen wir weiter: Auf der Zahnradachse sind zwei gegen die Achse isolierte Schaltarme befestigt, die bei der Drehung des Rads mitbewegt werden. Die Arme haben Hände, die vor Beginn der Schaltschritte schön gestreckt in die Luft fassen. – Das tun sie, wenn der Hörer aufgelegt ist.

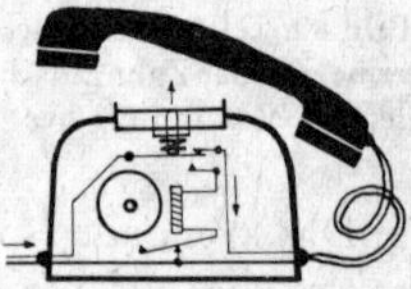

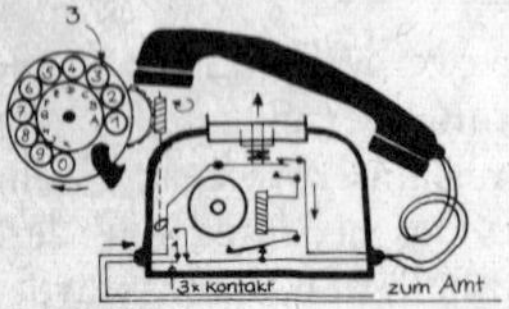

Bild 91. Vereinfachtes Gesamtbild einer Anlage für Selbstanschluß mit weniger als zehn Teilnehmern

Nehmen wir am anrufenden Apparat den Hörer ab, dann schließt sich der Stromkreis über den Magneten. Dadurch verursachen Magnet und Ankerklinke eine kurze Drehung des Rädchens. Dadurch wieder gehen die Arme um einen kleinen Schritt vor. Sie fassen aber immer noch in die Luft. Jetzt wählen wir beispielsweise eben die Zahl 3. Wie Kinder den Schultisch, so umfassen die Hände der Schaltarme jetzt ein paar übereinander angeordnete Kontakte. Dann schnell ein zweites, ein drittes Kontaktpaar, die kreisförmig nebeneinander liegen. Hier bleiben die Hände stehen.

Zu den Armen führen nun auch wieder Leitungen. Die eine kommt an der Batterie vorbei direkt vom Hörer. Die andere läuft durch die Magnetspule. Sind nun an Kontaktpaar 3 zwei weitere Drähte angeschlossen, die zu einem Telefon führen, dessen Hörer in Ruhestellung ist, dann ist der Stromkreis über die Weckerspule geschlossen. Es klingelt.

Hörer abnehmen! Die Leitung zum Wecker ist unterbrochen. Der Strom fließt jetzt über den Hörer. Wir können sprechen. –

Damit wir zum Schluß alles schön überblicken können, haben wir alle wichtigen Einzelbilder in einem Gesamtbild vereinigt. – Sie sehen, es ist gar nicht so schwierig.

Glauben Sie mir, daß es trotzdem schwierig ist? – Nicht das Besprochene und Gezeichnete. Schwierig ist, was wir weggelassen haben. – Und das hängt mit den vielen anderen Forderungen zusammen, die wir an ein gut funktionierendes Selbstanschlußgerät stellen.

Haben Sie beim Betrachten unserer Amtsskizze etwa bemerkt, daß beim Überschreiten der Kontaktpaare 1 und 2 die beiden daran angeschlossenen Apparate ebenfalls kurz geklingelt hätten? Wir haben diese Apparate ja nur der Übersichtlichkeit halber weggelassen.

Was geschieht, wenn wir den Hörer nach Schluß des Gesprächs auflegen? Da klingelt es doch von neuem bei Apparat 3. Unbarmherzig und so lange, bis der anrufende Teilnehmer den Hörer auflegt. Legt er schließlich auf, dann ertönt seine eigene Klingel so lange, bis er die Amtsleitung auf irgendeine Weise unterbricht.

Wissen wir, wie das »Amtszeichen«, wie das »Besetztzeichen« zustande kommt? Wissen wir, welche Kräfte am Werk sein müssen, um die ganze Anlage für den nächsten Anruf bereitzumachen? Haben wir eine Ahnung, wie schwierig es ist, für 100, für 1000 und noch mehr Teilnehmer Sprechgelegenheit zu schaffen, mit möglichst wenig Leitungen auszukommen, dem Mechanismus im Amt dic Wahl der »freien« Leitung zu übertragen und nicht zuletzt die Gespräche zu zählen, damit wir sie am Monatsende bezahlen können; kurz, das Fräulein, das denkende Gehirn des Fräuleins vom Amt zu ersetzen? Es so zu ersetzen, daß es fehlerlos klappt. Haben wir berücksichtigt, daß für die kleine Hausanlage eine Unzahl Kontakte und Relais mehr notwendig sind als für das Zustandekommen unseres einen – mangelhaften – Gesprächs? Haben wir eine Vorstellung davon, was es heißt, für das reibungslose Zustandekommen eines einzigen Gesprächs in einer Großstadt 2000, 3000 Kontakte zu betätigen, die alle einwandfrei funktionieren müssen, wenn nicht statt Herrn X Fräulein Y »geweckt« werden soll? – Was würden Sie selbst, was Fräulein Y und was Herr X dazu sagen?

Hätte man mit den Mitteln der Anfangszeit des Telefons ein Gespräch von Paris nach Konstantinopel führen wollen, dann hätte es armdicker Kupferseile für die Telefonleitungen bedurft,

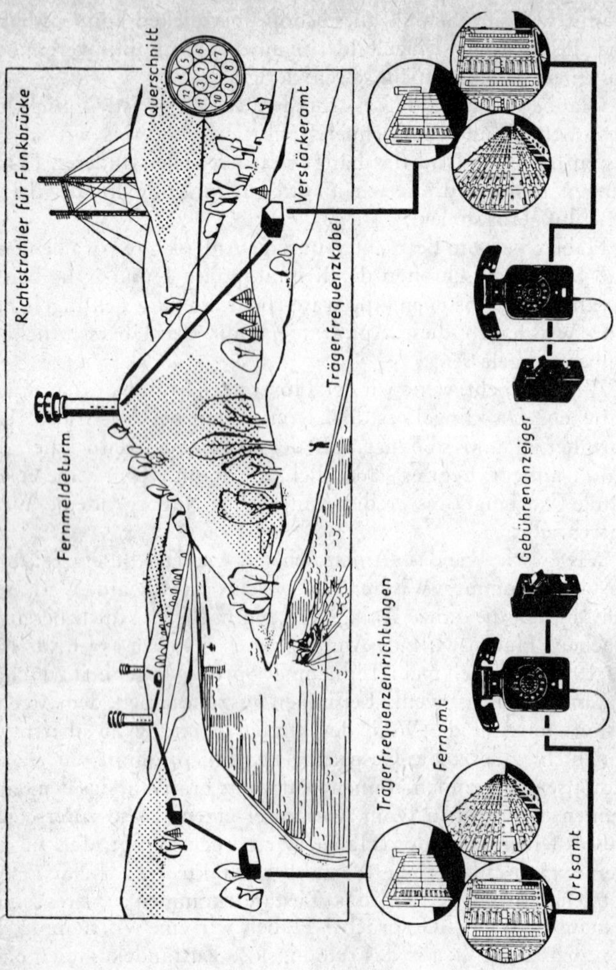

Bild 92. Über große Entfernungen wird der Fernsprechverkehr durch Trägerfrequenzkabel und Funkverbindungen abgewickelt

um die Verluste an Energie im elektrischen Leiter so niedrig zu halten, daß überhaupt eine Verständigung möglich gewesen wäre. Soviel Kupfer könnte die ganze Erde nicht spenden, um mit den früheren Mitteln ein Fernsprechnetz in der heute üblichen Dichte aufzubauen.

Heute steht uns auch für den Fernsprecher der Verstärker zur Verfügung, der nach verhältnismäßig kurzen Abständen dem Fernsprechkabel immer wieder neue Energie zuführt. Heute ist es möglich, Wechselströmen mit hoher Schwingungszahl das »elektrische Bild« der Sprache aufzuzwingen. Gleichzeitig mehrere Trägerströme mit verschiedenen Grundschwingungen kann man auf ein Leitungspaar geben. Aus den vielerlei Schwingungen sucht sich der anrufende Apparat die richtige, für ein Gespräch freie heraus. Über zwei Doppeladern lassen sich so gleichzeitig 60 Gespräche in beiden Richtungen übertragen. Ja, mit den neuen »Breitbandkabeln« lassen sich ohne gegenseitige Störung 960 Verbindungen zur gleichen Zeit bewältigen.

Auch die Abkehr vom früher üblichen sternförmig und auf wenige große Ämter ausgerichteten Fernsprechnetz brachte erhebliche Fortschritte. Durch Schaffung kleinerer »Knotenämter« und »Unterämter« sind die Leitungen kürzer und die Verbindungsleitungen zwischen den Ämtern besser ausgenützt worden.

Früher war das deutsche Fernkabelnetz sternförmig auf Berlin ausgerichtet. Heute werden die deutschen Verkehrsmittelpunkte in zwei Doppelringen zusammengeschlossen, die sich in der Form einer 8 in Frankfurt am Main schneiden. In dieser 8 werden die wichtigsten Städte durch die genannten Hochleistungskabel miteinander verbunden. In mehreren Verstärkerämtern wird für Zufuhr neuer Energie gesorgt. Städte und Ortschaften außerhalb der beiden Kreise werden durch Zweigleitungen an dieses Ringnetz angeschlossen. Dieses ganze System wird außerdem in den Fernsprechverkehr mit dem Ausland eingegliedert.

Was vor einigen Jahren noch Zukunftstraum war: heute ist es mit Hilfe dieser neuen Mittel Wirklichkeit geworden. Ohne das Fräulein vom Amt wählen wir mit Hilfe von 10 Ziffern den Teilnehmer, den wir von Stuttgart aus in München oder Frankfurt oder Düsseldorf sprechen wollen.

Wie beim Ortsgespräch wird im Amt das Gespräch registriert. Ein unserem anrufenden Apparat zugeordneter Zähler zählt, wie oft wir die übliche »Ortsgebühr« zu bezahlen haben. Bei Ferngesprächen rückt der Zähler nicht erst nach Abschluß unserer Unterhaltung fort. Je weiter entfernt unser Fernsprechziel ist, in um so kürzeren Abständen springt der Zähler auf die nächste Zahl. So werden Gesprächsdauer und Entfernung ineinandergerechnet. So wurde auch dieses schwierige, für die Einrichtung und Erhaltung des Betriebs aber notwendige Problem gemeistert.

Diese neue Errungenschaft bedeutet aber noch keinen Stillstand. Da und dort sind bereits hochragende Türme erstellt worden. Ihre Bezeichnung »Fernmeldeturm« läßt auf den Zweck ihrer Verwendung schließen. Wie die alten »Relaisstationen« der Pferdepost dem Verkehr, so dienen sie jetzt der Funkverbindung. In Abständen bis zu etwa 200 km aufgestellt, dienen sie als Sende-, Vermittlungs- oder Empfangsstation für Gespräche, die statt den Trägerschwingungen im Draht, den elektromagnetischen Schwingungen im freien Raum anvertraut werden. Ein gewisser Bereich äußerst kurzer (Zentimeter- und Dezimeter-)Wellen steht diesem Radionetz für Gesprächsübertragungen zur Verfügung. Dieser Verkehr über die Fernmeldetürme ist so gut dem über das Kabelnetz angepaßt, daß wir nicht einmal merken, auf welche Weise unser Gespräch mit der ferne gelegenen Stadt übertragen wird.

Welche Erscheinung dieser Art der Radioübertragung zugrunde liegt, wird an anderer Stelle unserer Betrachtungen zu schildern sein. Wir wissen, daß sie auch für Gesprächszwecke gar nicht so ungewöhnlich ist. Fast jeder Streifenwagen der Verkehrspolizei steht heute mit seiner Polizeizentrale in Gesprächsverbindung. Und wir können vom eigenen Wagen aus über den Fernmeldefunkverkehr einen beliebigen ortsgebundenen oder gar beweglichen Teilnehmer anrufen und während der Fahrt mit ihm sprechen, wenn wir die entsprechende Einrichtung besitzen.

Verwandelte Spannung

Irgendwo am Rand einer Ortschaft steht ein kleines Häuschen, turmartig gebaut. Durch eine eiserne Tür ist es fest verschlossen. Ein Schild ist auf die Tür gemalt: Hochspannung, Vorsicht, Lebensgefahr! Darüber ein grellroter Zackenpfeil. Ein paar Drähte führen über mächtige Isolatoren hoch oben unter dem Dachtrauf ins Häuschen hinein. Sie kommen von draußen von der Überlandleitung mit den hohen Masten aus Eisengitterwerk. Ein paar andere Drähte führen auf der gegenüberliegenden Seite heraus, mit einfachen Isolierglocken an gewöhnlichen Holzmasten befestigt. Im Innern des Häuschens befindet sich ein *Transformator*.

Der Transformator ist ein ganz unkompliziertes Ding: ein Eisenkern, auf den Spulen aus Kupferdraht gewickelt sind. Das ist alles. Wir wollen sehen, wie er funktioniert.

Dazu gehen wir zuerst mal einen Schritt zurück zu den Magneten, die wir mit Hilfe von Spule und Eisenkern hergestellt haben.

Nehmen wir also einen Eisenkern und stecken eine Spule aus isoliertem Kupferdraht darauf. Schicken wir den Strom aus einer Batterie durch den Draht, dann erhalten wir einen Magneten. Das kennen wir ja. Aber es kann nichts schaden, wenn wir diese Vorgänge ein wenig wiederholen. Sie werden sehen, daß wir bei unserer bisherigen Betrachtung der Erscheinungen ein wenig oberflächlich waren. Das Versäumte wollen wir jetzt nachholen.

Wie war das? Nun, ein stromdurchflossener Leiter ist von Magnetismus begleitet. Bestimmt durch die Richtung des Elektronenflusses bildet sich rings um ihn ein magnetisches Kraftfeld, das ihn wie eine Schraube von unsichtbaren Kräften umgibt. Je stärker der Strom, desto stärker die magnetischen Kräfte. Bilden wir aus dem Leiter eine kreisförmige Schleife, dann verstärkt sich die magnetische Wirkung in der Mitte der Schleife. Die magnetische Kraft wird wieder stärker, je mehr Schleifen wir zu einer Spule vereinigen. Stecken wir gar in die Spule einen Eisenkern, dann unterstützt das magnetisierte Eisen die durch die Spule erzeugte Magnetkraft.

Wenn wir jetzt die geeigneten Mittel hätten, dann könnten wir eine interessante Beobachtung machen. Nämlich die, daß im Augenblick des Einschaltens der elektrische Strom das Magnetfeld, das den Leiter umgibt, sozusagen aufbauen muß, das heißt, daß der Magnetismus verhältnismäßig langsam bis zur vollen möglichen Stärke wächst.

Das hat bedeutsame Folgen. Was wächst, das bewegt sich doch eigentlich. Wir haben für den Zeitpunkt des Einschaltens »bewegten Magnetismus«. Bewegter Magnetismus aber erzeugt elektrische Spannung in einem Leiter, wohlverstanden im selben Leiter, an den von der Batterie her eine Spannung angelegt wurde. Also haben wir zwei Spannungen! Die eine geht in den

Leiter hinein, die andere drückt dagegen. Bei der Betrachtung des Motorankers haben wir eine ähnliche Beobachtung gemacht. »Gegenelektromotorische Kraft« nannten wir sie da. Sie ist auch hier wirksam. Durch sie wird die ankommende Spannung geschwächt. Und bei großen Spulen kann es eine ganze Weile dauern, bis die angelegte Spannung diese gegenelektromotorische Kraft niedergekämpft hat und der Strom schließlich seine volle Stärke erreicht.

Beim Abschalten der Batterie tritt das Gegenteil ein. Durch das Ausschalten des Stroms baut sich das Magnetfeld ab. Es wird kleiner und kleiner. Es »bewegt« sich also wieder. Die Kraftlinien schneiden dabei die Windungen der Spule. Ein »Extrastrom« entsteht, wie der Fachmann sagt. Der kommt zwar zu spät, um eine vernünftige Arbeit zu leisten, aber gerade recht, um beim Ausklinken des Schalters einen kräftigen Funken zu erzeugen.

Beim gleichmäßigen Fließen, also nach dem Einschalten des Batteriestroms, können wir keine ähnliche Feststellung machen.

Wie ist das nun, wenn wir Wechselstrom durch die Spule schicken? Der schaltet doch wechselweise immer ein und aus, ganz selbständig, 100mal in der Sekunde. Da müßte doch jedem Stromstoß ein entgegengesetzter in den Weg treten. Der müßte seinen Erzeuger töten. Das Kind würde zum Vatermörder werden. Es würde gar kein Strom fließen. Unvorstellbar wäre das.

Unsere Überlegung stimmt beinahe. Wenn wir einen einzelnen Wechsel aus der Menge der übrigen herausnehmen, sehen wir klarer. Und was wir sehen, ist folgendes: Der ankommende Stromimpuls magnetisiert das Eisen. Die ansteigende und wieder absinkende Kurve, die wir bei der Herstellung von Wechselstrom gezeichnet haben, gibt uns ein Bild, wie auch der vom Wechselstrom erzeugte Magnetismus anwachsen und wieder absinken muß. Bewegter Magnetismus also! Sitz im Eisenkern! Das ergibt rückwirkend elektrischen Strom in der Leitung. Also stimmts. Hinzu kommt sogar noch der Umstand, daß die den Leiter selbst begleitenden Kraftlinien in der Nachbarwindung eine elektrische Spannung hervorrufen. Die Haupterzeugerkraft aber sitzt im Eisenkern. Trotzdem kann sie nicht in vollem Maße wirksam sein. Ein Teil der Kraftlinien ist an den Enden des Kerns ausgetreten. Er geht für die rückläufige Stromerzeugung verloren. Die Gegenspannung ist daher etwas kleiner als die hineingeschickte. Das bewirkt immerhin die Aufnahme eines kleinen elektrischen Stromes.

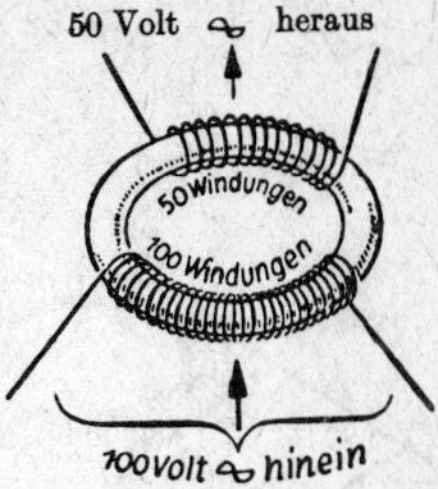

Bild 93. Transformator

Machen wir nun aus dem gestreckten Eisenkern einen Ring, in dem die magnetischen Kraftlinien schön beieinanderbleiben. Damit die Kraftlinien auch im Innern des Rings nicht umhervagabundieren und damit im Eisen selbst »Wirbelströme« hervorrufen, setzen wir den Kern außerdem aus einzelnen dünnen Blechen zusammen, die wir vorher mit Schellack bestrichen oder mit Papier beklebt haben. So geht es noch besser. Nur ganz geringe Verluste können jetzt auftreten.

Nach diesen Vorbereitungen machen wir folgendes: Um den Eisenring wickeln wir eine Spule mit 100 Windungen. An die Spulenden legen wir Wechselstrom an. Die Spannung betrage 100 Volt.

Wir wissen, die angelegte Spannung erzeugt eine gegenelektromotorische Kraft, die nahezu ebenfalls 100 Volt betragen muß. Diese Gegenspannung verteilt sich auf die 100 Windungen. Das läßt den Schluß zu, daß bei den angenommenen Verhältnissen in jeder einzelnen Windung der Spule eine gegenelektromotorische Kraft von etwa 1 Volt erzeugt wird. Und diese Annahme ist richtig und wichtig.

Wickeln wir nämlich jetzt irgendwo, also etwa auf die andere Hälfte des Eisenrings, eine zweite Spule mit *einer* Windung, dann können wir ihr eine Spannung von 1 Volt entnehmen. Versehen wir die zweite Spule mit 50 Windungen, dann erzeugen wir in ihr 50 Volt Spannung. Nehmen wir 1000 Windungen, dann können wir 1000 Volt abnehmen. – So machen wir auf einfachem Wege aus 100 Volt 1 oder 50 oder 1000 Volt.

Das Gerät, das wir damit erhalten haben, nennt man Transformator. Er dient zur Umwandlung der Spannung von Wechselstrom.

Im Verlauf dieser Betrachtung haben wir nun schon eine ganze Reihe wichtiger Feststellungen über die Wirkungsweise des Transformators gemacht, die wir nachstehend zusammenfassen:

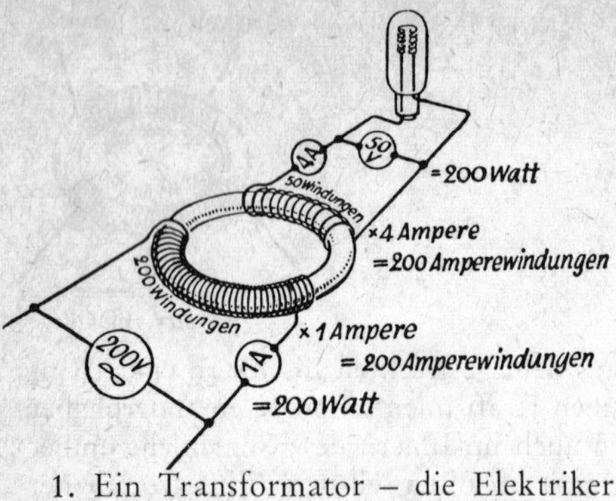

Bild 94. Anschluß einer Projektionslampe an Wechselstromnetz mit höherer Spannung

1. Ein Transformator – die Elektriker sagen gerne Trafo, weil sie das kürzer und bequemer finden –, also ein Trafo besteht aus einem Eisenkern, um den zwei Spulen gewickelt sind.

2. Schickt man in die eine Wicklung Wechselstrom hinein, dann kann man aus der andern Wechselstrom herausnehmen. Den Vermittler bildet der Eisenkern. – Wir können die Vorgänge kurz gefaßt so ausdrücken: In die Eingangsspule (die »Primärwicklung«) geschickter Wechselstrom erzeugt im Eisenkern einen Wechselmagnetismus. Dieser Wechselmagnetismus induziert in der Ausgangsspule (der »Sekundärwicklung«) wieder einen Wechselstrom.

3. Die Spannungen der beiden Ströme sind verschieden nach Maßgabe der ihnen zugeordneten Windungszahl. Wenn wir die Primärwicklung mit vielen, die Sekundärwicklung mit wenigen Windungen versehen, wird aus einer großen Spannung eine kleine. Wir transformieren herunter. Versehen wir dagegen die Primärseite mit wenigen, die Sekundärseite mit vielen Windungen, dann transformiert unser Trafo hinauf.

Und 4. Haben Sie das zu Anfang unserer Beobachtungen gemerkt? Wenn wir die Sekundärseite des Transformators nicht belasten, dann nimmt die Primärseite fast gar keinen Strom auf. Das geht doch eigentlich daraus hervor, daß wir den Eisenring ursprünglich nur mit einer »Primärwicklung« versehen haben, die der angelegten Spannung eine fast ebenso große Gegenspannung in den Weg legte.

Das alles läßt doch zweifellos den Schluß zu, daß so ein Trafo ein erstaunlich gutes Arbeitsgerät ist. Es dreht sich nichts. Es läuft nichts aus. Es braucht keine Schmierung. Kaum eine andere Wartung. Es nimmt nichts oder wenigstens fast nichts auf, wenn es nichts abgeben muß. – Kein Pferd ist so bescheiden. Und durch seine Leistungsfähigkeit bei seiner sprichwörtlichen Bescheidenheit hat der Trafo den Siegeszug des Wechselstroms begründet, den die Techniker früher ganz zu Unrecht so scheel von der Seite betrachtet haben.

So, und nun hätten wir dem Trafo wirklich alle Ehre angetan, die ihm gebührt. Oder sollen wir uns noch ein wenig Gedanken machen, wie das mit den Ampere ist, wo die Volt doch so gut weggekommen sind? Das tun wir noch rasch. Mit den Ampere ist es nämlich gerade umgekehrt. Nehmen wir dafür ein Beispiel. Schließen wir unsere Projektionslampe mit 50 Volt Betriebsspannung und für 4 Ampere Stromaufnahme an. Zum Anschluß an ein Wechselstromnetz können wir doch sicher einen Transformator verwenden. Die Netzspannung betrage 200 Volt.

Denken wir zuerst mal wieder an die Spannung. Aus 200 Volt wollen wir 50 Volt machen. Also geben wir unserem Trafo primärseitig 200, sekundärseitig 50 Windungen. Diese 50 Windungen sollen einen Strom von 4 Ampere abgeben. Da wenden wir einen kleinen Kunstkniff an: Die Umsetzarbeit besorgt der Eisenkern, den der Strom zum Magnet gemacht hat. Für die Kraft eines Magneten, also für sein Umsetzvermögen, sind sowohl die Windungen als auch die sie durchfließenden Ampere maßgebend. Der Fachmann spricht von Amperewindungen. Das ist ein Maß für die Kraft. Hat eine Spule 50 Windungen, durch die 4 Ampere fließen, dann sind das $4 \times 50 = 200$ Amperewindungen.

Diese 200 Amperewindungen könnten sich aber geradesogut auch anders zusammensetzen, etwa aus 100 Windungen, die von 2 Ampere durchflossen werden oder 200 Windungen, die von 1 Ampere durchflossen werden. Und in diesem Schluß steckt nun eigentlich schon die Lösung. Die Primärspule hat ja 200 Windungen. Im angenommenen Fall werden sie, das heißt wird unser Transformator dem Netz 1 Ampere entnehmen. Wir haben also bei der Umsetzung der 200 in die 50 Volt gleichzeitig

Bild 95. Schaltschema des Transformators

aus 1 Ampere 4 Ampere gemacht. Das heißt, wir haben aufnahme- und abgabeseitig je 200 Watt, also keine elektrische Energie verloren.

Im Ernstfall wäre durch die Magnetisierverluste schon ein klein wenig danebengegangen. Aber 90 % von seiner Leistungsaufnahme gibt wohl auch der schlechteste Trafo ab. Und wenn er ganz günstig gebaut ist, dann kann man es bis auf 99 % bringen. – Erinnern Sie sich hier, bitte, an den Betrieb der Projektionslampe mit Hilfe eines Widerstands. Mehr als das Dreifache der in der Lampe nutzbaren Leistung mußte im Widerstand nutzlos in Wärme umgesetzt werden.

Beim Trafo gehen 1 %, im ungünstigsten Fall 10 % der aufgenommenen Leistung verloren. Je mehr er ausgenützt wird, desto besser ist sein »Wirkungsgrad«. Und mit dieser Feststellung ist es wahrlich des Guten genug.

So, und nun könnte ein Mann vom Elektrizitätswerk kommen, der uns einen Blick ins Transformatorenhäuschen werfen läßt. Da würden wir sehen, daß man aus praktischen Gründen dem Eisenkern nicht die Form eines Rings, sondern die eines rechtwinkligen Balkengebildes gegeben hat mit kräftigen Schenkeln aus zusammengepreßtem Eisenblech. Auf zwei gegenüberliegenden Schenkeln sind die Spulen gewickelt.

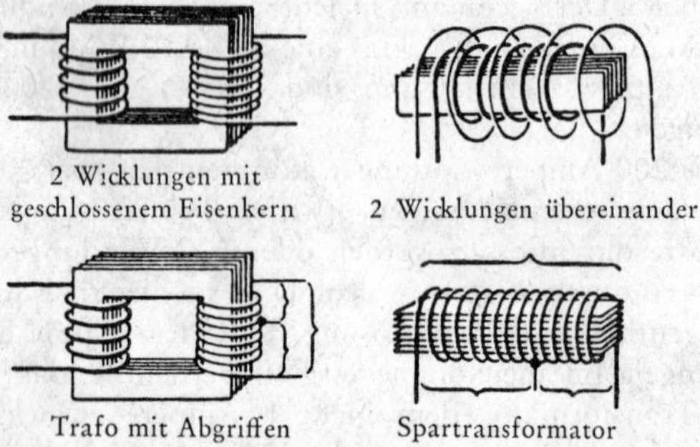

Bild 96. Wicklungsarten und Bauformen des Transformators

Hätten wir aber Pech gehabt, dann hätten wir statt des offenen einen sogenannten Öltransformator vorgefunden, der in einem mit Öl gefüllten Behälter sitzt, das gleichzeitig isolierend und kühlend wirkt. Im übrigen wären Aufbau- und Wirkungsweise dieselben.

Auch hinsichtlich der Wicklung gibt es verschiedene Transformatoren. Man kann, wie es zumeist der Fall ist, den Trafo so gestalten, wie wir es oben beschrieben haben. Man kann aber auch die Sekundärspule über die Primärwicklung stecken. Man kann die gleiche Wicklung, die primär- und die sekundärseitige, an verschiedenen Stellen anzapfen, so daß der Trafo aufnahmeseitig wahlweise etwa an eine niedere oder eine höhere Spannung angeschlossen werden kann. Ist die Abgabeseite mit Abgriffen versehen, dann kann er für verschiedene Zwecke verschieden hohe Spannungen liefern, je nachdem viele oder eine geringe Anzahl Windungen im Stromkreis liegen. Im »Spartransformator« wird eine einzige Wicklung sogar gleichzeitig für Aufnahme und Abgabe benützt. Und im Radiogerät finden Transformatoren Anwendung, die nicht einmal einen Eisenkern haben und die trotzdem die ihnen gestellte Aufgabe einwandfrei erfüllen.

Für den Hausgebrauch begegnen wir dem Trafo am häufigsten im Klingeltransformator. Da macht er aus den 220 Volt der Netzspannung wahlweise 4 oder 6 oder 8 Volt. Man darf die Klingel nur an den mit der betreffenden Spannung bezeichneten Klemmen anschließen, je nachdem die Spulen des Klingelmagneten für 4, 6 oder 8 Volt gewickelt wurden.

Die hohen Ströme bei geringen Spannungen, die für die *elektrische Widerstandsschweißung* benötigt werden, lassen den Transformator für diese Verrichtung besonders nützlich erscheinen. Nahezu verlustlos besorgt er seine Arbeit.

Bei der *Stumpfschweißung* werden die zu verbindenden Metallteile gegeneinandergepreßt. Wie die Skizze zeigt, sind sie an den Sekundärkreis eines Transformators angeschlossen. Beim Zusammenstoßen der beiden Teile fließt ein starker Strom, der

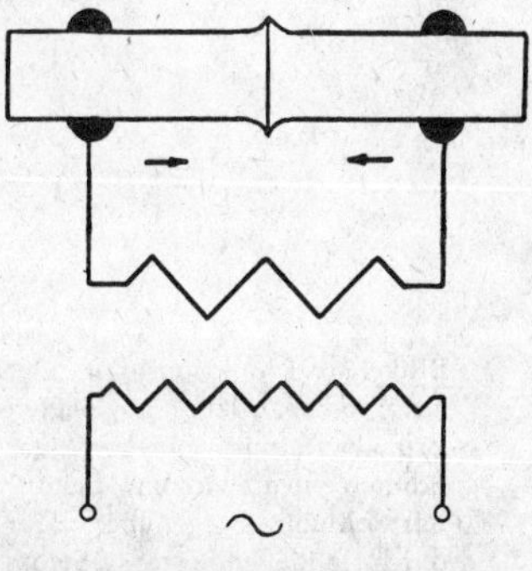

Bild 97. Stumpfschweißen

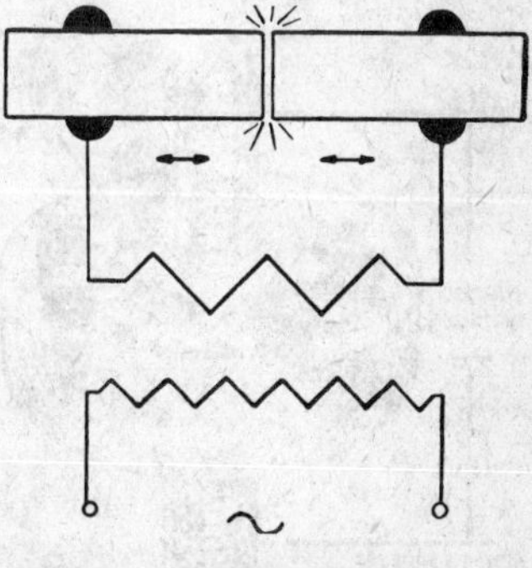

Bild 98. Abbrennschweißen

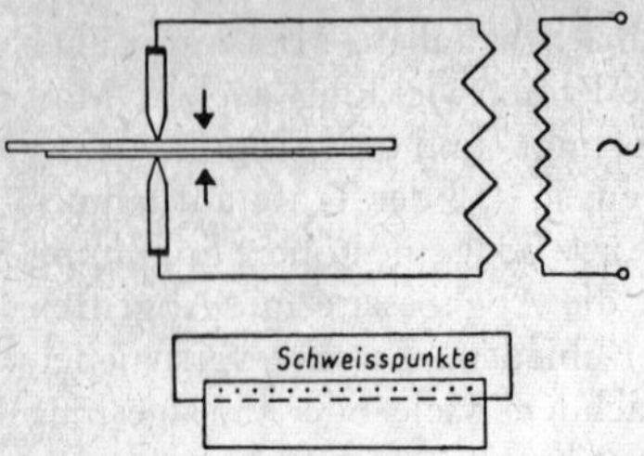

Bild 99. Punktschweißen

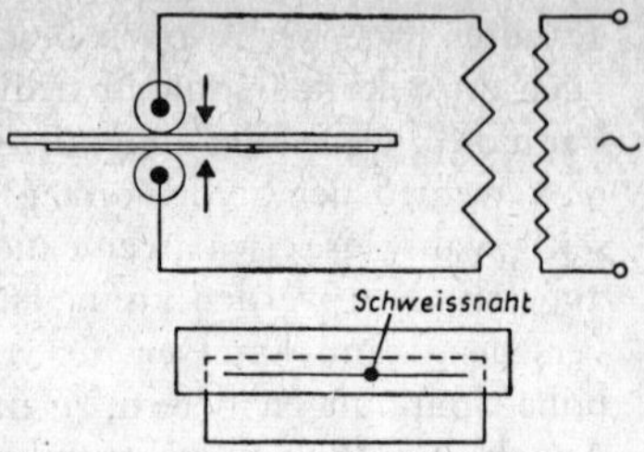

Bild 100. Nahtschweißen

die zwei Hälften zu einem Ganzen verschweißt. Mehrere Tausend Ampere kann die Stromstärke betragen.

Die *Abbrennschweißung* wird für besonders große Werkstücke verwendet. Werden die beiden Teile im Sinne der Skizze wechselweise aufeinandergestoßen und auseinandergezogen, dann tritt an der Berührungsstelle ein Lichtbogen auf, der allmählich zum Schmelzen und Verschweißen der beiden Stücke führt.

Die *Punktschweißung* hat in der modernen Fertigung für die Verbindung von Blechteilen das umständliche, zeitraubende und daher teure Nieten vielfach verdrängt. Mit zwei an den Enden der Sekundärwicklung des Trafos angeschlossenen Kupferelektroden werden die Blechteile aufeinandergepreßt. Die Bleche schließen den Stromkreis. Dabei verschmelzen sie an den Druckpunkten ineinander. Bleche bis zu einer Gesamtstärke von 20 mm können so aufeinandergeschweißt werden.

Werden die Elektroden nicht als Stempel, sondern als Rollen ausgebildet, dann läßt sich auf ähnliche Weise eine *Nahtschweißung* erzielen. Durch Verschieben des Werkstücks unter

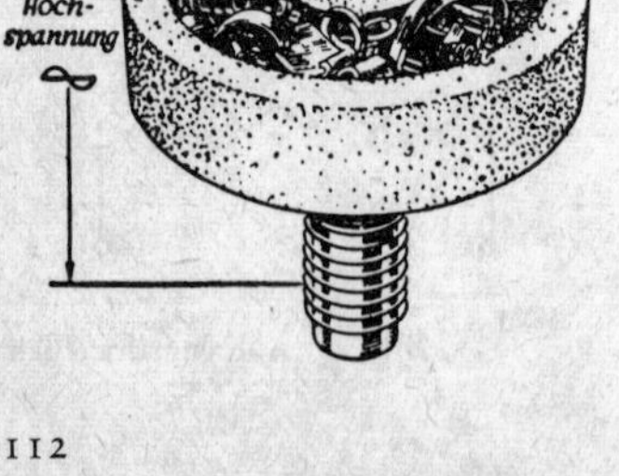

Bild 101. Induktionsofen. Der an Hochspannung angelegten Primärwicklung steht das Schmelzgut als einzige »Sekundärwicklung« gegenüber. Der durch sie fließende starke Strom schmilzt den Schrott

den Rollen ergibt sich eine fortlaufende Schweißnaht, die Teile bis zur Gesamtstärke von etwa 5 mm miteinander verbindet.

Eine interessante Verwendung findet der Trafo im *Induktionsofen.* Er besteht aus einem Eisenkehrn, um den viele Drahtwindungen als Primärwicklung und eine einzige mit feuerfestem Material gefütterte Schmelzrinne als Sekundärspule gelegt sind. An die Primärspule wird Hochspannung angelegt, die durch das große Übersetzungsverhältnis in eine verschwindend kleine Spannung bei sehr großer Stromstärke verwandelt wird. Voraussetzung ist, daß die Schmelzrinne mit Schmelzgut gefüllt ist. Die »Windung«, die die gefüllte Rinne darstellt, ist zudem kurzgeschlossen. Dadurch wird der ganze aufkommende Strom in der Rinne selbst in Wärme verwandelt. Er bewirkt das Schmelzen des aufgeschütteten Metalls.

Die wichtigste Aufgabe aber, die der Transformator zu erfüllen hat, ist die Verwandlung verhältnismäßig niedriger Spannungen, wie sie aus der Wechselstromdynamomaschine kommen, in Hochspannung. Mit geringen Strömen kann man so ungeheure Leistungen transportieren. Darüber wird später noch mehr zu sagen sein. Am Ende der Hochspannungsleitung oder an einer beliebigen Stelle unterwegs führt man die Hochspannung wieder einem Transformator zu. Der verwandelt sie in die für den Betrieb elektrischer Geräte übliche Gebrauchsspannung. Dieser Transformator steht im Transformatorenhäuschen. Und jetzt können wir wieder von vorne anfangen...

Phasenverschiebung

Wo immer es um Verschiebungen geht, handelt es sich um üble Erscheinungen, so im Leben der Menschen und so in der Elektrizität. Geht es um Phasenverschiebung, dann ist meist die Spule dran schuld, hauptsächlich die mit dem Eisenkern.

Das wissen wir: wenn wir mit Hilfe der Elektrizität eine Arbeit leisten wollen, dann müssen wir Spannung und Stromstärke einsetzen. Und zwar beide gleichzeitig. Wenn wir beide messen und die gemessenen Volt mit den gemessenen Ampere multiplizieren, dann erhalten wir die Wattzahl, die die Größe der elektrischen Leistung angibt. So sagten wir wenigstens früher einmal. Und dieser Satz ist Gesetz.

Hier freilich mit der Einschränkung: Wird einem Wechselstrom induktive Arbeit übertragen, so erfahren Spannung und Strom eine Verschiebung zueinander. Sie sind nicht zugleich in voller Höhe wirksam. Das Leistungsgesetz für Wechselstrom bei induktiven Verbrauchern muß daher anders lauten...

Am besten machen wir uns gleich einmal klar, was mit dieser besagten Verschiebung gemeint ist.

Dazu hilft uns ein Versuch, den wir uns an Hand von Skizzen vorstellen wollen. Das ist freilich etwas schwierig, besonders weil die Umstände und Zusammenhänge der Verschiebung selbst nicht ganz einfach zu verstehen sind. Aber versuchen wir es mal. Wir brauchen dafür nur einen »Oszillographen«, zu deutsch: Schwingungsschreiber.

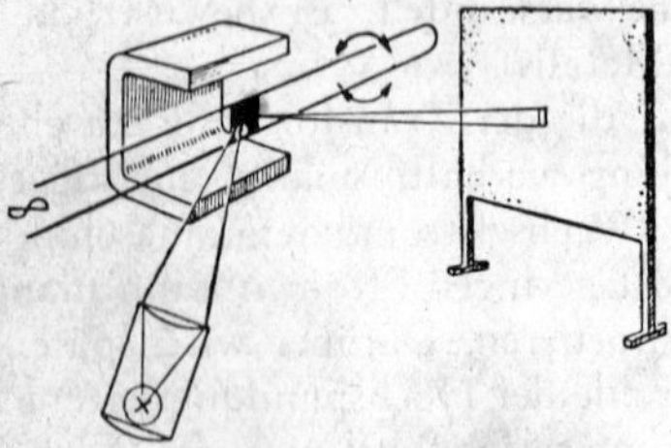

Bild 102. Oszillograph. Bei Anschluß an Wechselstrom wird der auf den Kippspiegel fallende Lichtstrahl im Rhythmus der Stromwechsel abgelenkt

Keine Angst vor diesem hochtrabenden Wort! Wenn wir zwischen den Schenkeln eines Hufeisenmagneten eine Drahtschleife aufspannen und zwischen den beiden Drahtsaiten ein kleines Spiegelchen festkleben, dann haben wir die Hauptsache. Bei der Besprechung des Drehspulinstruments haben wir diese Anordnung ja bereits kennengelernt. Und da sagten wir doch auch, daß ein durch die Drahtschleife geschickter Strom den Spiegel ein wenig kippen müsse. Würde man auf den Spiegel einen Lichtstrahl richten, dann müßte er durch das Kippen abgelenkt werden.

Was geschieht nun, wenn wir die Drahtschleife von Wechselstrom durchfließen lassen? Da wippt sie doch im Rhythmus der Stromfrequenz hin und her, schwingt wie zwei Geigensaiten, eine Saite hierhin, die andere gleichzeitig dorthin. Dabei kippt der Spiegel auf und ab im gleichen Takt. Nicht sehr viel allerdings. Aber immerhin so weit, daß der auf das Spiegelchen gerichtete Lichtstrahl eine deutliche Ablenkung erfährt, immer wechselnd auf und ab. Das zeigt sich drüben an der Wand als senkrecht stehender, leicht vibrierender Lichtstab.

Jetzt vervollständigen wir unseren Oszillographen durch einen Drehspiegel, wie ihn Bild 103 zeigt. Den vom Kippspiegel-

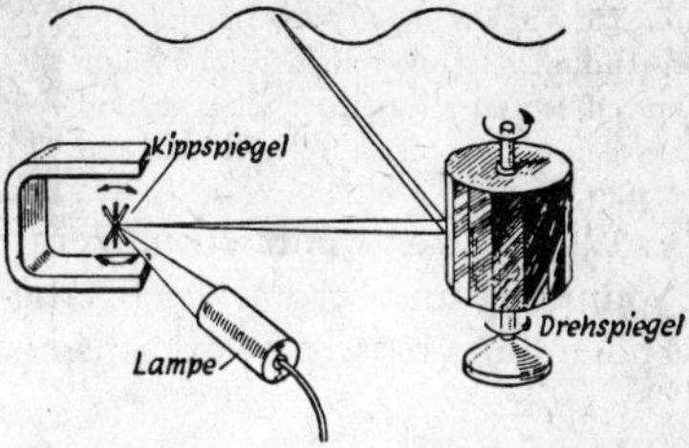

Bild 103. Der Drehspiegel macht die Stromkurve sichtbar

chen zurückgeworfenen Lichtstrahl lassen wir auf eine Spiegelfläche des Drehspiegels fallen. Den drehen wir wie ein Volksfestkarussell. Und je nach der Drehzahl sehen wir jetzt das Bild

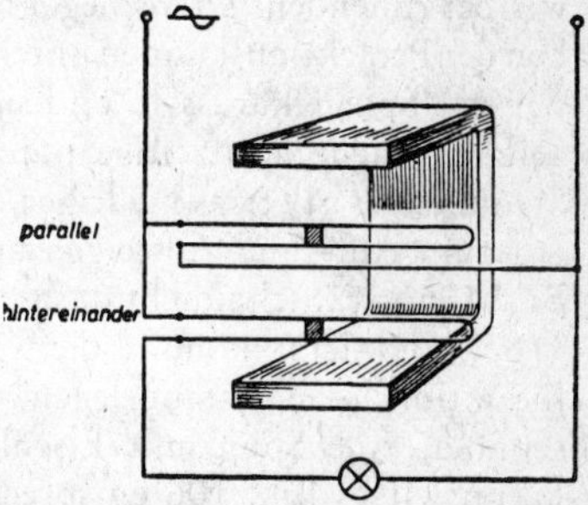

Bild 104. Oszillograph mit zwei Schwingsaitenpaaren. Mit dieser Anordnung können die Kurven von Strom und Spannung gleichzeitig hergestellt werden

einer langgezogenen Wechselstromkurve auf der Wand hinhuschen oder -schleichen oder stehen. In elegantem Schwung geht es auf und ab, wie wir es beim Entstehen des Wechselstroms gezeichnet haben. Wir haben die Wechsel des Stroms sichtbar gemacht.

Nun könnte ein kritischer Kopf kommen und den Einwand machen: Ja, das ist alles schön und gut, aber ist das nun ein Bild der Spannung oder des Stroms, das ihr da sichtbar gemacht habt?

Und auf diesen Einwand hätten wir insgeheim gewartet.

Das kommt ganz darauf an, würden wir dem Betreffenden sagen, wie wir die Drahtschleife in die Leitung gelegt haben. Bei Parallelschaltung zu einem Verbraucher bekommen wir eine Spannungskurve, bei Hintereinanderschaltung eine Kurve des auf- und absteigenden Stroms. Nehmen wir also etwa eine Lampe als Widerstand und legen die Schleife einmal parallel, dann hintereinandergeschaltet zu ihr, dann haben wir nacheinander beide Kurven. Die gleichen sich übrigens wie ein Ei dem andern, höchstens daß die eine etwas höher ausfällt als die andere, wie es ja unter Eiern gewöhnlich auch üblich ist.

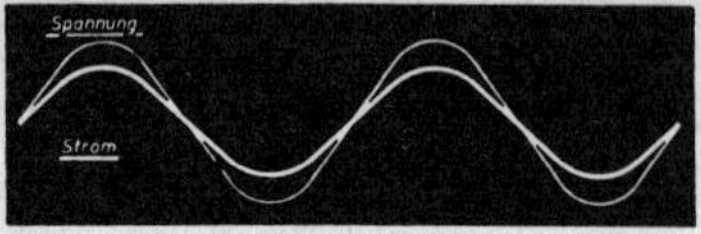

Bild 105. Spannungs- und Stromkurve bei induktionsfreier Belastung. Beide Kurven setzen zu gleicher Zeit an und erreichen gleichzeitig ihre höchsten und tiefsten Werte.

Wie wäre es, wenn wir nun eine Möglichkeit schaffen würden, Spannung und Strom gleichzeitig abzubilden? Das müßte doch zudem eine bessere Vergleichsmöglichkeit abgeben. – Das machen wir.

Dazu legen wir in den Raum zwischen den beiden Magnetschenkeln noch eine Drahtschleife mit Spiegel, auf den wir ebenfalls einen Lichtstrahl lenken. Die eine Schleife schalten wir als Spannungsmesser, die andere als Strommesser. Nun bringen wir bei ruhendem Drehspiegel beide Lichtstäbe durch Verschieben der Projektionslampen miteinander in Deckung, dann drehen wir das Spiegelkarussell, und siehe da, an der Projektionswand zeichnen sich gleichzeitig Spannungs- und Stromkurve ab. Die Stromkurve ist etwas niedriger, setzt aber in den gleichen Punkten zum Auf- und Absteigen an wie die Kurve der Spannung. Bild 105 veranschaulicht das.

So, und jetzt kommt der entscheidende Schritt. Statt der induktionslosen Lampe legen wir jetzt, in gleicher Weise geschaltet, eine Spule mit Eisenkern in den Stromkreis hinein. Wenn wir es Bild 106 entsprechend machen, dürfen wir sogar nur einen Schalter umlegen, dann haben wir einmal die Lampe und einmal die Spule unter Strom. Geben wir jetzt Licht auf die Kippspiegel und versetzen den Drehspiegel in Drehbewegung,

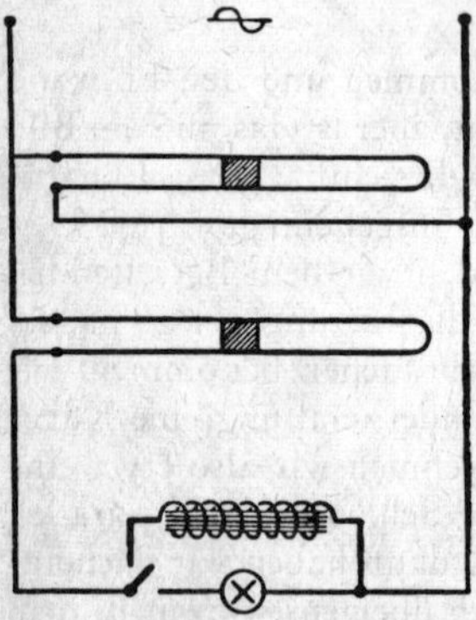

Bild 106. Schema einer Versuchseinrichtung zur wahlweisen Kurvendarstellung für induktiven und induktionsfreien Verbraucher

Bild 107. Phasenverschiebung. Der Strom setzt später ein als die Spannung

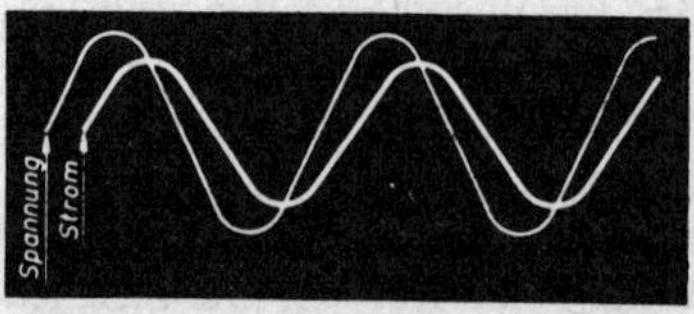

dann können wir draußen auf der Projektionswand beobachten, daß sich jeweils unter dem Einfluß der Induktionsspule die

Stromkurve nach rechts verschiebt. Das ist die bewußte Verschiebung. – Der Fachmann sagt: der Strom eilt der Spannung nach. Strom und Spannung erfahren eine *Phasenverschiebung* zueinander. (Siehe Bild 107.)

So ist es auch immer, wenn irgendein Arbeitsgerät bei Anschluß an Wechselstrom induktive Arbeit verrichten muß. Also beim Transformator, beim Motor, bei irgendwelchen Spulen, besonders wenn sie einen Eisenkern besitzen.

Je nach der Stärke der Magnetisierarbeit des Stroms ist diese Verschiebung größer oder kleiner. Und je nach Größe der Verschiebung kommt nur ein Teil der eingesetzten Energie der verlangten Arbeitsleistung zugute.

Betrachten wir auch das ein wenig. Sehen wir uns die beiden Kurvenpaare (Bild 105 und Bild 107) noch einmal an.

Beim Betrieb der Lampe setzen Spannung und Strom jeweils zu gleicher Zeit an und erreichen gleichzeitig ihren Höhepunkt. Zur Errechnung der bestmöglichen Leistung eines Wechsels können wir darum die höchste Spannung mit der größten Stromstärke multiplizieren. Beim Betrieb der Spule sind durch die zeitliche Verschiebung von Spannung und Strom zu keiner Zeit beide in voller Stärke wirksam. Bei voller Spannung herrscht nur ein Teil des Stroms, bei voller Stromstärke nur ein Teil der Spannung. Das bedeutet, daß wir nie die Leistung nutzbar machen können, die sich aus dem Produkt der gemessenen Spannung und der gemessenen Stromstärke ergibt, obwohl wir jede für sich in voller Stärke messen können.

Aber irgendwie muß sich doch wohl auch die tatsächliche Leistung des Wechselstroms bei induktiver Belastung errechnen lassen. Und das ist der Fall. Eine Möglichkeit dafür bietet der Grad der Verschiebung. Um das zu erläutern, müssen wir aber wieder einen kleinen Umweg machen. Hierbei spielt nämlich ein gewisser Winkel eine Rolle. Die Elektriker nennen ihn »Phi« und schreiben ihn φ. Das ist ein griechischer Buchstabe.

Wo steckt nun aber der Winkel?

Na, vorläufig liegt er schön ausgestreckt in unserem projizierten bzw. gezeichneten Kurvenbild drin und appelliert an unsere ganze Vorstellungskraft, damit wir ihn als Winkel erkennen lernen. Es ist nämlich die Strecke unserer Zeitlinie, die zwischen dem Einsatz der Spannungskurve und dem der Stromkurve liegt. Wenn wir uns an die Aufzeichnung unserer Kurve bei der ersten Herstellung von Wechselstrom (Bild 50) erinnern, dann fällt uns das Verständnis leichter.

Damals sagten wir doch: Was wir in der Kurve einer Periode des Wechselstroms aufgezeichnet haben, ist das elektrische Geschehen während einer Umdrehung des Ankers der Erzeugermaschine. Eine Umdrehung entspricht einem Kreis. Ein Kreis hat 360 Grad. Die Strecke von a nach c entspricht also einem Winkel von 360 Grad. Wenn nun der Strom nach $\frac{1}{12}$ dieser Strecke in d einsetzt, dann entspricht der Abstand von a nach d einem Winkel von 360 : 12, also 30 Grad. Das ist der bewußte Winkel.

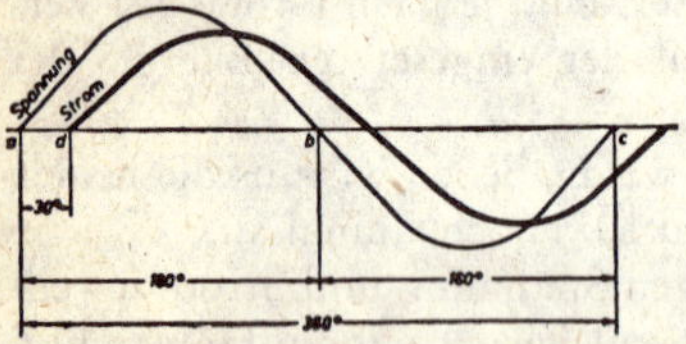

Bild 108. Spannungs- und Stromkurve bei Phasenverschiebung von 30°

Von der Größe dieses Winkels, im Bild also von der Länge der Strecke a–d hängt es ab, in welchem Maße die Stromstärke bei der tatsächlich nutzbaren Leistung mitwirkt. Ist dieser Winkel = 0 °, dann fallen Punkt a und d zusammen. So sind Spannung und Strom voll nutzbar. Ist der Winkel aber 90 °, dann kommt überhaupt keine Nutzleistung zustande, weil Spannung und Strom immer einander entgegengesetzt sind.

Das wird – wenigstens dem mathematisch geschulten Leser – klar aus den Kurvenbildern, die wir nun auch für die *Leistung* bei Wechselstrom zeichnen können. –

Bild 109 a zeigt Leistungskurven bei induktionsfreier Belastung. Hier ist Watt = Volt × Ampere. Wenn Volt und Ampere je negativ sind, dann ergibt sich für das Produkt bekanntlich auch ein positiver Wert.

In der Folge der einzelnen Wechsel ergibt sich damit eine Summe von Leistungen, die zusammen die sogenannte Effektivleistung ergeben.

Bild 109 b zeigt die Darstellung bei einer Phasenverschiebung von 90 °. Bei voller Spannung beträgt hier die Stromstärke immer 0 Ampere, bei vollem Strom ist die Spannung 0 Volt. Da irgendeine Zahl mit 0 multipliziert aber ebenfalls 0 gibt, ist die Leistung bei jedem Höchstausschlag einer der beiden Kurven 0 Watt. Andererseits wissen wir: Wenn wir einen positiven mit einem negativen Wert multiplizieren, ist das Produkt immer negativ. Das Produkt zweier positiver und zweier negativer Werte ist positiv. Laut Abbildung stehen sich in der Reihe der

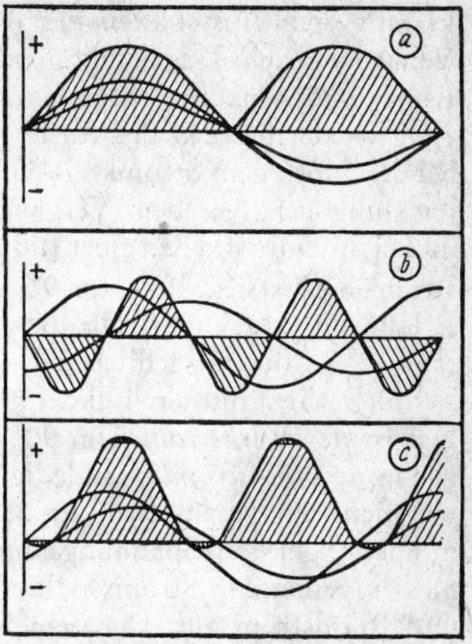

Bild 109. Leistungskurve bei Wechselstrom. a) Bei induktionsfreier Belastung ergeben sich immer positive Leistungswerte. b) Bei Phasenverschiebung von 90° wird die positive Leistung von der negativen völlig aufgehoben. c) Bei Phasenverschiebung von 30° tritt eine Verminderung der Leistung ein

einzelnen Wechsel also immer positive und negative Werte gleicher Größe gegenüber. Die Effektivleistung ergibt sich aus der Summe dieser Werte. Sie ist im angenommenen Falle = 0. Es kommt praktisch überhaupt keine Leistung zustande.

Bild 109c stellt die Zusammenwirkung von Spannung und Strom bei einer Verschiebung um 30° dar. Hier ergeben sich für die Leistung immer wieder kleine negative Produkte, die der größeren positiven Leistung entgegengesetzt sind, der nutzbaren Leistung also abgehen. Sie zeigen die Größe der Magnetisierverluste an.

Der Grund zu diesen in der Praxis recht unbeliebten und in der Theorie etwas schwierigen Erscheinungen liegt darin, daß jeder Wechselstrom bei induktiver Arbeit einen Gegenstrom in der durchflossenen Spulenwicklung erzeugt.

Über das Zustandekommen dieses Gegenstroms können wir uns wieder ein Kurvenpaar herstellen. Hier ist es in Bild 110.

Die dicke Linie zeigt die Abbildung des in eine Spule geschickten Stroms, dessen erster Höhepunkt über b liegt. Von b fällt der Strom dieser Kurve ab nach c. Der absinkende Strom

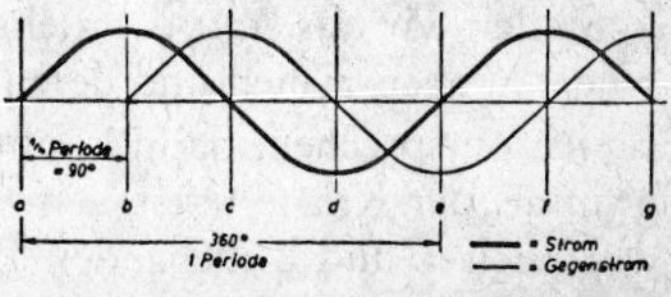

Bild 110. Phasenverschiebung von Strom und Gegenstrom

kommt dem Ausschalten des im letzten Kapitel angeführten Versuchs gleich. Das besagt aber eine Veränderung des Magnetismus im Eisenkern der Spule. Und diese magnetische Veränderung wieder bewirkt das Ansteigen einer Gegenspannung bzw. bei geschlossenem Stromkreis eines Gegenstroms in der Spulenwicklung usf. Aus dem Vergleich beider Kurven ersehen wir, daß beim Durchfließen einer Induktionsspule Strom und Gegenstrom eine Verschiebung von 90 ° erfahren.

Und nun tragen wir alle diese Feststellungen zusammen. Sie lauten: An der tatsächlichen Leistung, der sogenannten *Wirkleistung*, wirkt nur ein Teil der aufgewendeten Stromstärke mit. Das ist der *Wirkstrom*. Um 90° verschoben zu ihm ist der sogenannte *Blindstrom*. Er ist lediglich Magnetisierungsstrom, den wir nicht nutzbar machen können. Der in die Spule geschickte, mit der angelegten Spannung eingesetzte und durch einen Strommesser gemessene Strom spaltet sich sozusagen in Wirkstrom und Blindstrom auf. Der dem Stromnetz entnommene Strom muß daher größer sein als der Wirkstrom.

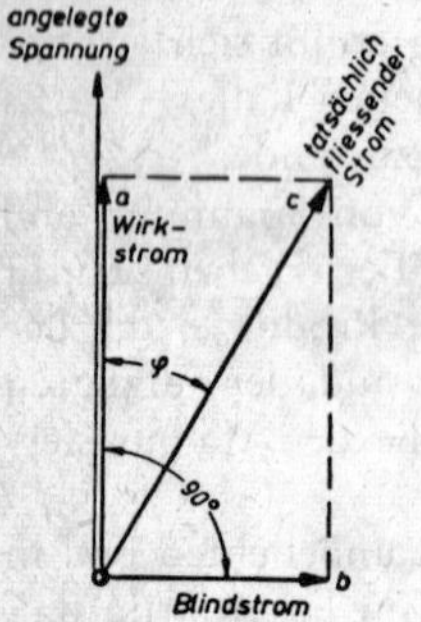

Bild 111. Spannung und Strom im Parallelogramm der Kräfte. Weil der fließende Strom nicht in der Richtung der angelegten Spannung »zieht«, ist der in der Spannungsrichtung wirksame Strom kleiner als der fließende

Wie groß er sein muß, das zeigen uns die Physiker im »Parallelogramm der Kräfte«, das wir in Bild 111 dargestellt haben.

Nach oben, zusammen mit der angelegten Spannung, zieht gewissermaßen der Wirkstrom. (Die Spannung wollen wir nun aber außer acht lassen.) Im rechten Winkel dazu zieht der Blindstrom. Zur Spannung bzw. zum Wirkstrom um den Winkel φ versetzt zieht der tatsächlich fließende Strom.

Stellen wir uns statt der ziehenden Ströme Pferde vor, die an einem Wagen ziehen und deren Kräfte der Länge der einzelnen Linien entsprechen, dann könnten wir mit Hilfe des Parallelogramms der Kräfte feststellen: Um den Kraftaufwand der beiden nach a und b ziehenden Pferde zu ersetzen, könnten wir ebensogut ein Pferd nach c ziehen lassen. Die Länge der Strecke vom Scheitel des Winkels bis c entspricht der Kraft, die dieses Pferd aufwenden müßte. Dieses Pferd, diese Kraft ist die tatsächlich fließende Stromstärke. Der Beitrag aber, den diese Stromstärke in der Richtung der Spannung leistet, entspricht dem Verhältnis des Wirkstroms zum fließenden Strom. Ist dieses Verhältnis etwa wie 9:10, dann kommen nur $^9/_{10}$ der aufgewendeten Ampere in der Wirkleistung zur Geltung.

Das Seitenverhältnis der beiden Strecken ist also für den Leistungsgrad maßgebend. Das drückt der Ingenieur aus, wenn er kurz und bündig auf dem Leistungsschild einer Wechselstrommaschine schreibt: Leistungsfaktor cosinus $\varphi = 0{,}9$. Der Begriff »cosinus«, abgekürzt »cos«, deutet an, daß es sich um das Verhältnis dieser beiden Schenkel dieses Winkels zueinander handelt. Mit der Größe des Winkels ändert sich auch die Größe seiner Schenkel, damit ihr Seitenverhältnis und schließlich der Leistungsfaktor. An Hand von Tabellen kann der Eingeweihte, wenn er die Gradzahl des Winkels kennt, immer auch das Seitenverhältnis, also den »cosinus«, ablesen.

Der Kenner und nun auch Sie selbst wissen, was damit gemeint ist. Er und Sie brauchen sich darüber aber nicht einmal groß Gedanken zu machen. Sie lesen den Spannungsmesser und den Strommesser ab. Dann multiplizieren Sie 220 Volt beispielsweise mit 10 Ampere. Das ergibt nun allerdings noch nicht die Watt. Statt Watt sagt man hier Voltampere, also 2200 Voltampere, und schreibt 2200 VA. Diese 2200 VA nennt man *Scheinleistung*. Die *wirkliche Leistung* bekommt man erst, wenn man 2200 mit dem Leistungsfaktor, im angenommenen Falle also 0,9, multipliziert. Das ergibt 1980 Watt. Und das sind nun wirkliche, wirklich arbeitende nutzbare Watt.

Damit sich der Praktiker aber nicht immer mit Rechnen abgeben muß, wenn er die Wirkleistung wissen will, hat ihm der Ingenieur einen »Leistungsmesser« in die Hand gegeben. Der stellt gewissermaßen eine Verbindung aus Spannungs- und Strommesser dar. Sein Aufbau entspricht teilweise dem eines Zählers und dem eines Drehspulinstruments. Abweichend von diesem letzteren besitzt der Leistungsmesser an Stelle des hufeisenförmigen Dauermagneten eine Spule.

Diese feststehende Spule wird wie ein Strommesser mit dem Verbraucher hintereinandergeschaltet und so vom Verbrauchsstrom durchflossen. Die im Hohlraum der Stromspule befindliche, drehbar angeordnete Spannungsspule wird zum Verbraucher parallelgeschaltet wie ein Spannungsmesser. Die elektromagnetischen Kräfte beider Spulen bewirken eine Schwenkung der Spannungsspule, auf deren Achse ein Zeiger sitzt. Auf einer zuvor geeichten Skala kann die Wirkleistung abgelesen werden.

Zur rechnerischen Feststellung und ergänzend zu unseren obigen Betrachtungen sei gesagt, daß die Größe des Leistungsfaktors je nach Größe des Verschiebungswinkels zwischen 0 und 1 schwankt. Wenn der Winkel gleich 0° ist, ist der Leistungsfaktor 1. Das ist zum Beispiel beim Betrieb von Glühlampen der Fall. Hier gilt also: Watt = Volt × Ampere.

Beim unbelasteten Transformator ist der cosinus φ im Idealfall = 0. Hier beträgt der Verschiebungswinkel 90°, weil der ganze aufgenommene Strom als Gegenstrom wirksam ist. Hier ist also Watt = Volt × Ampere × 0. Und das ergibt 0, nämlich keine Leistungsaufnahme.

In fast allen anderen Fällen der Praxis liegt der cosinus φ zwischen 0,8 und 0,9. Da schreiben wir also etwa: V × A × 0,8 = Watt.

Das ist eine Gebrauchsanleitung zum erweiterten Leistungsgesetz für den Wechselstrom.

Und wenn wir jetzt den zu Anfang dieses Kapitels begonnenen Satz zu Ende schreiben wollen, dann müssen wir ergänzen: Die Leistung des Wechselstroms bei induktiven Verbrauchern beträgt Volt × Ampere × Leistungsfaktor oder V × A × cos φ.

Kreisende Kräfte

Das kreisende Wasserrad treibt die Schwungscheibe der Maschine. Die Dampfmaschine setzt die stampfenden Kolbenstöße in fließendes Kreisen um. Die flinken Pleuel des Benzinmotors, die bedächtigeren des Diesels sammeln ihre Kraft im Schwung der kreisenden Scheibe. Die kreisenden Räder des Wagens führen ihn über Schienen und Straßen. Tausendfältig sind die Spielarten kreisender Kräfte und Dinge.

Wir wollen keine philosophischen Betrachtungen anstellen. Das wissen wir doch: Auch mit der Elektrizität können wir Drehbewegungen erzeugen. Das magnetische Kraftfeld, das ruhende Feld des Motors jagt die Windungen des Ankers um seine Achse, 1000-, 2000-, 3000mal in einer Minute. Das ruhende Kraftfeld zwischen den feststehenden Polen eines Magneten...

Wenn wir nun gar den Magneten selbst kreisen ließen? – Wenn wir einen Magneten über einem andern oder um einen andern herum kreisen lassen würden? – Einen Hufeisenmagneten etwa, in der Mitte aufgehängt über einer Magnetnadel, kreisförmig drehten? Da müßte doch die Magnetnadel mitkreisen, müßte sich drehen, so oft der darüber gestülpte Magnet sich dreht. Das sich drehende magnetische Feld, das magnetische Drehfeld, müßte im Wirbeln seiner Kräfte die Magnetnadel mitreißen, wie sich das Blatt im Wirbelwind dreht oder wie ein ins Wasser geworfener Körper vom wirbelnden Strudel der kreisenden Wasserkräfte mitgenommen wird. Das magnetische Drehfeld…

Bild 112. Magnetisches Drehfeld durch Hufeisenmagnet

Machen wir uns doch eins im Modell, in der Vorstellung. Hängen wir einen U-förmigen Magneten so auf, daß die Schenkel des Hufeisens senkrecht nach unten weisen. Stellen wir in einigem Abstand von den Schenkelenden eine Magnetnadel unter das Hufeisen. Drehen wir nun den Hufeisenmagnet, dann dreht sich die Magnetnadel mit. Sie geht mit dem sich drehenden magnetischen Feld. Ganz genau.

Aber das ist eigentlich doch selbstverständlich. Das beruht auf dem uns allen in Fleisch und Blut übergegangenen Gesetz von der gegenseitigen Anziehung bzw. Abstoßung zweier Magneten. Nur daß es hier nicht zu einem ausgesprochenen Stoß kommt. Der das Drehfeld bestimmende größere Magnet kreist ja in glattem Fluß.

Was wir uns so mit dem Hufeisenmagneten und der Magnetnadel gebaut haben, das wäre nun eigentlich schon wieder ein Motor. Wäre, wohlverstanden! Wir müßten nur durch einen anderen – etwa einen Benzinmotor – dem Hufeisenmagneten erst selbst eine Drehung mitteilen. Das wäre aber Unsinn, Vergeudung. Da könnte man besser den Benzinmotor selbst zum Antrieb des Arbeitsgeräts, etwa der Drehbank, benützen. Anders wäre es, wenn es uns gelänge, entsprechend früheren Überlegungen mit Hilfe des elektrischen Stroms in feststehenden, kreisförmig angeordneten Eisenkernen die durch den Strom erzeugten magnetischen Kräfte umlaufen zu lassen. Die könnten dann ihrerseits einen in der Mitte des Kreises befindlichen beweglichen Magneten mitnehmen. Das verspräche Aussicht auf Erfolg.

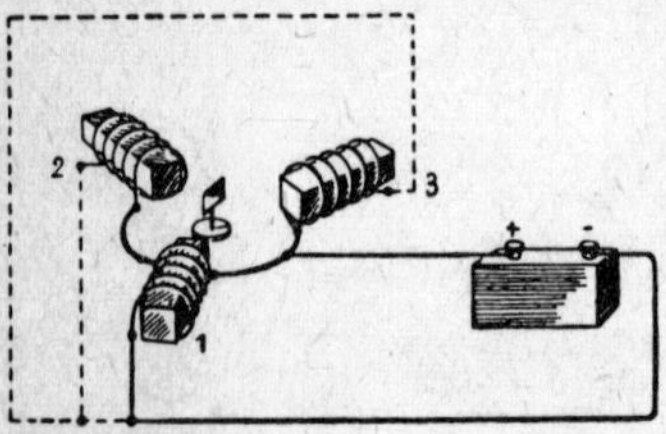

Bild 113. Drehfeldversuch mit drei Magnetspulen, die reihum unter Strom gesetzt werden

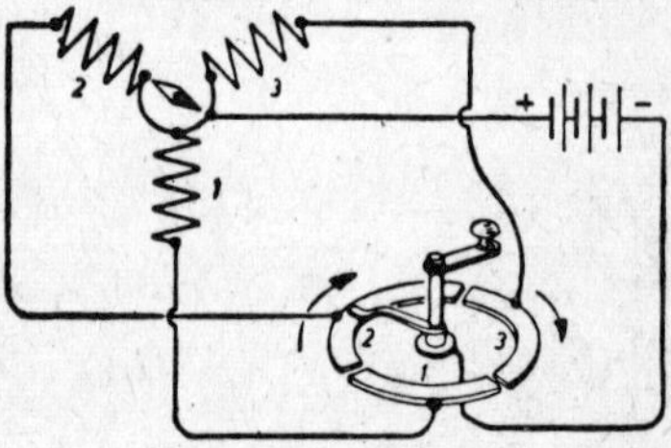

Bild 114. So geht's besser

Probieren wir einmal. Nehmen wir ein paar Eisenkerne und stellen sie kreisförmig um einen markierten Mittelpunkt herum auf. Wieviel Eisenkerne brauchen wir da? – Möglichst wenig doch, damit die Geschichte nicht so teuer kommt.

Geht es mit zweien? Eigentlich ja. Aber durch zwei Punkte lassen sich unendlich viele Kreise ziehen. Erst durch drei Punkte ist ein Kreis eindeutig und klar bestimmt. Legen wir also in gleichem Abstand drei Punkte fest, auf die wir unsere drei Eisenkerne stellen. Jeder Eisenkern erhält eine Spule. In die Mitte des Kreises kommt unsere Magnetnadel.

Jetzt anschließen! Die positive Leitung der Batterie klemmen wir jeweils an die inneren Enden der Spulenwicklungen. Wir können sie dafür zusammenfassen. Die negative Leitung nehmen wir in die Hand und tippen jetzt mit dem blanken Kupferende abwechselnd an das äußere Ende der 1., der 2. und dann der 3. Spule. Sie sollten sehen, wie da die Magnetnadel mitgeht. Immer stellt sie sich mit einem Pol auf den für kurze Zeit zum Magnet gewordenen Eisenkern ein. Ein Schüttern geht durch den schlanken Nadelkörper. Er hat sichtlich Freude am Drehen. Es geht ihm gar nicht rasch genug.

Den Wunsch nach rascherer Drehung können wir erfüllen, wenn wir die in Bild 114 angedeutete Anordnung treffen. Durch Drehen der Kurbel schicken wir den Batteriestrom nacheinander durch die drei Spulen. Je rascher wir drehen, desto rascher dreht sich die Nadel. Sie ist zum Anker eines kleinen Motors geworden. – Die Eisenkerne in den Spulen haben wir bei diesem und den folgenden Bildern weggelassen und die Spulen schematisch gezeichnet.

Würden wir gar auf die Achse unseres Umschalters statt der Kurbel ein kleines Motörchen setzen, das wir ebenfalls durch die Batterie speisen, dann ginge alles ganz elektrisch, wenn es auch durch den Bedarf eines besonderen Schaltmotors wieder reichlich umständlich wäre.

Es gibt einen einfacheren Weg, einen verblüffend einfachen sogar. Wir dürfen uns nur an die Erfahrungen mit den früher gebauten Motoren erinnern. Ein Motor ist eine umgekehrte Dynamomaschine, sagten wir da. Wenn wir jetzt die ganze Geschichte von dieser Seite aus anfassen würden? Wenn wir mit der gleichen Anordnung erst einmal Strom herstellen würden?

Also drei Spulen mit Eisenkernen her. Statt der schwachen Nadel nehmen wir einen kräftigen Stabmagneten, der sich durch geeignete Lagerung drehen läßt. Den stellen wir in die Mitte der Eisenkerne. Drehen wir ihn, dann wird infolge der Bewegung in den Windungen jeder Spule eine Wechselspannung hervorgerufen. Hübsch der Reihe nach wieder in Spule 1, 2, 3.

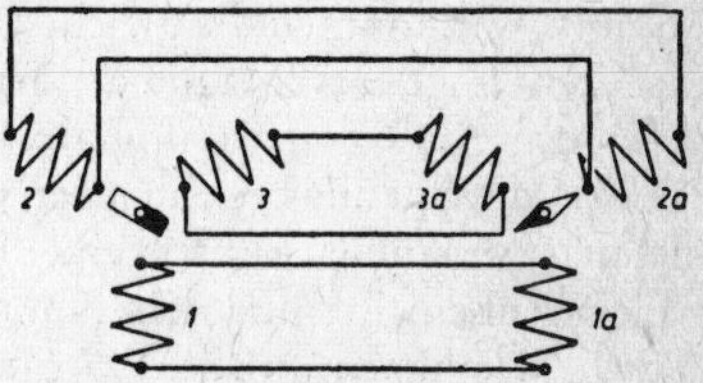

Bild 115. Drehfeldversuch. Links: Drehstromerzeugung mittels drehbaren Stabmagnets. Rechts: Die Magnetnadel wird vom Drehfeld mitgenommen

Ja, und jetzt dürfen wir doch bloß tun, was in Bild 115 aufgezeichnet ist. In der rechten Hälfte der Zeichnung sind wieder drei Spulen angedeutet. Die Eisenkerne denken wir uns. Verbinden wir die Spule 1 der Dynamomaschine mit der Spule 1 a, die Spule 2 mit 2 a und 3 mit 3 a, dann werden die durch die Drehung des Stabmagneten hervorgerufenen Stromimpulse reihum die Eisenkerne der Spulen 1 a, 2 a und 3 a magnetisieren. Die Magnetnadel sei wieder unser Anker. Er dreht sich in der Richtung der Stromimpulse genauso rasch wie der Magnet der Dynamomaschine. – Das ist Drehstrom.

Führt man gar – in Erinnerung an die Batterieschaltung bei Gleichstrom – die inneren Enden der Spulen in einer Naht zusammen, dann haben wir auch hier einen Nulleiter. Die linke Hälfte von Bild 116 zeigt es uns.

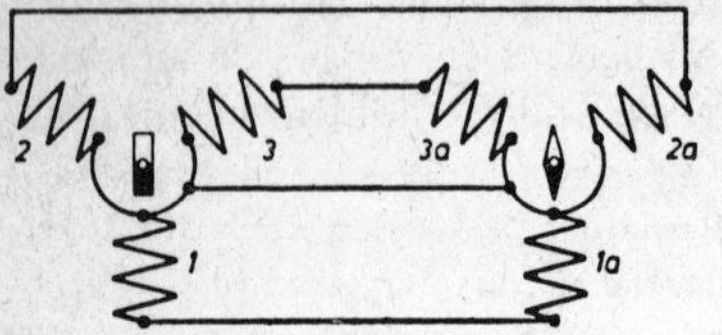

Bild 116. Drehfeldversuch mit vier Leitungen. Die inneren Spulenden sind im Nulleiter zusammengefaßt

Der Magnet steht mit seinem schwarzen Ende, dem Nordpol genau vor der Spule 1. Denken wir uns diese Stellung als einen Zustand, der aus dem Vorgang des ständigen Drehens herausgegriffen ist. Der Nordpol des Magneten läßt nun seine volle Magnetkraft auf Eisenkern und Spule 1 wirken. Das soll einen vollen Stromstoß mit positivem Wert in der Spule geben. – Der Südpol des Magneten bewegt sich gleichzeitig genau in der Mitte zwischen den Spulen 2 und 3. Bei gleicher Drehung ergibt das einen negativelektrischen Stromimpuls, der aber ebenfalls auf die 2. und 3. Spule verteilt ist. Sie kriegen je die Hälfte.

Nun haben wir also gleichzeitig in der Spule 1 einen positiven, in Spule 2 und 3 einen je halb so starken negativen Stromstoß. Diese Ströme heben sich auf. Der Mittelleiter ist stromlos. Und das ist er zu jeder Zeit, welche Stellung der Magnet auch einnimmt. Wir könnten die gleiche Überlegung bei jeder beliebigen anderen Lage des Magneten machen – gleiche Belastung zu allen drei Außenleitern hin natürlich vorausgesetzt.

Was die Spannungen unserer vier Leitungen zueinander anbelangt, so können wir folgende Feststellung machen. Zwischen jedem Außenleiter und dem Nulleiter herrscht die gleiche Spannung. Wir haben in Bild 117 die in der Praxis gebräuchlichste Spannung von 220 Volt angenommen. Diese Spannung nennt man die »Phasenspannung« oder die »Spulenspannung«. Sie wird gewissermaßen zwischen jedem Außenleiter und Null für jede Spule selbständig gemessen.

Legen wir einen Spannungsmesser zwischen zwei Außenleiter, dann mißt er die »verkettete Spannung«. Wie groß ist nun die? Doppelt so groß als die Phasenspannung? Nein! Betrachten Sie, bitte, noch einmal den linken Teil von Bild 116. Das Meßgerät soll zwischen den Außenleitern der 1. und 3. Spule liegen. Bei der eingezeichneten Stellung des Magneten kriegt Spule 1 zweifellos volle Spannung. Spule 3 nicht. Sie bekommt zu dieser Zeit nur einen Teil. Also kann auch die Spannung zwischen zwei Außenleitern nicht die doppelte Phasenspannung ausmachen. Die verkettete Spannung beträgt genau das 1,73fache der Phasenspannung. Also 220 × 1,73 = 380 Volt. Daher rührt also die Zahl 380, die Sie sicher vom Hörensagen her kennen.

In alten Anlagen findet man gelegentlich noch 127 Volt Phasenspannung. Die Außenleiterspannung ist in diesem Falle ebenfalls das 1,73fache, nämlich 220 Volt. Das nebenbei der Orientierung halber.

So haben wir jetzt mit vier Leitungen die Möglichkeit, zweierlei Spannungen abzunehmen. Wenn wir den Nulleiter erden, kriegen wir für unser erstes Beispiel bei Berührung immer nur die »niedrigen« 220 Volt zu spüren. Mit diesen 220 Volt können wir Lampen und andere Kleinverbraucher betreiben. Für große Verbraucher wie Motoren haben wir 380 Volt zur Verfügung, die bei dieser höheren Spannung eines kleineren Stromes bedürfen. Darüber später noch einige Worte.

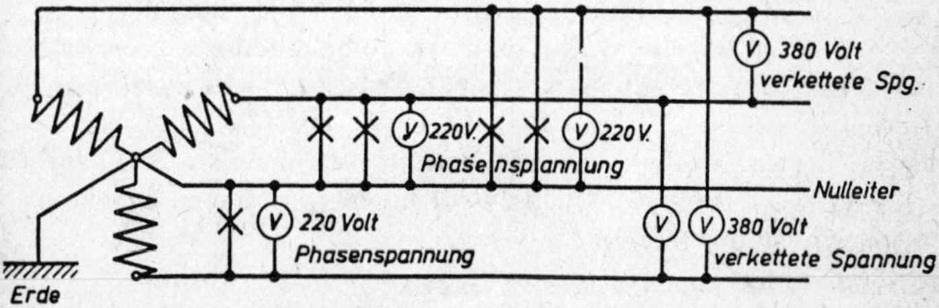

Bild 117. Drehstrom-Sternschaltung mit geerdetem Nulleiter. Kleinverbraucher können an die Spulen- oder Phasenspannung, Großverbraucher an die verkettete Spannung angeschlossen werden

Bild 117 zeigt, welche Anschlußmöglichkeiten bei der besprochenen Schaltungsweise bestehen. Bei den sinnbildlichen Darstellungen haben wir den Drehmagneten der Maschine bewußt weggelassen. Der Umstand, daß die Spulenwicklungen wie ein dreizackiger Stern in der Mitte zusammengeführt sind, gibt dieser Schaltungsart den Namen: *Sternschaltung*.

Wo man auf das Vorhandensein eines Nulleiters verzichten kann, ist statt der Sternschaltung zwischen den Spulenwicklungen der Maschine eine sogenannte *Dreieckschaltung* möglich. Das ergibt ein Schaltbild, wie es Bild 118 veranschaulicht. Die Spulenanfänge sind mit den Enden der jeweils nächsten Spule

Bild 118. Dreieckschaltung. Auch auf diese Weise lassen sich die Spulenwicklungen zusammenschalten

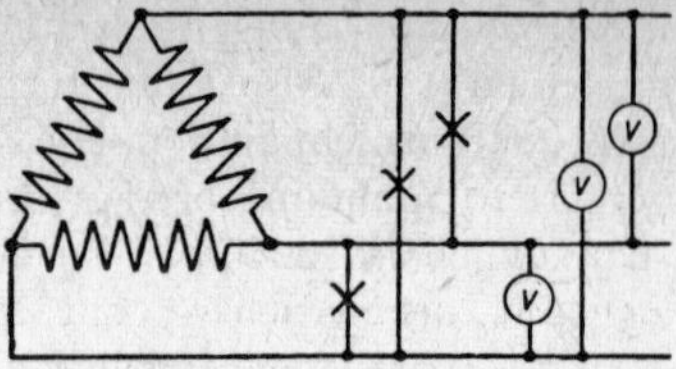

Bild 119. Dreieckschaltung, vereinfachte Darstellung. Alle angeschlossenen Geräte erhalten die Spulenspannung

verbunden. An den Verbindungsdrähten lassen sich Leitungen anklemmen. Das ergibt drei Leitungen, von denen jede gewissermaßen nach zwei Seiten hin wirksam ist.

Gewöhnlich wird auch hier bei der sinnbildlichen Darstellung der Magnet weggelassen und den Spulen eine Drehung gegeben, die sie in Gestalt eines Dreiecks, wie auf Bild 119, zusammenrückt. Die Spannungen zwischen je zwei dieser drei Leitungen sind unter sich gleich groß. Es sind immer die Phasenspannungen. Für gewöhnlich genügt es auch, diese drei Leitungen über Land zu verlegen. Sie haben das Nötigste in sich. Schalten wir sie – etwa im Transformatorenhäuschen einer Ortschaft – so zusammen, wie Bild 120 zeigt, dann haben wir aus der Dreieckschaltung eine Sternschaltung und aus den angenommenen 380 Volt 220 Volt gemacht. Zwischen zwei Außenleitern haben wir dann immer noch die 380 Volt.

Den Punkt, in dem die drei Spulen des Transformators zusammenlaufen, nennen wir Sternpunkt. Er wird mit »Erde« verbunden. Legen wir an ihm eine vierte Leitung an, dann haben wir aus dem ursprünglichen Dreileiter- wieder ein Vierleitersystem, wie wir es zuerst besprochen haben.

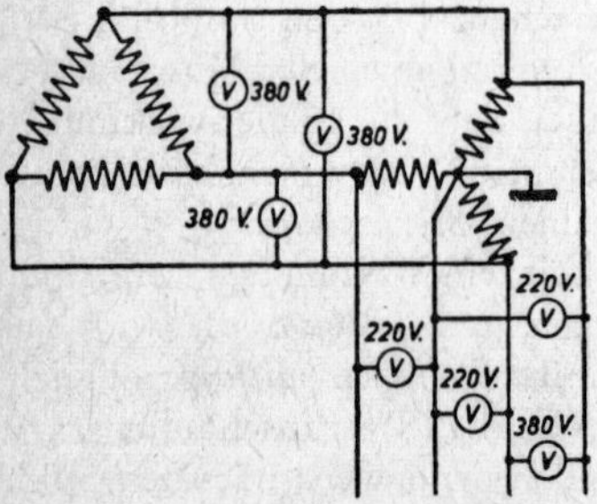

Bild 120. So wird aus der Dreieckschaltung eine Sternschaltung hergestellt

Diese ganze Geschichte geht, erinnern wir uns noch einmal, von den drei Spulen aus, die wir kreisförmig, mit den Stirnseiten gegen die Mitte des Kreises gerichtet, angeordnet haben und zwischen denen wir einen Magnet drehten. Nacheinander wurde in den drei Spulenwicklungen eine Spannung induziert, die natürlich eine Wechselspannung war. Für jede Spule ergibt sich ein Kurvenbild, wie wir es von unseren Überlegungen beim einfachen, wie man sagt »unverketteten« Wechselstrom her kennen. Sie führt gewöhnlichen Wechselstrom mit 50 Perioden. Für alle drei Spulen ergibt sich ein Bild entsprechend Bild 121. Nach je ⅓ Umdrehung des Magneten, also nach 120° setzt die neue Kurve an. Man sagt: Bei dreiphasigem Wechselstrom sind die Phasen um ⅓ Periode oder um 120° verschoben.

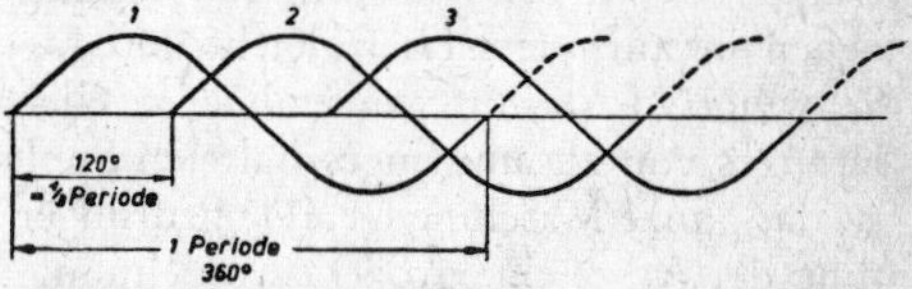

Bild 121. Drehstromkurven. Die einzelnen Phasen sind je um 120° zueinander verschoben

Das ergibt für die gemeinsame Leistung aller drei, etwa im Motor, auch wieder besondere Verhältnisse. Man kann ja zu keinem Zeitpunkt die volle Wirksamkeit aller drei Spannungen feststellen. Die Leistung bei Drehstrom beträgt vielmehr: einfach gemessene Voltzahl mal einfach gemessener Amperezahl mal 1,73. Beispielsweise also 380 × 20 × 1,73 = 13148 Voltampere. Dazu kommt für den Motor als induktivem Stromverbraucher allerdings noch der bewußte cos φ mit einem Leistungsfaktor von beispielsweise 0,8. Das vermindert die Leistung ein wenig. Sie beträgt tatsächlich 13148 × 0,8 = ca. 10500 Watt.

Hätten wir diese gleiche Leistung bei Gleichstrom mit ebenfalls 380 Volt vollbringen wollen, dann hätten wir trotz gleicher Spannung erheblich mehr Ampere durch das Leitungsnetz schikken müssen, nämlich 10500 : 380 = 27,6 Ampere. Das hätte einer erheblich stärkeren Belastung des Gleichstromnetzes bedurft, als es für das Drehstromnetz notwendig war. Mit den bei Gleichstrom zumeist üblichen 220 Volt für »Kraftverbrauch« aber hätte das Resultat noch schlechter ausgesehen. 47,7 Ampere hätten wir aufwenden müssen. – Was hätten die Kaufleute da zu den dicken Leitungen gesagt?

Ich meine, das alles müßte uns dem Drehstrom gegenüber recht dankbar stimmen. Er hat es wirklich verdient.

Halten wir, bevor wir weitergehen, das eine noch fest: In der

Praxis begnügt man sich für den Drehmagneten der Drehstromerzeugermaschine nicht mit dem schwachen Magnetismus eines Stahlmagneten. Der Magnet wird vielmehr auf elektrischem Wege mit Gleichstrom aus einer besonderen Dynamomaschine, der sogenannten Erregermaschine, erzeugt. Sie sitzt meist auf der Achse des »Magnetrads« und ist durch Schleifringe leitend mit ihm verbunden. Die Wirkungsweise aber ist dieselbe.

Und noch eins: statt Dynamo sagt man unter Fachleuten gern »Generator«. Wenn also irgendwo einmal von einem Drehstromgenerator die Rede ist, ist immer das oben Beschriebene oder eine entsprechende Spielart davon gemeint.

Drehstromgeneratoren sind es gewöhnlich, die am Rande des Gebirges in großen Wasserkraftwerken stehen. Anderswo ist der Dampf die treibende Kraft. Vielgestaltig sind die Formen, in denen sie auftreten. Hier gleicht ihr Magnetrad einem riesigen Schwungrad, das in gemächlichem Gleichlauf inmitten eines Kranzes von zusammengeschalteten Spulen bewegt wird. Dort ist das ganze Maschinengebilde gedrungen und hat in der Richtung der Achse eine größere Ausdehnung. Einmal liegt der Generator am Boden, wie wir es zum Beispiel von den meisten Motoren her kennen. Ein andermal ist seine Achse senkrechtstehend angeordnet.

Ferner gibt es Langsam- und Schnelläufer. Den Schnelläufer haben wir in Vorstehendem eingehend besprochen. Er ist besonders geeignet für Turbinenantrieb. Meist haben dann Turbine und Magnetrad des Generators eine gemeinsame Achse, deren Drehzahl der Periodenzahl des erzeugten Stromes, also 50 je Sekunde, entspricht.

Die Dampfmaschine oder das Wasserrad kämen so rasch nicht vom Fleck. Sie machen es gemütlicher. Darum muß auch der durch sie getriebene Generator für langsamen Lauf eingerichtet sein. Man ermöglicht das dadurch, daß man die drei für die Abgabe eines dreiphasigen Drehstroms notwendigen Spulen als versetzt angeordnete Spulengruppen mit mehreren Polpaaren unterteilt. Das gibt bei langsamerer Drehung des Magnetrades dieselbe Wirkung. Wie die Turbine immer mehr die gute alte Dampfmaschine verdrängt, so geht man auch bei der Drehstromerzeugung immer mehr zum wirtschaftlicheren Schnelläufer über. Wir wollen uns daher schon aus diesem Grunde eine eingehende Betrachtung des langsam laufenden Generators schenken.

Sie alle, wie sehr sie auch verschieden voneinander sein mögen, sind nur geschaffen, um in den drei Drähten Elektronen zu bewegen, hin und her im Gleichmaß des Wechselstroms, 50mal her, 50mal hin in der Sekunde, mit eiserner Genauigkeit. Ihr Sinn ist immer derselbe, dem Menschen zu helfen, wo immer elektrische Kraft eingesetzt werden kann. Ihr besonderer Wert aber ist im Drehfeld begründet. Seine Wirkung wollen wir im nächsten Kapitel noch näher kennenlernen.

Drehstrommotoren

Springen wir gleich mit beiden Füßen in die Behandlung unseres Themas hinein:

Drei spulenumwickelte Eisenkerne, ein drehbarer Magnet in der Mitte. Drehstrom in die Spulen mit 50 Perioden, wie ihn das Drehstromnetz liefert. Das Drehfeld läuft um mit dem Schließen der drei Stromkreise. 3000mal in jeder Minute. Der drehbare Magnet – also der Magnetanker – steht still. –

Jawohl! Zitternd und schlotternd liegt unser Ankermagnet in den Lagern, als ob ihn ein Schüttelfrost oder das Gliederreißen befallen hätte. Er kommt nicht mit.

Ja! Aber zu Anfang des letzten Kapitels sagten Sie doch...

Ganz richtig! Nur dürfen wir nicht vergessen: Unser Drehstrom war da noch eine äußerst gemütliche Angelegenheit. So grade recht, um den faul daliegenden Anker ein wenig hochzukitzeln und ihm das gemütliche Mitkommen zu ermöglichen. Ohne Beschwerden sogar. Ohne Gliederreißen. Schön exakt im zunehmenden Trott des Drehfelds.

Jetzt aber hetzen die Stromimpulse. Wie drei losgelassene Teufel jagen sie hintereinander her, umtanzen die arme Ankerseele, die nicht einmal selbst springen kann.

Die Perioden des Drehfelds verlangsamen? Das geht nicht. Alle anderen Drehstrommotoren, die bereits in Gang sind, würden ebenfalls langsamer laufen. Also müssen wir uns hinter den Anker machen. »Läufer« sagt man übrigens bei Drehstrommotoren. Und zum feststehenden Teil sagt man »Ständer«.

Lassen wir also dem Ständer sein rasendes Drehfeld und setzen den polarisierten Anker in Schwung. Ein kleiner Motor kann das, den wir dann abschalten, wenn der Läufer Tritt gefaßt hat. Hat er das, wird er also entsprechend dem Drehfeld auf 3000 Umdrehungen pro Minute gebracht, dann behält er diese

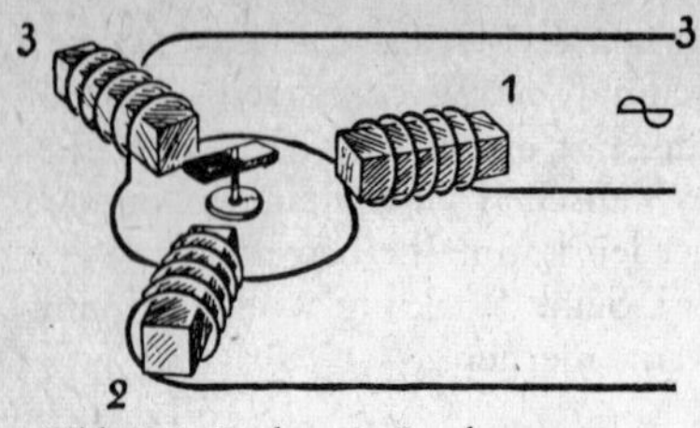

Bild 122. Drehstrom-Synchronmotor (Versuchsdarstellung)

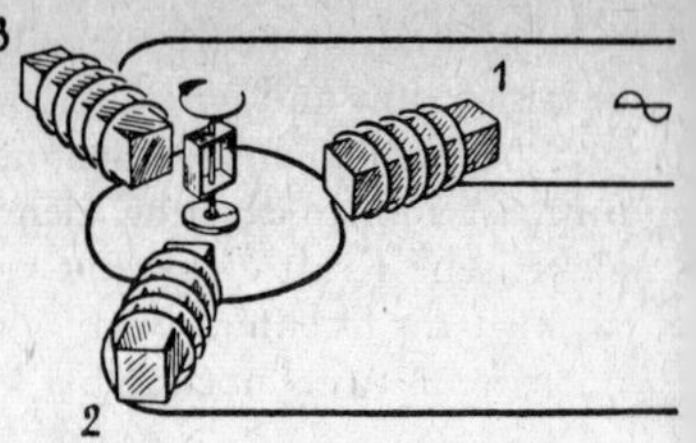

Bild 123. Drehstrom-Asynchronmotor in einfachster Versuchsanordnung

Drehzahl mit größtem Pflichtbewußtsein bei. Er läuft ständig gleich – der Mann vom Fach sagt »synchron« – mit den Perioden des Stroms. Darum heißt er *Synchronmotor.*

Nach alledem ist so ein Synchronmotor ein anspruchsvolles Gebilde. Er braucht fremde Hilfe, bis er »auf Touren« ist. – Wenn man ihn, etwa durch eine plötzlich einsetzende Hemmung seitens der zu treibenden Maschine, abbremst, bleibt er hilflos stehen. Zum ständigen Magnetisieren des Läufers, der in der Praxis kein Dauermagnet ist, sondern durch Gleichstrom erzeugt wird, muß man ihm außerdem mittels Schleifringen Gleichstrom in die Läuferwicklung zuführen. Das macht ihn trotz seines Gleichlaufs mit den Perioden des Drehstroms doch nur beschränkt verwendungsfähig.

Ganz anders ist das mit dem sogenannten *Asynchronmotor.* Der ist ein Muster von Einfachheit. Um ein Modell von ihm zu bauen, brauchen wir wieder unsere drei Feldspulen mit Eisenkernen. In ihre Mitte stellen wir wieder einen senkrecht stehenden Stift, über dem ein geschlossener, rechtwinklig zurechtgebogener Aluminiumring hängt, wie ihn das Bild zeigt. Aluminium nehmen wir nur, weil es leicht ist.

Schließen wir die Stromkreise unserer Spulen, dann fängt der Ring an sich zu drehen, immer rascher, bis er fast so schnell läuft wie die Perioden des Stroms in den Spulen. Ein einfacher Ring dreht sich! Warum? – Denken Sie an die Wirkungsweise des Transformators. Das umlaufende Drehfeld schneidet den Ring als Leiter. Er wirkt wie eine kurzgeschlossene Spule. In der Spule wird Strom induziert. Der erzeugt ein magnetisches Kraftfeld, das mit dem Drehfeld in Beziehung tritt. Das Drehfeld selbst setzt sich zusammen aus den nacheinander auftretenden Kraftfeldern in Spule 1, 2, 3. Jedes einzelne induziert, magnetisiert, stößt ab. Damit gibt es den Ring an die nächste

Spule weiter. Was tut es, wenn der Ring zu Anfang nicht mitkommt! Unter 50 Perioden dürfen wohl auch einige ausfallen. Um so kräftiger ist das Schneiden zwischen dem Ring als Leiter und dem umlaufenden Drehfeld. Um so größer ist daher der im Ring induzierte Strom. Um so stärker sein magnetisches Feld. Um so rascher die Drehung!

Ganz so rasch wie die Perioden kann der Ring sich nicht drehen. Er darf es auch nicht. Denn dann würden ihn die Kraftlinien des Drehfeldes nicht mehr schneiden, und die ganze Herrlichkeit wäre dahin. Aber es sorgen schon Lagerreibung, Luftwiderstand und das Zusammenwirkenmüssen von Drehfeld und Ankerfeld dafür, daß dieser Fall nicht eintritt.

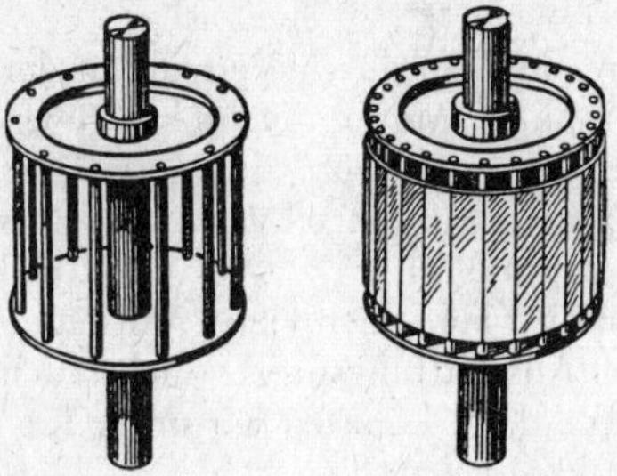

Bild 124. Käfiganker.
Links: Versuchsmodell.
Rechts: Technische Ausführung

Gibt man dem Anker statt dem einen eine größere Anzahl »Ringe«, die man aus Kupferstäben käfigartig zusammenfügt, dann sind mehr einzelne Stöße an der Gesamtdrehung des Ankers beteiligt. Er läuft glatter und kann eine größere Arbeit leisten. Den Käfig setzen wir auf eine Achse. Zur Verstärkung der Induktionswirkung versehen wir ihn mit einem Kern aus zusammengepackten Eisenblechen. Wir haben einen der handelsüblichen Läufer eines *Käfiganker- oder Kurzschlußankermotors* ohne Schleifring, ohne Kollektor, ohne Schleifbürsten, ohne Anlasser, nur Ständer und Läufer. Und sein Zuname Asynchronmotor bedeutet nicht einmal, daß er etwa unregelmäßig läuft. Seine Drehzahl entspricht nur nicht genau der Periodenzahl des Stroms. Statt 3000 macht der Asynchronmotor gewöhnlich etwa 2900 Umdrehungen in der Minute. Das tut er aber schön gleichmäßig. Die geringere Drehzahl kann man zudem, wo es nötig ist, durch Aufsetzen einer anderen Riemenscheibe ausgleichen. – Sein Schaltbild vermittelt die Skizze Bild 125. Den Kurzschlußläufer haben wir bewußt weggelassen.

Drehstrommotoren kann man selbstverständlich auch als

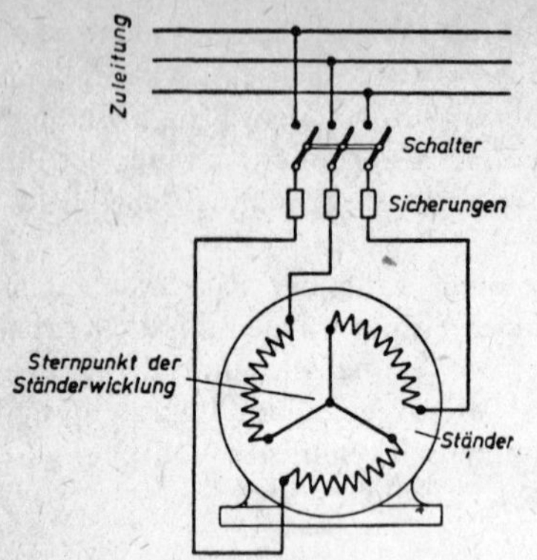

Bild 125. Schema des Kurzschlußankermotors für Drehstrom. Der Anker selbst ist weggelassen

Langsamläufer bauen. Das erreicht man durch Vermehren der Polzahl im Ständer. Ein zweipoliger Motor macht, wie oben beschrieben, ca. 2900 Umdrehungen pro Minute. Ein vierpoliger macht die Hälfte, ein achtpoliger nur ein Viertel von 2900, also etwa 720 Umdrehungen in der Minute.

Wenn der Kurzschlußankermotor bei seinen vielen Vorzügen – vor allem auch dem niedrigen Anschaffungspreis – nicht auch gelegentlich einen Nachteil hätte, dann könnten wir unser Kapitel Drehstrommotoren jetzt abschließen. Sein Fehler ist, daß er beim Anlauf etwa 5- bis 6mal soviel Strom aufnimmt, als er zum Dauerbetrieb braucht. Bei kleinen Motoren nimmt man das in Kauf. Braucht man aber etwa zum Antrieb großer Maschinen Drehstrommotoren mit mehr als 2000 Watt, dann genügt der einfache Käfigmotor nicht, dann müssen wir unserem Motor einen Anlasser geben. Dazu bedarf es eines Schleifringankers. Das ergibt dann einen *Schleifringankermotor.*

Die Skizze 126 zeigt eine schematische Darstellung des Motor-

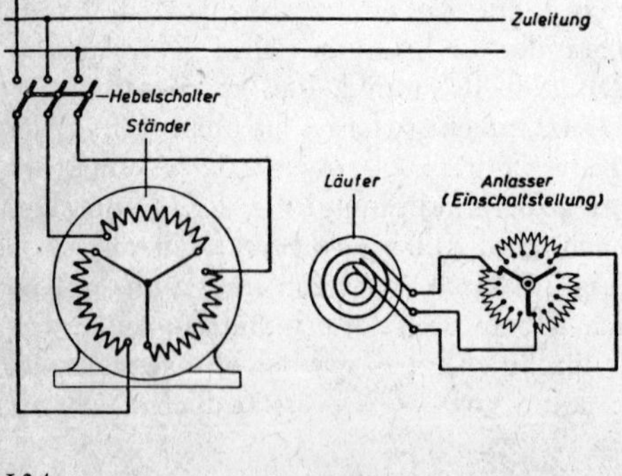

Bild 126. Schleifringankermotor. Läufer mit Schleifringen und Anlasser sind der Übersichtlichkeit wegen rechts herausgezeichnet. Auf die Wiedergabe der Läuferwicklung wurde verzichtet

innern. Ständer und Läufer sind der Übersichtlichkeit wegen seitlich auseinandergezogen. Die Läuferwicklung haben wir zugunsten der besseren Übersicht wieder weggelassen. Zu beachten ist, daß im Gegensatz zum Gleichstrommotor zwischen Feld und Anker keine direkte elektrische Verbindung besteht. Die »Verbindung« beruht lediglich auf Induktion.

Nun aber der Anlasser! Jede Windungsgruppe des Läufers ist an ihrem äußeren Ende mit einem Schleifring auf dem Läufer verbunden. Drei Gruppen brauchen demzufolge drei Schleifringe, die abweichend von der Skizze in gleichem Durchmesser nebeneinander auf der Achse liegen. Über eine Schleifbürste ist jeder Schleifring mit einer besonderen Widerstandsgruppe des Anlassers verbunden.

Wird nun der dreipolige Hebelschalter eingeschaltet, dann kriegt erst einmal der Ständer Strom. Das Drehfeld läuft also in den Ständerwicklungen um. Es induziert in den Läuferdrähten auch gleich eine Spannung. Da aber die Stromkreise der einzelnen Läuferspulen über den Widerstand geschlossen sind, fließt im Läufer nur ein ganz kleiner Strom.

Der Läufer fängt an zu laufen. Er entwickelt eine Gegenspannung, die es erlaubt, mit den Widerständen auf die zweiten Kontakte zu gehen. Und so fort, bis der Läuferstrom aus den Schleifringen direkt an den Einführungskontakten zum Schleifbügel des Widerstands geht. Jetzt ist der Läufer kurzgeschlossen. –

Jetzt könnten wir für die Dauer des Betriebs den Widerstand entbehren. Und auch die Schleifringe auf dem Läufer haben bis zum nächsten Anlassen ihren Zweck erfüllt. Jetzt könnten wir geradesogut die Läuferwicklung im Läufer selbst kurzschließen. Bei vielen Schleifringankermotoren macht man das sogar durch besondere Kontakte, die die drei Schleifringe während des Drehens miteinander verbinden. Dann werden die Schleifbürsten abgehoben. Sie haben Feierabend samt dem Widerstand, bis der Motor abgeschaltet wird. Da ist es nämlich Zeit, sie wieder in Bereitschaftsstellung zu bringen. Sonst könnte unter Umständen die ganze schön ausgedachte Einrichtung mit dem Anlasser die Arme schränken, indes beim neuen Anlassen der mit Macht einsetzende Läuferstrom den Tod des Motors, mindestens aber der Sicherungen bedeuten würde. – Das alles sind Erscheinungen, die denen beim Gleichstrommotor ganz ähnlich sind.

Die ganze Bedienung der Anlage besorgt man, bei großen

Motoren wenigstens, mit einem einzigen Handrad. So kann nicht einmal etwas vergessen werden.

Ja, und wenn nun alles soweit in Ordnung wäre und wir müßten feststellen, daß unser Drehstrommotor falsch herumläuft – was dann?

Dann dürften wir bloß zwei von den drei Ständeranschlüssen vertauschen. Dadurch bekäme das Drehfeld eine andere Umlaufrichtung, und der Anker würde sich andersherum drehen. Bild 127 veranschaulicht das.

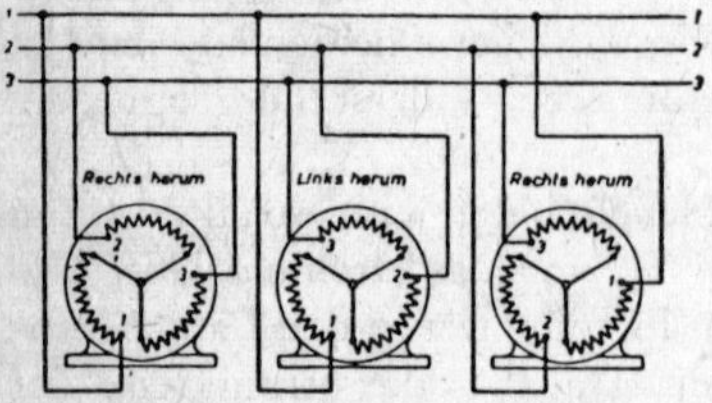

Bild 127. Änderung der Laufrichtung beim Drehstrommotor durch Vertauschen zweier Spulenanschlüsse

Über eine Frage sind wir an zwei Stellen, wo wir sie kurz berührten, etwas flüchtig hinweggegangen. Es ist jetzt Zeit, auch sie einer näheren Überlegung zu würdigen: Wie ist das mit dem Wechselstrommotor?

Nun, bei Wechselstrom haben wir bekanntlich keine drei, sondern nur zwei Drähte. Diesen zwei Drähten entsprechen zwei Spulen des Ständers. Was sich in den Eisenkernen dieser Spulen in magnetischer Hinsicht abspielt, kann eigentlich kein Drehfeld sein. Bestenfalls können wir es Wechselfeld nennen. Genügt nun ein solches Hin und Her der magnetischen Kräfte, um ein Rundherum zu bewirken?

Ja und nein! Es genügt, eine bereits in Gang befindliche Drehung aufrechtzuerhalten. Um den Anker aber erst einmal in Schwung zu bringen, müssen wir ihm einen kleinen Schubs geben. Das haben wir früher schon einmal festgestellt.

Und jetzt kann ich Ihnen verraten, daß wir diesen Schubs auch dem Strom übertragen können. Wir erzeugen da eben über die Zeit des Anlaufs sozusagen ein künstliches Drehfeld. Damit klappt es dann.

Schauen Sie sich mal, bitte, die Schaltskizze unseres Motors für einphasigen Wechselstrom an. Nachdem die beiden Leitungen Sicherungen und Hebelschalter S_1 passiert haben, sehen wir, wie sie sich über die dick ausgezogene Linie mit den beiden Magnetspulen M_1 und M_2 der Ständerwicklung zu einem Stromkreis schließen. Das ist der Hauptstromkreis. Er ist geschlossen, sobald wir den Hebelschalter einschalten.

Tun wir das, dann steht der Anker, den wir der Übersichtlichkeit halber wieder als Magnetnadel gezeichnet haben, unter dem Einfluß des Wechselfeldes. Im Rhythmus der Stromwechsel wird er ständig hin und her bzw. auf und ab gezogen. Zur Drehbewegung kommt es vorläufig noch nicht.

Betrachten wir nun den gestrichelt gezeichneten Stromkreis. Er führt über einen besonderen einpoligen Schalter S_2 zu einer »Drosselspule« D, dann zu einer »Hilfsspule« H, die zusammen mit den eigentlichen Magnetspulen im Innern des Motorgehäuses liegt. Wenn wir den Schalter S_2 einschalten, dann kriegt die Hilfsspule Strom, der aber die Drosselspule außerhalb des Motors durchlaufen muß. Durch das Magnetisieren des in der Drosselspule steckenden Eisenkerns erfährt der Wechselstrom eine Phasenverschiebung, die natürlich im ganzen Stromkreis, also auch in der Hilfsspule, wirksam ist. Und das ist es, was wir fürs Anlassen brauchen.

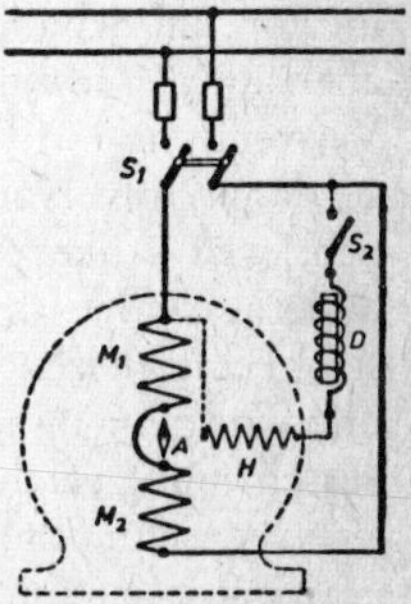

Bild 128. Einphasen-Wechselstrommotor. Über die Anlaßzeit wird die Hilfsspule H eingeschaltet, die mit Hilfe der Drosselspule D eine Phasenverschiebung erfährt. Dadurch entsteht ein künstliches Drehfeld. Nach dem Anlauf wird die Hilfsspule ausgeschaltet

Der Strom in der Hilfswicklung kommt nicht gleichzeitig mit dem der Hauptwicklung zum Einsatz, sondern später. Wir haben hier eine ähnliche Erscheinung, wie sie beim Drehstrom unter den drei Spulen der Ständerwicklung auftritt, nämlich ein Drehfeld. Der Anker dreht sich.

Dabei vernehmen wir ein starkes Rupfen und Rülpsen. Hauptwicklung und Hilfswicklung liegen im Kampf miteinander. Das Streitobjekt ist der Anker. Nach ein paar Sekunden können wir die Hilfsphase abschalten. Der Anker dreht sich allein weiter. – So macht man es beim Wechselstrommotor.

Mit dieser Einrichtung haben wir nun die Möglichkeit, auch für die etwa in den Hausleitungen üblichen zweipoligen Steckdosen kollektorlose Motoren zu verwenden. Meist sind sie mit Käfigankern ausgestattet. Man verwendet sie wegen ihrer Betriebssicherheit und Anspruchslosigkeit, bei immer gleichbleibender Drehzahl, z. B. zum Antrieb für Schallplattengeräte und Kinoapparate.

Die zusätzliche Einschaltung und nach dem Anlaufen notwendige Abschaltung der Hilfsspule wird bei diesen kleinen Motoren gerne durch Drückschalter erzielt, die etwa einem kräftigen, für Starkstrom isolierten Klingeldrücker entsprechen. Sie geben nur so lange Strom, als der Kontakt gedrückt wird.

Bei größeren Motoren wird Zu- und Abschaltung der Hilfswicklung häufig durch eine besondere zusätzliche Schaltbewegung eines einzigen Schaltgriffs oder Drehknopfes bewirkt.

Für ganz große Motoren lohnt es sich, eine weitere Leitung, also regelrechten Drehstrom, herzuführen. Der kann es auf alle Fälle besser und ist für die Erzeugung von Drehbewegung viel wirtschaftlicher als der »gewöhnliche« Wechselstrom.

Für ganz kleine Motoren, wie beispielsweise im Staubsauger, im Fön, im Schallplattenspieler, lassen sich beim Wechselstrom aber auch *Hauptstrommotoren* verwenden, wie wir sie bei der Verwendung mit Gleichstrom kennengelernt haben. Man nennt sie dann Universalmotoren oder Allstrommotoren. Das ist möglich, weil Anker und Feld des Hauptstrommotors hintereinandergeschaltet sind und demzufolge bei Anschluß an Wechselstrom eine gleichzeitige Umpolung im Rhythmus der Polwechsel und eine gemeinsame, für Anker und Feld gleich große Phasenverschiebung erfahren.

Nebenschlußmotoren sind für Betrieb mit Wechselstrom ungeeignet. Hier sind Feld und Anker, wie wir sagten, selbständig angeschlossene Geräte, die als induzierende Stromverbraucher voneinander unabhängige Phasenverschiebungen bewirken. Der Grad dieser Verschiebungen ist für beide Teile verschieden groß und verändert sich außerdem im Anker mit seiner Umdrehungszahl. Die beiden Ströme sind somit nicht zu gleicher Zeit wirksam. Darum können sie im nebenschlußgeschalteten Kollektormotor für die Drehung nicht nutzbar gemacht werden.

Hochspannung

Wo von Hochspannung die Rede ist, denkt der Laie wohl immer an Gittermasten, die da und dort elektrische Leitungen über Land führen. Er denkt ferner an die am Fuße der Masten befestigten Schilder, die zur Vorsicht mahnen und auf Lebensgefahr aufmerksam machen.

Was für eine besondere Bewandtnis hat es mit der Hochspannung auf sich? Warum begnügt man sich zur Fortleitung auf große Entfernung nicht mit den für den Betrieb von Lampen und Motoren üblichen Spannungen? Überlegen wir uns das einmal.

Stellen wir uns vor, wir wären Besitzer eines Elektrizitätswerks, das 220 Volt erzeugt und hätten die Absicht, in einem 50 km entfernten Ort eine Glühlampe mit 1000 Watt zu betreiben. Die Betriebsspannung der Lampe betrage 100 Volt, ihre Stromaufnahme demzufolge 10 Ampere. Frage: Welche elektrische Leistung muß das Elektrizitätswerk aufwenden, damit die Lampe ordnungsgemäß leuchtet?

Um den Strom zum Einsatz zu bringen, brauchen wir vor allen Dingen eine Leitung. Und zwar einen Draht hin und einen her, Hin- und Rückleitung. Das macht 100 000 Meter Draht. Kämen wir da mit dem für den Hausgebrauch üblichen Kupferdraht vom 10 mm² Querschnitt zurecht? – Gewiß nicht: Die 1000-Watt-Lampe am Ende der langen Leitung würde als rotscheinendes Funzelchen kaum glühen.

Der Grund: der hohe Leitungswiderstand. Wir wissen, der spezifische Widerstand von Kupfer ist 0,0175. Das gibt für 100 000 m Draht bei 1 mm² Querschnitt 1750 Ohm. Bei 10 mm²: 175 Ohm.

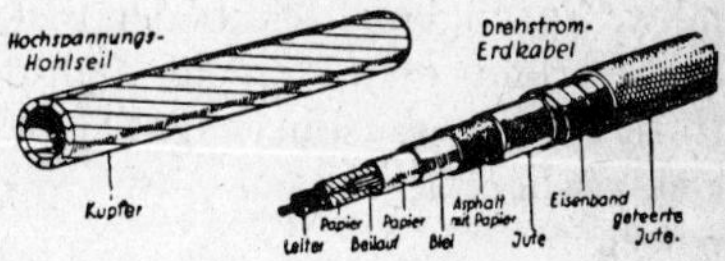

Bild 129. Drehstromleitungen. Links: Hochspannungshohlseil für Freileitungen, bei dem die Luft als Isolator wirkt. Rechts: Dreileitererdkabel

Wollten wir der 1000-Watt-Lampe die 10 Ampere zuführen, die sie zu vollem Leuchten braucht, dann würde das allein für die Zuleitung einen Spannungsabfall von 175 × 10 = 1750 Volt bedeuten. 1750 Volt mehr als die Lampenspannung (von 100 Volt), insgesamt also 1850 Volt müßte man am Anfang auf die Leitung geben. Und um eine einzige Kilowattstunde in Licht zu verwandeln, müßte man jede Stunde 17,5 kWh in die Luft verpuffen. – So geht es wohl nicht.

Hier gibt es nur eines, die Hochspannung.

Überlegen wir kurz. Nehmen wir an, wir hätten im Kraftwerk 100000 Volt. Sie wissen doch, mit Hilfe eines Transformators und so. Das würde für 1000 Watt einen Strom von $1/100$ Ampere erfordern. Der Spannungsabfall bei 175 Ohm Leitungswiderstand wäre dann $175 \times 1/100 = 1{,}75$ Volt. Glauben Sie, daß man $1\,3/4$ Volt, die von 100000 Volt verlorengehen, praktisch überhaupt spürt?

Das ist der Sinn der Hochspannung: nahezu verlustlos große Leistungen mit äußerst kleinen Stromstärken zum Einsatz zu bringen! Hinauf mit der Spannung mit Hilfe des Transformators! – Dann mit hoher Spannung, mit 100000, mit 200000 Volt über Hunderte von Kilometern in dicken Kupferseilen, die von Mast zu Mast gespannt sind. Wo man elektrische Kraft zur Arbeit braucht, setzt man wieder Transformatoren ein. Die transformieren herunter, je nachdem stufenweise oder direkt, auf 3000, auf 1000, auf 380, auf 220 oder auf die gewünschten 100 Volt für die 1000-Watt-Lampe. Das ist der Sinn der Hochspannung.

Das ist der Sinn, zu sparen. Der Transformator hilft dazu. Voraussetzung dafür ist Wechselstrom, wie wir wissen. Jener »neue« Strom, der den alten siegreich geschlagen hat. –

Wenn die Hochspannung eine solch feine Sache ist, warum entscheidet man sich dann nicht kurzerhand ein für allemal dafür? – Warum dieses Hinauf- und Heruntertransformieren?

Denken wir bei dieser Frage vor allem an die Schilder, die mit Lebensgefahr drohen! – Denken wir daran, daß Spannung soviel wie Druck bedeutet, unter dem die Elektronen stehen. Hochspannung ist also gewissermaßen Hochdruck. Das ist erhöhte Sprungbereitschaft der Elektronen, die voneinander loskommen möchten. Wir könnten dem nur begegnen durch sehr stark bemessene Isolierung. Das wäre bei der Mehrzahl unserer elektrischen Gebrauchsgeräte gar nicht in erforderlichem Maße möglich.

Bei Leitungsanlagen im Gelände ist das einfacher. Die verlegt man blank über hohe Masten und überträgt der Luft die Isolierwirkung. Die Leitungen versieht man an Zuführung, Abzapfung und Befestigung mit bisweilen übermannshohen Isolierketten aus Porzellangliedern. Um die Sprühwirkung der Kupferdrähte zu verringern, vergrößert man den Durchmesser der Leitungen und macht sie dafür hohl: die Elektronen, die unter

Hochdruck stehenden Elektronen sollen Platz haben. Und wenn man aus irgendwelchen Gründen mit der Hochspannung in die Erde muß, dann bettet man die Kabel ein mit Isoliermitteln und Panzerbewehrungen, um sie vor allen möglichen Gefahren von außen und nach außen zu schützen.

So steigen Hochspannungsleitungen über Berge und Täler von Mast zu Mast. Durch drei Leitungen, durch sechs Leitungen schiebt sich das Hin und Her der Elektronen im Takt der Stromfrequenz durch Hohlseile aus reinem Kupfer, über stählerne Gittermasten gespannt, die zusammen Millionenwerte ausmachen und die trotzdem geeignet sind, den Strom billig dahin zu bringen, wo man ihn braucht.

Elektrizität – ganz groß

Wir sagten es schon: es gab eine Zeit, da standen die Verfechter des Gleichstroms und die des neu geschaffenen Wechselstroms im Kampf miteinander. Im Jahr 1891 wurde der Kampf zugunsten des Wechselstroms entschieden. Zu dieser Zeit fand eine elektrotechnische Ausstellung in Frankfurt am Main statt.

Über eine 180 km lange Drehstrom-Hochspannungsleitung trat der neue Strom seinen Siegeszug an. Das Wasser des Neckars in Lauffen bei Heilbronn war die Energiequelle für die Übertragung einer Leistung von 200 Kilowatt. Mit Hilfe von Transformatoren wurde die Maschinenspannung in Lauffen zum Transport über Land auf 15000 Volt hinauftransformiert. In Frankfurt transformierte man sie wieder herunter. 75 % der in Lauffen erzeugten Energie konnte man in Frankfurt nutzbar machen. Das war unerhört.

In der Folge aber war es mehr als eine kurzlebige Sensation. Es war ein Hinweis dafür, an Stelle der vielen kleinen, im Land weit verstreuten Elektrizitätswerke, große Kraftstationen dahin zu bauen, wo Energie anderer Form im Überfluß vorhanden ist: Braunkohle, Steinkohle, Wasser. So, in wenigen Großbetrieben, mußte sich die Stromerzeugung wirtschaftlicher gestalten lassen als bei der Vielzahl der Kleinwerke.

Aus Gründen der wirtschaftlichen Erzeugung wuchs die Leistung der einzelnen Elektrizitätswerke binnen kurzem von durchschnittlich 100 kW da und dort auf das mehr als Tausendfache. Und wegen der Vorteile des Stromtransports stieg die in den Überlandleitungen geführte Spannung sprunghaft von 110 auf 10000, auf 35000, 100000, ja schließlich auf 220000 Volt und in jüngster Zeit auf 380000 Volt an. Mit kleinen Strömen, mit wenig Ampere konnten so bei geringen Verlusten ungeheure Leistungen übertragen werden.

Mehr als 3/4 der gesamten elektrischen Energie wird durch Dampfkraftwerke erzeugt.

Kesselanlage, Maschinenhaus, Umspanneinrichtung und Schaltanlage sind die wichtigsten Glieder des *Dampfkraftwerks*. In den Kesseln wird heute zumeist hochgespannter Dampf erzeugt. Bei Dampftemperaturen von 500° C sind Dampfdrucke von 150 atü keine Seltenheit.

Der unter diesem gewaltigen Druck stehende Dampf wird der Turbine zugeführt. Die rasend schnellen Dampfteilchen strömen in die geschweiften Schaufeln des Laufrads. Dabei werden sie aus ihrer ursprünglichen Richtung abgelenkt und setzen das Rad der Turbine in kreisende Bewegung.

Durch eine Welle ist das Laufrad der Turbine mit dem Läufer des Drehstromerzeugers verbunden. Von der auf der Läuferachse sitzenden Gleichstrommaschine gespeist, werden die Läuferwicklungen erregt. Unermüdlich jagen die so erzeugten Elektromagneten des Läufers an den spulenbewehrten Eisenkernen des Ständers vorbei. Immer gleich ist die Drehzahl. 1500 oder 3000 Umdrehungen in der Minute macht der von der Dampfturbine getriebene Schnelläufer. Für 1500 Umdrehungen sind die drei Phasen der Ständerwicklungen in je 2 Polpaaren zusammengefaßt. Bei 3000 Umdrehungen besteht die Wicklung des Ständers je Phase aus einem Polpaar. Die Wirkung ist die gleiche: Drehstrom von 50 Perioden ist an den Klemmen des Ständers zum Einsatz bereit. 3000, 10000 Volt – je nach Bauart der Maschine – warten auf ihren Einsatz.

Wollen wir nun einen Blick auf die Erzeugung des elektrischen Stroms durch *Wasserkraft* werfen? Dieses Feld ist weit. Es reicht vom Überlandwerk in Lauffen a. N. über die idyllische Mühle im Schwarzwald bis hin zum Hochgebirgskraftwerk irgendwo. Je nach der Höhe des Wasserdrucks unterscheidet man Niederdruck-, Mittel- und Hochdruckanlagen. Ihre Wirkung ist grundsätzlich gleich. Vom Druck des Wassers getrieben wird die Wasserturbine in Drehung versetzt. Bei waagrecht liegender Turboachse ist die Drehstrommaschine neben, bei senkrechter Achse ist sie über der Turbine angeordnet. Gegenüber der Dampfturbine ist die wassergetriebene ein Langsam-

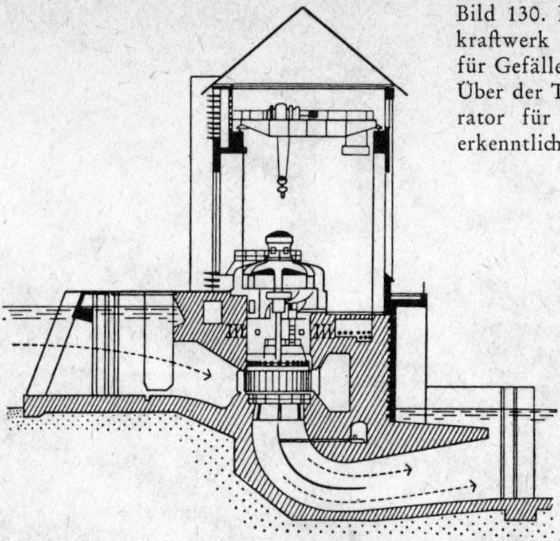

Bild 130. Niederdruck-Wasserkraftwerk mit Vertikalturbine für Gefälle von ca. 8 bis 10 m. Über der Turbine ist der Generator für 6000 kW Leistung erkenntlich

läufer. Dementsprechend muß auch die Stromerzeugermaschine als Langsamläufer gebaut sein.

Bild 130 zeigt den Querschnitt einer Vertikalturbine für Niederdruck. Bei 75 Umdrehungen pro Minute leistet ein Maschinensatz bis zu etwa 60000 kW. Um Drehstrom von 50 Perioden abzugeben, müssen die drei im Ständer gleichmäßig versetzten Phasen zu je 40 Polpaaren zusammengefaßt sein. Aus der niedrigen Drehzahl erklärt sich der große Durchmesser von Läufer und Ständer. Die geringeren Schwungkräfte lassen den größeren Umfang und das größere Ausmaß der bewegten Masse zu. Der große Durchmesser des Läufers bringt aber vor allem auch bei langsamer Drehzahl eine hohe Umfangsgeschwindigkeit mit sich. – Wir erinnern uns, daß von ihr in hohem Maße die Höhe der erzeugten Spannung und damit die Größe der elektrischen Leistung abhängt.

Im Verhältnis zu der durch Dampfkraft erzeugten Elektrizitätsmenge ist die von Wasserkräften erzeugte klein. Trotzdem haben Wasserkraftwerke für die Elektrizitätswirtschaft einen unschätzbaren Wert. Man darf freilich nicht sagen, das Wasser koste nichts. Die Dämme und Deiche, die Staumauern der künstlich angelegten Seen, die Pumpstationen und Rohrleitungen sind nicht gerade billig. Sie müssen gebaut und instandgehalten werden. Aber sie »amortisieren« sich auch, wie der Wirtschaftler sagt. – Sie lohnen sich also vor allem dann, wenn der verkaufte Strom die Bau- und Unterhaltungskosten eingebracht hat. Dann

Bild 131. 542 000 KVA beträgt die Durchgangsleistung dieses ölgekühlten Drehstromtransformators. 220 V entnimmt er dem Generator und gibt 300 000 Volt an das Hochspannungsnetz ab (Werkbild: Brown Boveri)

ist das Wasser nahezu kostenlos. Und wäre selbst das nicht der Fall: durch die Möglichkeit, es zu stauen, es für die Zeiten aufzuspeichern, in denen die Stromentnahme eine Spitzenbelastung erfährt, es dann über eine zweite, dritte und mehr Rohrleitungen ebensovielen Turbogeneratoren zuzuführen – das ist es, was die Stromerzeugung durch Wasserkraft auszeichnet. – In Stunden kleineren Strombedarfs kann sich das Staubecken wieder auffüllen, notfalls durch Pumpstationen mit den gleichen Leitungen, durch die das Wasser zuvor auf die Schaufeln der Turbine stürzte. In manchen Fällen sogar mit dem dafür als Motor dienenden Generator, der dann, von der Turbine gelöst, eine Pumpe treibt.

Zackenpfeile weisen auf die Gefahr hin, die die Hochspannung bringen kann. Sie droht nicht nur dem Menschen. Auch die Anlage selbst erfordert *Schutzeinrichtungen* gegen Überlastung durch Kurzschlüsse und Erdschlüsse.

Schließlich sind *Transformatoren* nötig, die die Maschinenspannung hinauftransformieren. Vielgestaltig ist ihr Aufbau und ihre äußere Form. Für kleine Leistungen entsprechen sie etwa

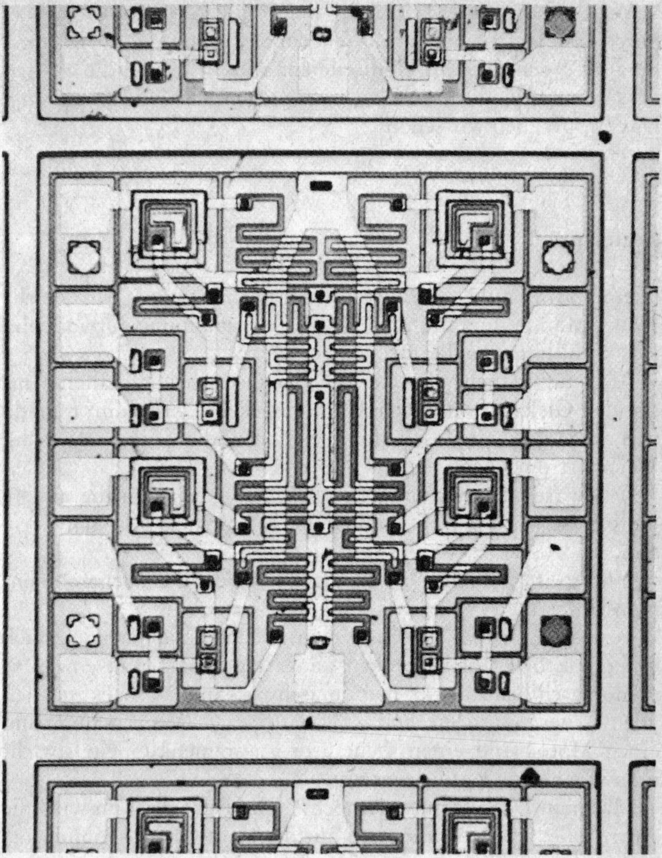

Bild 132. Integrierte Halbleiterschaltung mit 36 Bauelementen. Die wirkliche Kantenlänge des Siliziumplättchens beträgt 1,5 mm (Telefunken)

denen, die wir bereits besprochen haben. Für große Leistungen werden Eisenkerne und Wicklungen in ein Ölbad gelegt. Die Rippenbildungen an der Gehäusewand dienen zur Wärmeabgabe nach außen. Und oftmals wird das von der Betriebswärme des Trafos erhitzte Öl in schlangenförmigen Röhren durch Kühleinrichtungen gepumpt, um abgekühlt von neuem das an der Umwandlung des elektrischen Stroms beteiligte Eisen und Kupfer zu umspülen.

Von der Sekundärwicklung der Transformatoren geht es durch Kupferschienen und -seile über *Isolatoren* hinaus und hinauf zu den *Masten.* Hohlseile aus Kupfer tragen die elektrische Energie dorthin, wo man sie braucht. Es ist Hochspannung. Davon sprachen wir schon.

Umformer

In einer Hinsicht war der Drehstrom noch besser als der Gleichstrom. Man konnte ihn mühelos in Hochspannung verwandeln. Das verbilligte den Transport.

Aber für manche Zwecke sollte man doch unter allen Umständen Gleichstrom haben. Und, umgekehrt, bekommt man da und dort Gleichstrom ins Haus geliefert und braucht notwendig Wechselstrom.

Wie wäre es, wenn man da die eine Stromart in die andere umformen würde? Das dürfte doch gar nicht so sehr schwierig sein.

Und so ist es auch. Das Gerät, das wir dazu brauchen, nennt man Umformer.

So ein Umformer ist die einfachste Sache, die man sich nach unseren Erörterungen denken kann: ein Motor und eine Dynamomaschine. Statt Dynamomaschine kann man bekanntlich auch Generator sagen. Das ist etwas kürzer. Wenn man darum einen Motor und einen Generator zusammenkuppelt, spricht man von einem *Motorgenerator.*

Hat man Drehstrom und möchte Gleichstrom, dann wird die Achse eines Drehstrommotors mit der eines Gleichstrommotors verbunden. So können wir aus Drehstrom Gleichstrom erzeugen. Hat man Gleichstrom und braucht Wechselstrom, dann baut man einen Gleichstrommotor mit einer Wechselstromerzeugermaschine zusammen. Das gibt Wechselstrom. In beiden Fällen kriegt man allerdings nur etwa 60 % der hineingeschickten Lei-

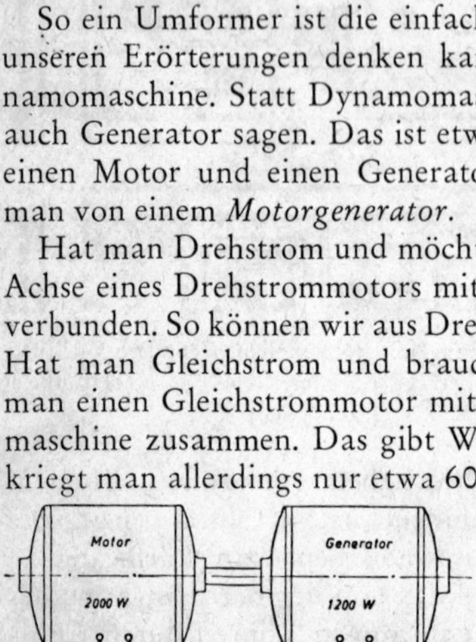

Bild 133. Motorgenerator. Motor und Generator (Dynamo) getrennt, nur durch die Achse mechanisch verbunden

stung der einen Stromart als andersartigen Strom heraus. Die Ingenieure sagen: der Motorgenerator hat einen Wirkungsgrad von 60%. Schickt man also beispielsweise 2000 Watt Wechselstrom in die Wicklung des Motors hinein, dann gibt die Dynamoseite 1200 Watt Gleichstrom heraus. Der Unterschied, die verlorenen 800 Watt verbrauchen sich als Magnetisierverluste, als Spannungsabfall und damit Leistungsverlust in den Wicklungen, als Aufwand zur Überwindung der Lagerreibung und des Luftwiderstandes für die Anker der beiden Maschinenteile.

Um diese Verluste zu verringern, kann man im gleichen Gehäuse Motor und Generator unterbringen. Man kann sie sogar mit einem einzigen Anker betreiben, der nur eine Wicklung hat. Diese Wicklung muß dann am einen Ende der Achse mit einem Kollektor, am andern Ende mit Schleifringen verbunden sein. Schicken wir am Kollektor dieses Geräts Gleichstrom hinein, dann können wir an den Schleifringen Wechsel- oder (wenn es drei Schleifringe sind) Drehstrom abnehmen. Diese Spannungen der verschiedenen Ströme haben allerdings ein festes, unveränderliches Verhältnis zueinander. Darum wird diese Einrichtung meist nur für ganz bestimmte Zwecke verwendet.

Weil *ein Anker* sowohl motor- als auch dynamoseitig wirksam ist, nennt man das Ganze *Einanker-Umformer*. Sein besonderer Vorteil ist der höhere Wirkungsgrad. Er beträgt etwa 80%.

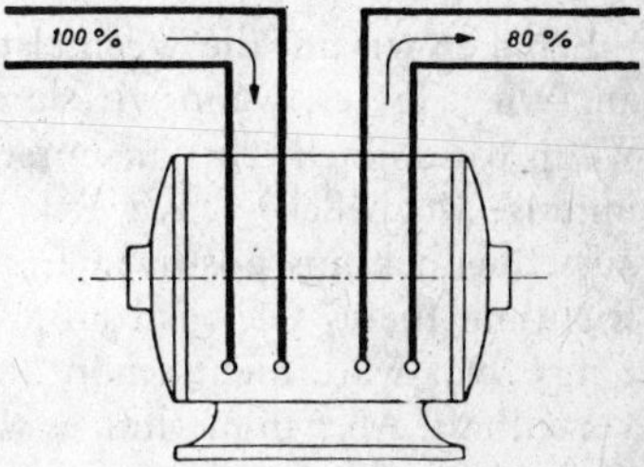

Bild 134. Einankerumformer. Eine Ankerwicklung versieht die Dienste des Motors und des Generators. Die Verluste sind dadurch geringer als beim Motorgenerator

Mit diesen beiden Geräten können wir also beliebig, ganz nach Wunsch und Bedürfnis, aus einer Stromart eine andere machen. Eine besondere Aufgabe fällt dem Motorgenerator aber dadurch zu, daß er die Möglichkeit bietet, Gleichstrom niederer in Gleichstrom höherer Spannung zu verwandeln. Dafür muß er natürlich beiderseits für Gleichstrom und im übrigen den Spannungen entsprechend gebaut sein. Die hohen Verluste muß man in Kauf nehmen. Bei Wechselstrom kann es der Trafo besser.

Zur Verminderung von Gleichspannungen benützt man den Umformer nur dann, wenn es sich um die Umsetzung großer Leistungen handelt. Für kleine Leistungen genügt der Widerstand, der in der Anschaffung und in der Wartung erheblich billiger ist.

Gleichrichter

Wie gut der Wechselstrom für den Transport und der Gleichstrom bisweilen für den Betrieb ist, das mag daraus hervorgehen, daß sich die Techniker mit der einen Möglichkeit, aus Wechselstrom Gleichstrom zu machen, nicht zufrieden gegeben haben. Der im letzten Kapitel besprochene Umformer, also der rotierende Umformer, steht nicht etwa allein auf weiter Flur. Er hat eine ganze Anzahl nichtrotierender Kollegen, die ihm neuerdings sogar sehr stark Konkurrenz machen. Man nennt sie Gleichrichter. Sie haben eine völlig andere Arbeitsweise als ihre rotierenden Vettern.

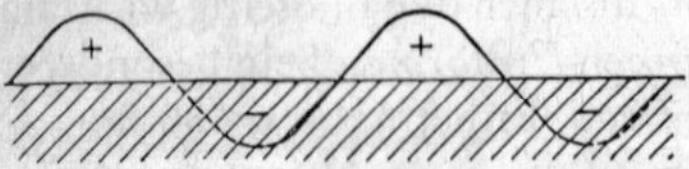

Bild 135. Pulsierender Gleichstrom entsteht, wenn man die Gegenwechsel des Wechselstroms jeweils unterschlägt

Schauen wir uns die Wechselstromkurve noch einmal flüchtig an. Wie wäre es, wenn wir sie nur hälftig ausnützen würden? Wenn wir einfach etwa die unter dem Strich vermerkten Stromimpulse wegließen? Das würde doch einen Strom ergeben, der ausschließlich aus positiven Impulsen besteht, der nur in einer Richtung fließt. Gleichstrom also. Mit Unterbrechungen allerdings. Das wäre nicht schön und auch nicht immer besonders vorteilhaft. Aber immerhin, es wäre so recht ein Betätigungsfeld für den Gleichrichter.

Als Gleichrichter müßten wir uns also ein Gerät bauen, das immer dann den Stromkreis unterbricht, wenn der rückläufige Stromstoß kommt. Der würde dann einfach wegbleiben.

Bild 136a zeigt einen solchen Unterbrecher. Es ist ein federndes Pendel P, das durch eine Spule gesteckt ist und in einem darunterliegenden Dauermagneten endet. Schalten wir den Hebelschalter ein, dann fließt Wechselstrom in die Spule. Der verursacht ein Hinundherschwingen des Pendels im Takte des Wechselstroms. Diesem von den Wechseln des Stroms selbst

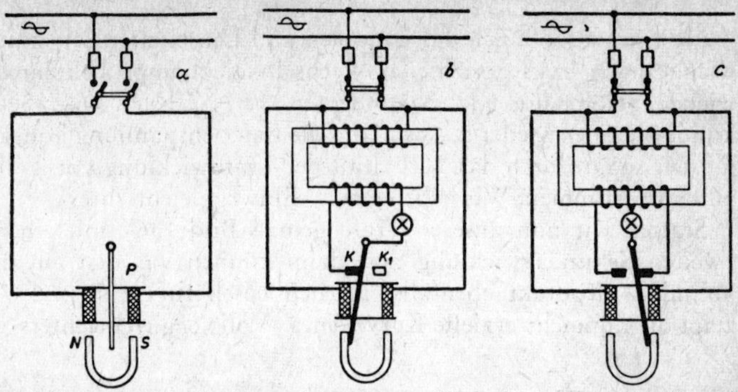

Bild 136. Pendelgleichrichter. Links: das von Wechselstrom gesteuerte Pendel. Mitte: das Pendel als Ausschalter (Einweggleichrichter). Rechts: Umschaltung durch das Pendel (Vollweggleichrichter)

gesteuerten Pendel übertragen wir die Aufgabe des Ausschaltens. Es ist das Hauptorgan des *Pendelgleichrichters.* Was wir ausschalten, das kommt aber erst.

Dazu brauchen wir Bild 136b. Parallel zur Pendelspule haben wir hier die Primärwicklung eines Transformators gelegt. Ein Ende seiner Sekundärwicklung führen wir auf den Kontakt K, das andere Ende verbinden wir über eine Lampe mit dem Lager des Pendels. Und nun hören Sie zu, was geschieht:

Der Wechselstrom im Trafo pulst hin und her, einmal nach links, einmal nach rechts. Durch die Wirkung der Pendelspule führt das Pendel die gleiche Bewegung aus. Dabei berührt es einmal den Kontakt K, der mit dem Trafo verbunden ist, dann einen blinden Kontakt K_1.

Bei jedem Pendelschlag nach links kommt das Pendel mit dem Kontakt in Berührung. Das geschieht genau in dem Augenblick, in dem die Sekundärwicklung des Transformators von einem nach links gerichteten Stromimpuls durchflossen wird. Dieser Stromstoß wird nun über das Pendel der Lampe zugeführt. Über Kontakt K, Pendel und Lampe ist der Stromkreis der Sekundärwicklung des Trafos geschlossen. Die Lampe wird also von einem von unten, vom Pendel herkommenden Stromstoß gespeist. Das war das Geschehen beim ersten Wechsel. Dauer: $^1/_{100}$ Sekunde.

Jetzt kommt der Gegenwechsel. Der schaltet durch die Pendelspule das Pendel auf den blinden Kontakt K_1 um. Damit ist der Sekundärstromkreis des Trafos unterbrochen. Der nach rechts gerichtete Impuls kann gar keinen Stromstoß bewirken. Er fällt einfach aus. Dauer: wieder $^1/_{100}$ Sekunde.

Nun wiederholt sich das Umpolen und Umschalten mit dem wieder nach links gerichteten Wechsel. Die Lampe bekommt wieder Strom für $1/100$ Sekunde. In der nächsten $1/100$ Sekunde bleibt er wieder aus usf. Und die Lampenspannung könnten wir sogar durch das Verhältnis der Trafowicklung von Fall zu Fall bestimmen. Wir haben einen »Einweggleichrichter«.

Statten wir nun unseren Trafo gemäß Bild 136c mit einer zweiten Sekundärwicklung aus, dann können wir den zuvor »blinden« Kontakt ebenfalls nützlich beschäftigen. Bild 137 zeigt die nunmehr erzielte Kurve eines »Vollweggleichrichters«.

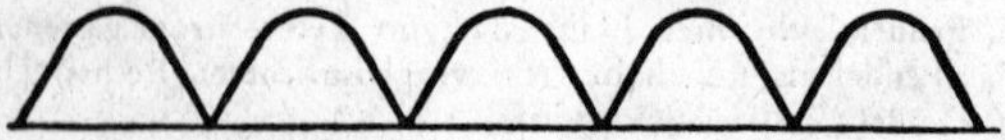

Bild 137. Gleichstrom aus dem Vollweggleichrichter

Das wäre also eine Lösung. Eine zwar, die viel Lärm macht. Wenn das Pendel auf den Kontakten aufschlägt, hört man schon was. Und allzuviel Ampere dürfen wir unserem Umschalter auch nicht zumuten. Schade!

Aber es gibt noch viel interessantere Lösungen, eine sehr lichtvolle ist sogar im wahrsten Sinn des Wortes darunter. Es ist der *Quecksilberdampfgleichrichter.*

Quecksilberdampf wirkt nämlich wie ein Ventil, das die Elektronen nur in einer Richtung durchläßt und ihnen in der anderen Richtung den Weg versperrt.

Der Quecksilberdampfgleichrichter hat leider auch einige Nachteile: Er ist teuer in der Anschaffung, etwas umständlich in der Bedienung und hat eine beschränkte Lebensdauer. Heute wird er vom *Thyristor* mehr und mehr verdrängt. Dieses neue Bauelement ist mit dem Transistor nahe verwandt. Wir werden uns daher bei Besprechung des Transistors auch mit dem Thyristor befassen.

Der neue *Glühkathodengleichrichter* ist auf altem Kulturboden gewachsen, den schon der Amerikaner Edison beackert

Bild 138. Stromkurve. Die Drosselspule glättet und vermindert den Strom

hat. Edison hat seinerzeit eine gewöhnliche luftleere Kohlenfadenlampe genommen. Am oberen Teil des Glaskolbens hat er einen Metallstab eingeschmolzen. Beim Einschalten der Lampe hat er entdeckt, daß zwischen dem glühenden Faden und dem Metallstäbchen ein kleiner Strom fließt, den er mit dem Strommesser gemessen hat. Dieser Strom rührt von den Elektronen her, die der Glühdraht als Kathode aussendet und das Stäbchen als Anode auffängt.

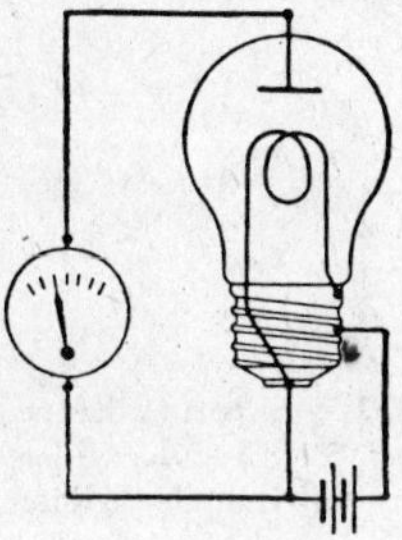

Bild 139. Edisons Glühkathodenversuch. Der von der Glühkathode zur Anode fließende Strom konnte gemessen werden

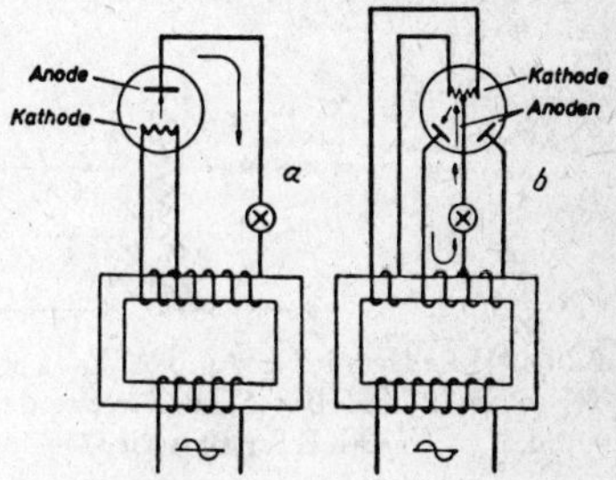

Bild 140. Glühkathodengleichrichter. a) Einweg-, b) Vollweggleichrichter

Die Skizze 140a zeigt einen auf dieser Grundlage gebauten einfachen Gleichrichter, der wie seine einfachen Vorgänger den Gegenwechsel einer Stromperiode unterschlägt.

Bei der Skizze 140b haben wir zur Vermeidung von Leitungsüberschneidungen die zur Gleichrichtung dienenden Teile auf den Kopf gestellt. Sie zeigt einen Vollweggleichrichter. In Röhren eingebaut findet er bei fast allen Radiogeräten Verwendung.

Noch anspruchsloser ist allerdings der *Silizium-Plattengleichrichter.* Seine einfachste Form ist jedem alten Radiofreund als Detektor bekannt. Das ist nichts anderes als ein Stückchen Kristall, nämlich Bleiglanz oder Silizium, und eine Nadel drauf. Zwischen Kristall und Nadelspitze kann der Strom nur in einer Richtung durch. Die winzig kleine Nadelspitze erlaubt natürlich nur den Fluß sehr kleiner Ströme.

Für größere Ströme verwendet man eine Anordnung von aufeinandergepreßten Platten aus Eisen und an der Oberfläche oxydiertem Silizium. Die von der Oxydschicht zum Eisen drängenden Elektronen werden dabei aufgehalten. Für sie ist der

Durchgang gesperrt. Der Weg vom Eisen zur anderen Platte dagegen ist frei.

Je nach den Anforderungen, die an den gleichgerichteten Strom gestellt werden, wählt man diese oder jene Anlage. Die häufigsten Verwendungszwecke haben wir anläßlich der Besprechung der einzelnen Arten zum Teil gestreift. Zu ihnen kommen die Ladung von Akkumulatoren und der Betrieb von Galvanisieranlagen, die wir in den nächsten Kapiteln ausführlicher behandeln wollen.

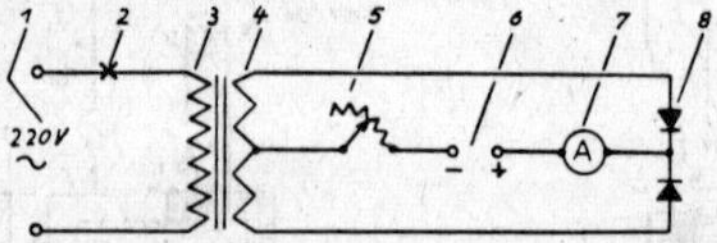

Bild 141. Ladegerät für Auto-Akku. 1 = Netzanschluß, 2 = Sicherungslampe, 3 = Primär- und 4 = Sekundärseite des Transformators, 5 = Regulierwiderstand, 6 = Anschluß für Batterie, 7 = Amperemeter, 8 = Siliziumgleichrichter

Nach den vorangegangenen Betrachtungen werden wir uns sicher an Hand einer mit den Schaltsymbolen des Elektrikers vereinfachten Skizze zurechtfinden. Sie zeigt ein Ladegerät für einen 12-Volt-Auto-Akku, wie er für gelegentliches Aufladen der Batterie nützlich ist. Ein kleiner Ladetrafo verwandelt die 220 Volt der Wechselstromleitung in Niederspannung von etwa 20 Volt. Anfang und Ende der Sekundärwicklung sind im Sinn des Schemas an die beiden Gleichrichter-Plattenpaare angelegt. Ein Anschluß zwischen den Gleichrichterelementen führt zum Pluspol, der Mittelabgriff des Transformators zum Minuspol der zu ladenden Batterie. Mit Hilfe eines für insgesamt 10 Ohm bemessenen und eine Dauerleistung von etwa 2 Ampere geeigneten Regulierwiderstands in der einen und eines kleinen Amperemeters in der andern Gleichstromleitung läßt sich der Ladestrom regulieren und kontrollieren. Um das Gerät gegen Überlastung zu schützen, ist in die Zuleitung zur Primärwicklung des Transformators eine kleine Sicherungslampe (4 V., 0,1 A.) eingebaut. Das Ganze sitzt in einem kleinen Blechgehäuse, das durch eine besondere Leitung über einen Schukostecker geerdet ist.

Ist der Autobatterie durch die starke Inanspruchnahme für Licht und Anlasser in den Wintermonaten mehr Energie entnommen worden, als die Lichtmaschine aufladen kann, dann können wir ihr mit unserem Ladegerät über Nacht wieder aufhelfen. Wenn wir die Gleichstromanschlüsse mit genügend starken Federklemmen versehen, braucht die Batterie für diese zusätzliche Ladung nicht einmal ausgebaut zu werden. Fast mühelos und für geringe Stromkosten erhalten wir ihre Arbeitsfähigkeit.

Elektronenröhre als Verstärker

Knüpfen wir ans letzte Kapitel an: Hier haben wir unter anderem die Elektronenröhre als Gleichrichter kennengelernt. Von der geheizten Kathode zur Anode flogen die Elektronen durch den freien luftleeren Raum. Schließen wir nun zwischen Kathode und Anode eine Gleichstromquelle an, deren Minuspol an die Kathode und deren Pluspol an die Anode angelegt ist, dann fließt ein steter Elektronenstrom von der Kathode zur Anode. Die Stärke dieses Anodenstromes ist einmal bestimmt durch die Temperatur der Kathode und zum andern durch die Größe der zwischen den beiden Elektroden wirksamen Spannung.

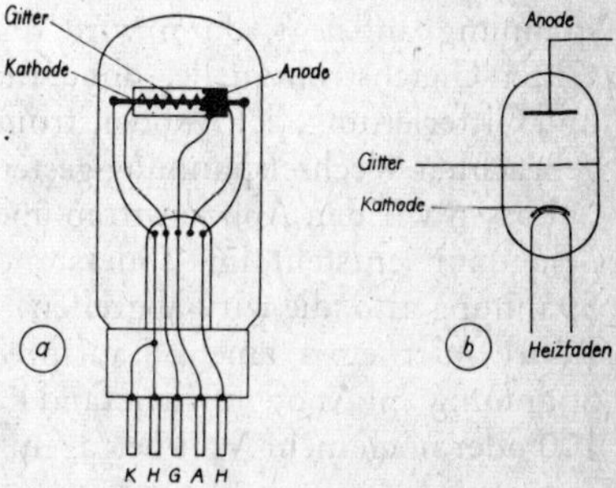

Bild 142. Dreielektrodenröhre (Triode) a = technische Ausführung; b = Schaltbild. A = Anode, G = Gitter, H-H = Heizung, K = Kathode

Fügen wir den zwei Elektroden eine zwischen ihnen liegende dritte hinzu, dann ist aus der Zweipolröhre eine Dreipolröhre, aus der Diode, wie der Techniker sagt, eine Triode geworden. Diese dritte Elektrode nennt man Gitter.

Mit seiner Hilfe ist es möglich, den Anodenstrom zu beeinflussen. Man kann ihn verstärken oder abschwächen. Legt man an das Gitter nämlich eine gegenüber der Kathode negative Spannung an, dann hält es einen Teil der zur Anode fließenden Elektronen zurück. Es vermindert so den Anodenstrom. Wird das Gitter dagegen an den Pluspol einer Gleichstromquelle angeschlossen, dann übt es auf die Kathode eine zusätzliche Saugwirkung aus. Der Anodenstrom wird größer, wobei allerdings auch das Gitter einen Teil des Elektronenstroms an sich zieht.

Dieses letzte will man nun freilich nicht. Um den Abfluß von Elektronen über das Gitter zu verhindern, legt man die Gitterzuleitung an den negativen Pol einer Gleichstromquelle an. Das Gitter erhält eine »negative Vorspannung«, wie man sagt. So ist auf alle Fälle dafür gesorgt, daß keine Elektronen über Gitter und Gitterzuleitung abfließen, daß also kein Gitterstrom fließen kann. So ist die praktisch leistungslose Wirkung des Gitters gesichert.

Worin nun aber die Verstärkerwirkung der Röhre beruht, sei endlich auch erklärt: Wie es die schematische Abbildung zeigt, können wir jetzt sozusagen zusätzlich zur negativen Vorspannung eine irgendwie geformte Wechselspannung anlegen. Mit ihr überlagern wir die Gleichspannung. Im Takt der Wechselspannung beeinflussen und verformen wir die Gleichspannung. – Wenn wir darauf achten, bleiben wir dabei immer im negativen Bereich. – Die der Gleichspannung aufgedrückten Schwingungen können sich beispielsweise immer zwischen −2 und −4 Volt bewegen. – Wird nun die Kathode geheizt und die Anodenspannung angelegt, dann wird ohne Stromaufnahme aus der Gitter-Gleichstromquelle, ohne Elektronenverlust über Gitter und Gitterleitung, der Anodenstrom im Rhythmus der ans Gitter gebrachten Wechselspannung gesteuert.

Lassen wir den Anodenstrom über einen Widerstand (R) fließen, dann entsteht im Widerstand ein Spannungsabfall, eine Spannung also, die wir »abgreifen« und dem Gitter der nächsten Röhre oder etwa einem Lautsprecher zuführen können. Die Spannung am Anodenwiderstand kann für unser Beispiel 60, 80, 100 oder noch mehr Volt betragen. Durch eine Spannungsände-

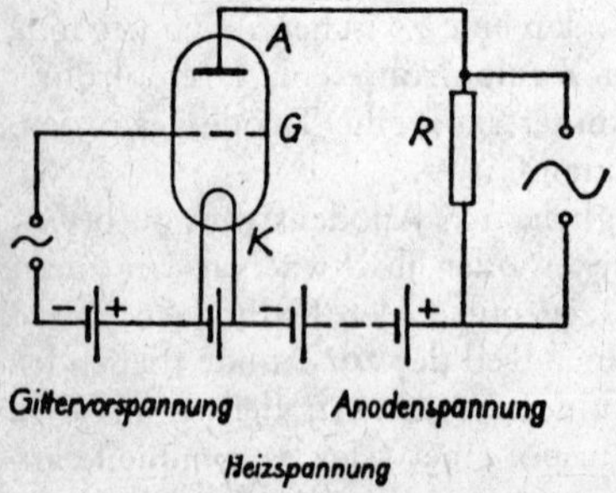

Bild 143. Schaltbild einer Verstärkerstufe mit Elektronenröhre. Die auf das Gitter G gegebenen Stromimpulse können am Anodenwiderstand R, um ein Vielfaches verstärkt, abgegriffen werden

rung um den Wert von 2 Volt (am Gitter) haben wir eine 30-, 40-, 50- oder noch mehrfache Verstärkung erzielt. Unsere Dreipolröhre ist eine Verstärkerröhre. Und, was wesentlich ist, die geringsten und die raschesten Veränderungen – also die kürzesten Schwingungen am Gitter wirken sich ohne Verzögerung im »vergrößerten Abbild«, im Anodenstromkreis aus.

So kann mit einer verschwindend kleinen Steuerleistung eine große Verstärkung erzielt werden.

Aus der einfachen Triode wurden Röhren mit vier, fünf und mehr Elektroden entwickelt. Je nach der Sonderaufgabe, die man ihr stellt, wird der Anodenstrom durch ein oder mehrere Steuer-, Schirm- und Bremsgitter in ein und derselben Röhre beeinflußt. Immer aber sind Kathode und Anode ihre Grundelemente. Und immer auch geht es darum, mit winzig kleinen Energien große Energien trägheitslos zu steuern.

Kristalldiode – Transistor – Thyristor

Den Begriff »Diode« haben wir in den letzten beiden Kapiteln kennengelernt. An die Stelle der Röhrendiode ist häufig die Kristalldiode getreten.

Der »Transistor« hat in den letzten Jahren praktisch die gesamte Elektronik erobert und die bis dahin unersetzliche Verstärkerröhre in den Hintergrund gedrängt. Daß diese neue Wortbildung eine Zusammenziehung aus *Transformer* (Umformer) und *Resistor* (Widerstand) ist, sagt uns nicht viel: Der Transistor ist ein Kristallverstärker.

Hauptbestandteil von Kristalldiode und Transistor sind sogenannte Halbleiter, vor allem Germanium und Silizium.

Halbleiter liegen sozusagen in der Mitte zwischen leitenden und nichtleitenden Stoffen. Durch geeignete Vorbehandlung lassen sie sich in ihrer Leitfähigkeit beeinflussen. Je nach der Behandlung kann der Atomaufbau des Halbleiters Elektronenmangel oder Elektronenüberschuß aufweisen. Elektronenmangel bedeutet, daß der Stoff elektrisch positiv, Elektronenüberschuß bedeutet, daß er elektrisch negativ ist. Man spricht von einem p-Leiter bzw. einem n-Leiter.

In der Halbleiterdiode liegen sich eine p-leitende und eine n-leitende Schicht gegenüber. Ein elektrischer Strom fließt dabei nicht. Das gesamte Gebilde ist elektrisch neutral.

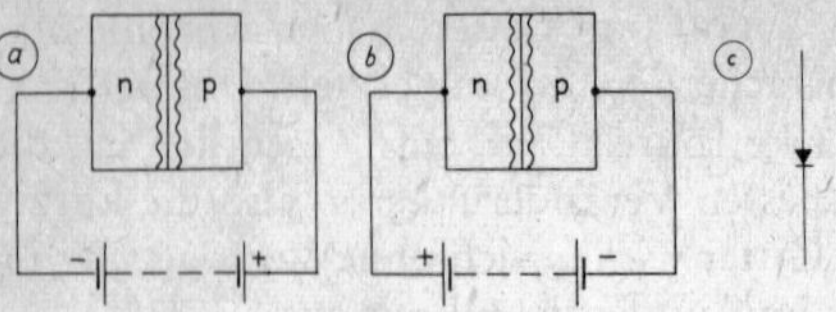

Bild 144. a) Kristalldiode in Durchlaßschaltung
b) Kristalldiode in Sperrschaltung
c) Schaltsymbol für die Kristalldiode

Legen wir an die Diode eine Gleichspannung im Sinne von Bild 144 a, dann fließen die Elektronen von n nach p. Wird die Spannungsquelle nach Bild 144 b angeschlossen, dann unterbleibt der Elektronenfluß: Wir haben einen Gleichrichter.

Die Kristalldiode ist um ein Vielfaches kleiner als die für die gleiche Funktion gebaute Elektronenröhre, und sie braucht nicht erst angeheizt zu werden. Im Augenblick des Einschaltens ist sie funktionsbereit. Starke Erwärmung mag sie nicht. Besonders die Germaniumdiode ist gegen Wärme empfindlich. Auch Lichteinfall verändert ihren elektrischen Widerstand. Man baut daher die Kristalldiode in ein lichtgeschütztes Gehäuse ein, es sei denn, man will gerade ihre fotoelektrische Eigenschaft ausnützen.

Ein kleines Fenster im Gehäuse, durch das Licht geschickt wird, macht sie zur *Fotodiode*. Schalter, Zählwerke, Regler und andere elektronische Steuergeräte können auf diese Weise gesteuert werden.

Wird auf n-leitendes Silizium eine dünne p-Schicht aufgebracht und werden beide Schichten mit einem Anschluß versehen, dann erhält man ein *Fotoelement,* das je nach Stärke der Belichtung einen mehr oder weniger großen elektrischen Strom erzeugt. Verbindet man ein solches Fotoelement mit einem kleinen Meßgerät, so hat man einen Belichtungsmesser, der die richtige Belichtungszeit für Foto- und Filmaufnahmen anzeigt. Im Filmprojektor hat das Fotoelement die altbewährte Fotozelle verdrängt, Tausende von Fotoelementen bilden eine Sonnenbatterie, die z. B. den Weltraumfahrzeugen elektrische Energie liefert. Energiequelle ist die Sonne.

Wir haben gesehen, wie durch Hinzufügen einer dritten Elektrode aus der Röhrendiode eine Triode, aus dem Gleichrichter ein Verstärker wird. Fügen wir der pn-leitenden Kristalldiode eine weitere p-Schicht hinzu, so daß sich eine pnp-Reihe ergibt, dann haben wir ebenfalls ein Verstärkerelement, einen pnp-*Transistor.* Liegt dagegen eine p-Schicht zwischen zwei n-Schichten, dann spricht man von einem npn-Transistor.

Abweichend von der Röhre bezeichnet man die drei Elektroden hier mit »Emitter« (E), »Basis« (B) und »Kollektor« (C). Bild

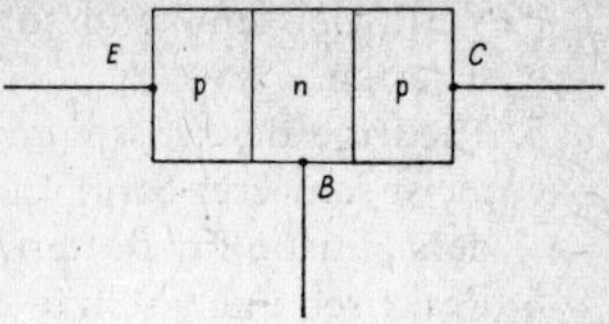

Bild 145. Vereinfachte Darstellung eines pnp-Transistors. B = Basis, C = Kollektor, E = Emitter

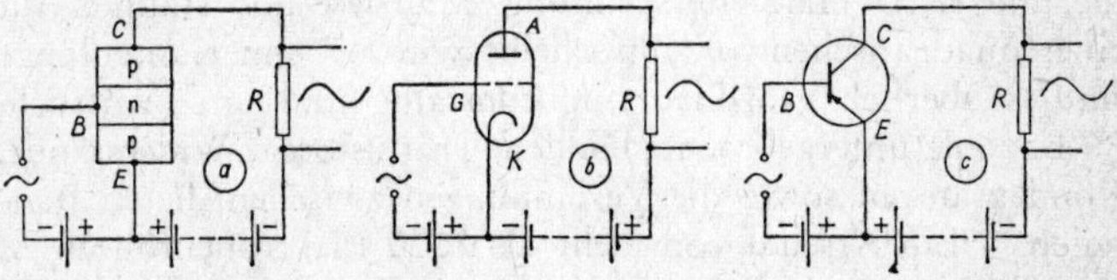

Bild 146. Vergleichsweises Triodenschaltbild.
a) Blockschema einer Transistor-Verstärkerstufe, b) Schaltbild mit symbolischer Darstellung der Verstärkerröhre, c) Schaltbild mit symbolischer Darstellung des Transistors. Im Schaltbild b ist die Kathodenheizung der Einfachheit halber weggelassen

146 zeigt die am meisten verbreitete Schaltungsweise des Transistors. Man erkennt, daß Emitter E und Kathode K, Basis B und Gitter G, Kollektor C und Anode A ähnliche Funktionen haben. Die anderssinnige Polarität der Stromquellen für Kollektor- und Anodenstrom darf dabei nicht stören.

An die Stelle der nach den Leiteigenschaften ausgerichteten Darstellung Bild 146a tritt bei Schaltbildern die in Bild 146c verwendete symbolische Darstellung des Transistors. Für alle drei Abbildungen gilt, daß die auf Gitter bzw. Basis gegebenen schwachen Spannungsänderungen (etwa aus einem Mikrofon) im Anoden- bzw. Kollektorkreis verstärkt auftreten. Sie werden zur weiteren Verstärkung durch geeignete Kopplungsglieder dem Gitter der nächsten Röhre oder der Basis des nächsten Transistors zugeführt, um schließlich die Magnetspule eines Schaltrelais, ein Zählwerk, eine Steuereinrichtung oder, sofern es sich um eine Tonübertragung handelt, einen Lautsprecher zu speisen.

Kristalldiode und Transistor haben folgende wesentliche Vorteile:

1. Kleine Abmessungen, häufig kleiner als 1 cm^3.
2. Geringes Gewicht, bisweilen weniger als 1 g.
3. Hohe mechanische Festigkeit.
4. Keine Heizung (wie bei der Elektronenröhre, daher geringe

Verlustleistung und sofortige Betriebsfähigkeit beim Einschalten.
5. Niedrige Betriebsspannungen, daher Wegfallen teurer und meist schwerer Stromquellen für hohe Spannungen. Besonders günstig für Batteriebetrieb.
6. Praktisch unbegrenzte Lebensdauer.

Ist da eine Steigerung überhaupt noch möglich? Allerdings: die integrierte Halbleiterschaltung. Man lese und staune: Auf einer quadratischen Siliziumscheibe von 1,5 mm Kantenlänge sind, säuberlich geordnet, funktionsfähig und unverwüstlich, 36 Bauteile untergebracht: Dioden, Transistoren, Widerstände, Kondensatoren sowie die Verbindungen zwischen diesen Bauteilen. – Ein Arsenal von mehr als 2000 Elektronenröhren ist seinerzeit in der V2-Rakete mitgeflogen. Der entsprechende Teil der technischen Ausstattung einer modernen Weltraumrakete erreicht kaum die Abmessungen eines Backsteins. Ohne diese Fortschritte der Elektronik wäre der Flug zum Mond nicht möglich gewesen.

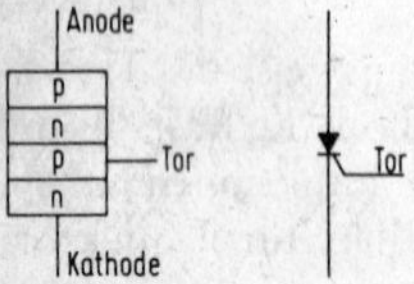

Bild 147. Schichtaufbau und Schaltzeichen eines Thyristors

Bild 147 zeigt den schematischen Aufbau eines weiteren Halbleiterelements, des bereits erwähnten *Thyristors.* Zum pnp-Aufbau des Siliziumtransistors ist eine weitere n-Schicht hinzugekommen.

Da Elektronen nur von n nach p fließen können, sperrt der Thyristor im Normalzustand den Elektronendurchgang nach beiden Richtungen. Werden aber der inneren p-Schicht Elektronen zugeführt, dann öffnet sich das »Stromtor« plötzlich. Der Weg von der Kathode zur Anode ist frei. Von der Anode zur Kathode bleibt er weiterhin versperrt.

Damit haben wir für Gleichstrom einen Schalter ohne mechanische und daher störanfällige Kontakte und für Wechselstrom einen steuerbaren Gleichrichter. – Mit einem Steuerstrom von 50 mA (Milliampere!) bei einer Spannung von etwa 3 V lassen sich beliebig große Ströme bis zu 300 A bei Spannungen bis 3000 V schalten oder gleichrichten.

Bei Gleichstrom genügt ein einmaliges »Zünden« durch den Steuerimpuls, bei Wechselstrom muß bei jedem Phasenwechsel

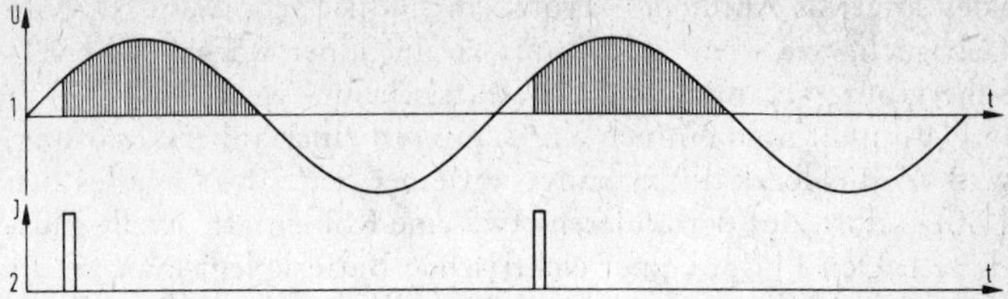

Bild 148. Der Thyristor als steuerbarer und regelbarer Gleichrichter. – Der Zündimpuls (2) weist gegenüber der Arbeitsspannung (Wechselstromkurve 1) eine Phasenverschiebung auf. Lediglich der schraffierte Teil der Halbwellen wird durchgelassen, der weiß wiedergegebene Teil ist gesperrt

neu gezündet werden. Tritt infolge Phasenverschiebung zwischen Steuerstrom und Arbeitsstrom eine Verschiebung des Zündzeitpunkts ein (Bild 148), dann kommt je nach dem Grad der Verschiebung nur ein Teil der Halbwelle als pulsierender Gleichstrom zum Tragen. Es handelt sich also um eine verlustarme Regelung des gleichgerichteten Stroms durch den Thyristor.

Im selbstgebastelten, ferngesteuerten Flugzeugmodell ist der Thyristor ebenso winzig und leicht wie seine Vettern, die Kristalldioden und Transistoren. Beim Betrieb eines Blockwalzwerks werden zwei riesige Gleichstrommotoren mit einer Betriebsspannung von 1050 V und einem maximalen Betriebsstrom von je 17000 A durch insgesamt 1152 zusammengeschaltete Thyristoren gesteuert.

Echt versilbert

Wir stehen vor der Auslage eines Schaufensters. Kannen und Krüge, Teller und Platten, Leuchter, Lampen, Eßbestecke, Anstecknadeln, Gürtelschließen, Ketten und Ringe glänzen im Lichte der versteckt angebrachten Lampen. Der warme Glanz des Goldes, der matte Schein, den die silbernen Gegenstände zurückwerfen, das bläuliche Schimmern des Chroms ergeben eine schillernde, blitzende Lichtsymphonie.

Am Fuße einer Vase mit blaßroten lebenden Nelken steht ein kleines Schild mit der Erklärung: Alle in diesem Fenster ausgestellten Gegenstände sind vergoldet, versilbert oder verchromt. Die Silberschicht auf den Eßbestecken beträgt nur etwa 0,2 Milligramm. Darunter ist eine billige Metallegierung, Alpaka oder so etwas Ähnliches. Trotzdem sind sie schön und sind im Gebrauch, wie wenn sie aus massivem Silber wären: echt versilbert, auf galvanischem, also elektrischem Wege.

Da nimmt man einfach ein Gefäß mit einer Silbersalzlösung, z. B. Zyansilberkalium, hängt auf einer Seite des Gefäßes den Löffel selbst, auf der anderen etwa eine Kohleplatte in die Flüssigkeit. Den Pluspol einer elektrischen Batterie legt man an die Kohle, den Minuspol an den Löffel. Kaum ist der Stromkreis geschlossen, da überzieht sich der Löffel schon mit einer Silberhaut. So könnte man einen zweiten, einen dritten Löffel mit Silber überziehen, so viele, bis der Silbergehalt der Lösung erschöpft wäre. Dann könnte man die alte Lösung wegschütten und frische in das Gefäß gießen – usf. Würde man aber statt der Kohle eine Silberplatte in die Lösung bringen, dann würden die zum Löffel abwandernden Silberionen jeweils aus der Silberplatte ersetzt werden. Bei entsprechendem Silbervorrat ließen sich praktisch beliebig viele Löffel versilbern.

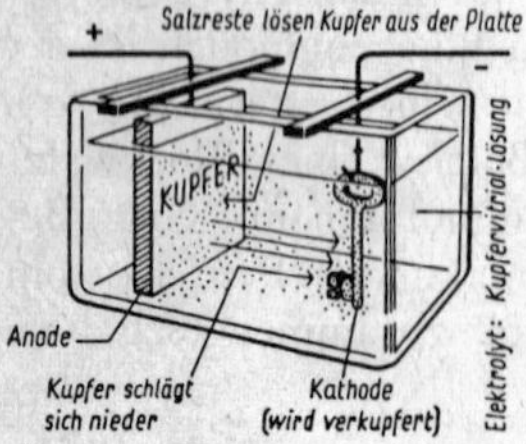

Bild 149. Verkupferung im galvanischen Bad. Das an der Kathode abgesetzte Kupfer geht von der Kupferplatte wieder in Lösung

Würden wir gemäß Bild 149 in ein Kupfervitriolbad eine mit dem Pluspol einer Gleichstromquelle verbundene Kupferplatte stellen und ein Stück Eisen mit einem in die Lösung eingetauchten Schlüssel mit dem Minuspol der Stromquelle verbinden, dann könnten wir ihn verkupfern. Für den Rostschutz ist eine solche dünne Kupferhaut sehr nützlich.

Auf ähnliche Weise kann man vergolden, verchromen, vernickeln. Man muß nur eine Gold-, Chrom- oder Nickellösung statt der Silberlösung nehmen und jeweils ein Stückchen des betreffenden Metalls an den positiven Pol der Stromquelle anklemmen. – Alles andere besorgt der elektrische Strom.

Auch nichtleitende Körper lassen sich mit einer metallischen Schicht überziehen. Man taucht sie dazu vorher in eine metallische Lösung oder überzieht sie mit einer Schicht aus Graphitpulver. Dadurch wird die Oberfläche leitend und kann galva-

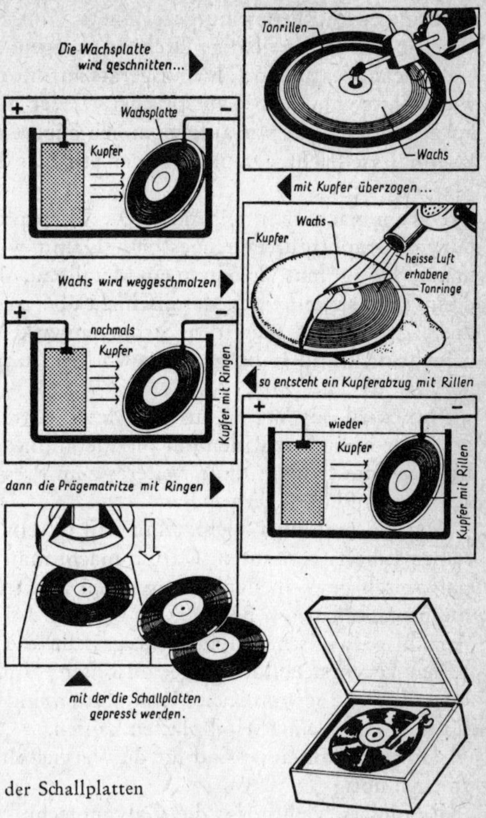

Bild 150. Herstellung der Schallplatten

nisch vergoldet, versilbert, vernickelt, verchromt oder mit anderem Metall überzogen werden.

Übrigens, wissen Sie, daß man auf diesem Wege Schallplatten herstellt? Der Weg bis zur fertigen Platte ist allerdings weit. Verfolgen wir ihn einmal. Im Aufnahmeraum der Fabrik wird der Ton, Musik oder Sprache, durch eine Art umgekehrtes Grammophon auf eine Wachsplatte übertragen. Ein feiner Stift gräbt in das Wachs Rillen mit tausend und abertausend feinen Zacken und Zäckchen, die den Schallwellen des Tones entsprechen. Diese Rillen mit ihren unendlich feinen Aus- und Einbuchtungen sind der aufgezeichnete Ton. Würden wir die Wachsplatte in die richtige Drehung bringen, den Tonabnehmer eines Schallplattenvorführungsgeräts in die Rille setzen, dann würden wir aus dem Lautsprecher wieder die Musik oder die Sprache hören, die wir aufgenommen haben. Das ginge einmal, zweimal vielleicht. Dann hätte der Stift des Tonabnehmers die Platte zerstört.

Darum macht man folgendes: Die Wachsplatte wird mit ganz feinem Graphitpulver eingestreut. Damit wird sie leitend gemacht. Hängt man sie nun in ein Metallbad, ähnlich dem Löffel, dann kann sie mit einer Metallschicht überzogen werden, um so dicker, je länger man den Strom einwirken läßt. Wenn die Schicht dick und stabil genug geworden ist, nimmt man beides heraus.

Nun wird das Wachs aus der Metallplatte weggeschmolzen. Statt der vertieften Rillen hat die Metallplatte erhabene Ringe. Man könnte sie jetzt ohne weiteres zum Pressen der käuflichen schwarzen Platten verwenden.

Das tut man aber nicht. Man will ja sehr viele Platten desselben Inhalts verkaufen. Darum macht man von diesem ersten galvanisch gewonnenen Abzug einen zweiten. Der hat wieder die bewußten tiefen Rillen. Von dem wird wieder eine größere Anzahl galvanischer Abzüge hergestellt, die nun alle statt der Rillen hervorstehende Ringe aufweisen. Und erst diese auf so langem Wege gewonnenen Metallplatten sind die Prägematrizen für das, was wir als Schallplatten kaufen.

Ähnliche Vorgänge sind für die Vervielfältigung von Druckstöcken nötig.

Besonders wichtig ist die Galvanotechnik aber für die Gewinnung von reinstem Metall aus stark vermischten Rohmaterialien. Durch die Wahl geeigneter Elektrolyten läßt sich so aus demselben Kupfer, Silber und Gold ausscheiden. Die dabei erhaltenen Werte gehen in die Hunderttausende. Und galvanisch gewonnenes Kupfer zeichnet sich durch besondere Dichte und große Reinheit aus. In der Industrie ist es unentbehrlich geworden. Mehr als 90 % des in der Technik verwendeten Kupfers wird auf galvanischem Wege gewonnen.

Das in glühendflüssigem Zustand durch die Elektrolyse gewonnene Aluminium erfährt häufig eine weitere elektrolytische Behandlung, die sich auf die Oberfläche des Metalls beschränkt. In ein mit Bichromat vermischtes Säurebad eingehängte Gegenstände aus Aluminium erhalten eine Oxydschicht, wenn sie zusammen mit einer geeigneten Gegenelektrode an Wechselstrom oder als Anode an Gleichstrom angeschlossen werden.

Diese Schicht aus *el*ektrisch *ox*ydiertem *Al*uminium wird unter Zusammenreihung der beiden Anfangsbuchstaben der einzelnen Wörter *Eloxal* genannt. Es ist mit der Oberfläche des Grundstoffes verwachsen und gibt ihm eine ganze Anzahl von Eigenschaften, die den Verwendungsbereich von Aluminium erheblich erweitern.

Durch Eloxieren erhält das weiche Grundmetall eine Oberfläche, deren Härte fast der von Korund gleichkommt. Die gleichmäßige Oxydschicht verhindert außerdem Fleckenbildung und gibt dem Material eine größere chemische Beständigkeit. Ferner wird je nach Stärke der Eloxalschicht eine elektrische Isolierwirkung für Spannungen bis zu 400 Volt erreicht. Nach erfolgtem Eintauchen in geeignete Silbersalzlösungen können ohne weitere Bindemittel auf fotografischem Wege Bilder auf das Metall abgezogen werden.

In der Elektrotechnik, in der Maschinen- und Bautechnik, besonders aber im Flugzeugbau haben alle diese und eine ganze Reihe weiterer Eigenschaften das beliebte Metall zu einem noch mehr geschätzten, unentbehrlichen Baustoff gemacht.

Elektrizität im Speicher

Wenn wir Elektrizität speichern wollen, dann brauchen wir einen Akkumulator. Am besten einen fertig gekauften natürlich. Oder aber einen selbstgebauten, dessen Nachteile für den Betrieb der große Vorteil aufwiegt, daß wir mit seiner Hilfe besser als mit dem fertigen die Wirkungsweise dieses Geräts kennenlernen. Bauen wir uns also einen. Dazu brauchen wir ein Glas mit verdünnter Schwefelsäure und zwei Bleiplatten. Das ist alles.

In die Flüssigkeit stellen wir die beiden Bleiplatten, deren Oberfläche durch die Einwirkung der Säure chemisch verändert wird. Sie gehen mit dem in der Schwefelsäure gebundenen Schwefel eine Verbindung ein und überziehen sich mit einer Schicht Bleisulfat.

Schließen wir nun die eine Platte an den negativen, die andere an den positiven Pol einer Stromquelle an, dann geht durch die Einwirkung des Stroms eine weitere Veränderung vor sich. Die am negativen Pol liegende Platte wird hellgrau. Sie verwandelt sich zurück in gewöhnliches Blei. Die am positiven Pol angeschlossene Platte bekommt einen dunkelbraunen Überzug, eine Schicht aus Bleisuperoxyd. – Als Nebenerscheinung können wir dabei beobachten, daß am negativen Pol Wasserstoff und am positiven Pol Sauerstoffbläschen aus der Flüssigkeit aufsteigen. Man sagt: der Akku gast. – Wasserstoff und Sauerstoff sind aber die beiden chemischen Bestandteile des mit der Schwefelsäure vermengten Wassers. Die Flüssigkeit verliert dabei also einen Teil ihres Wassergehalts.

Aber das ist eine nur für den Dauerbetrieb wesentliche Nebenerscheinung. Wichtiger ist, daß wir durch die auf elektrischem Wege hervorgerufene chemische Veränderung der Platten ein Element hergestellt haben, das wir, weil zur Bildung einer elektrischen Spannung eine elektrische »Ladung« vorausgehen muß, ein sekundäres Element nennen.

Wie im galvanischen Element Zink und Kupfer, so stehen sich jetzt Blei und Bleisuperoxyd gegenüber, die durch die Vermittlung der verdünnten Schwefelsäure als Elektrolyt eine gewisse elektrische Spannung zueinander haben. Beim Bleiakku beträgt diese Spannung 2 Volt.

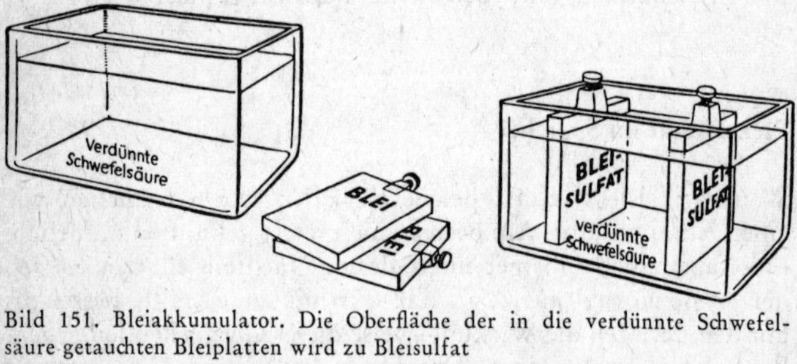

Bild 151. Bleiakkumulator. Die Oberfläche der in die verdünnte Schwefelsäure getauchten Bleiplatten wird zu Bleisulfat

Schließen wir an die Klemmen der beiden Platten eine Taschenlampenbirne an, dann glüht sie auf und brennt so lange, bis durch die Wirkung des Stromes eine Rückbildung beider Platten zu Bleisulfat, also zur Ausgangsstellung der elektrochemischen Veränderungen stattgefunden hat. In diesem Zustand ist der Elektronengehalt der beiden Platten wieder gleich. Es besteht keine Spannung mehr. Der Akkumulator ist entladen.

Nun können wir ihn wieder an die Stromquelle anschließen und von neuem laden, bis er durch starkes Gasen zeigt, daß er seinen Sättigungsgrad erreicht hat. Und so könnte man das lange

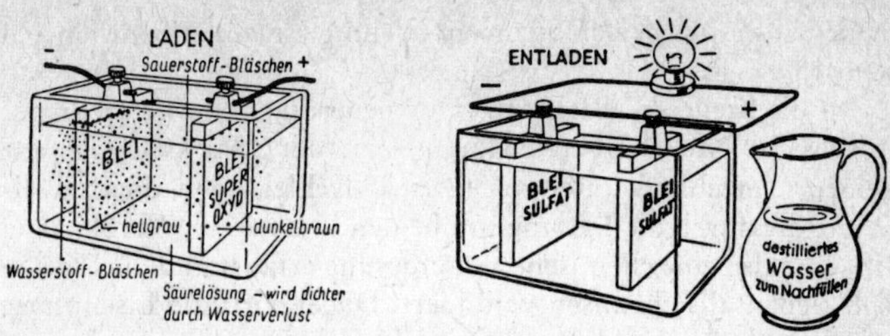

Bild 152. Beim Laden verwandelt sich die negative Platte wieder in Blei. Die positive Platte überzieht sich mit Bleisuperoxyd. – Beim Entladen werden beide Platten wieder zu Bleisulfat

fortsetzen. Man müßte nur immer wieder dafür sorgen, daß der in Form von Bläschen entwichene Wasserstoff und Sauerstoff, also das der Schwefelsäure beigemischte Wasser eine Ergänzung erfährt. Man müßte destilliertes Wasser nachfüllen.

Das muß man gelegentlich auch beim Autoakku tun. Daher kennen Sie es sicher auch. Und sehen Sie, so ein Autoakku ist gar nicht sehr verschieden von dem, den wir uns eben selbst gebastelt haben. Er ist nur zweckmäßiger gebaut. Damit bei den ständigen Erschütterungen vom Fahren die Säure schön im Behälter bleibt, hat man ihn ringsherum dicht gemacht. Statt der einen Zelle hat man mehrere zu einer Batterie zusammengenommen, damit die Leistungsfähigkeit wächst. Und ebenfalls um die Leistung zu erhöhen, hat man die einzelnen Zellen auch ein klein wenig anders eingerichtet. Weil ja die chemischen Vorgänge ganz an die Oberfläche der Platten gebunden sind, hat man alle möglichen Mittel versucht, ihre Oberfläche zu vergrößern. Man hat das Blei gewissermaßen porös gemacht und hat es nicht in chemisch reiner Form, sondern in zweckmäßigen Verbindungen in Rahmen gestellt. Dadurch war es möglich, die Ladefähigkeit des Akkus erheblich zu steigern. Andererseits bedingt die für die Ladung vorbereitete chemische Zusammensetzung der Platten, daß der Akku auch immer richtig gepolt an die ihn speisende Stromquelle angeschlossen wird. Die geringe Festigkeit der porösen Platten hat ebenfalls einen Nachteil zur Folge: es lösen sich Teilchen aus ihnen ab, die als Bleischwamm einen Bodensatz in der Flüssigkeit bilden und schließlich einen inneren »Kurzschluß« und damit den Tod des Geräts bedeuten. – Die bessere Leistung fordert eben auch ihre Opfer. Und das ist am Ende der Akku selbst. Trotzdem ist er für alle Zwecke, in denen gespeicherter Strom notwendig ist, unentbehrlich geworden.

An die Stelle des Bleiakkus tritt neuerdings immer mehr der stoßfestere Nickel-Eisen-Akkumulator, der praktisch fast gar keinem Verschleiß unterworfen ist. Als Elektrolyt dient Kalilauge, die durch die Ladung mit beiden Platten eine Verbindung eingeht, also eine chemische Veränderung erfährt und die Platten selbst ebenfalls chemisch verändert. Dabei wird die Eisenplatte negativ-, die Nickelplatte positivelektrisch. Durch die Entladung bilden sich beide Platten und die Lauge in ihren alten Zustand zurück. Sie ergänzen sich also immer wieder.

Gegen Uberladung, starke Entladung und gegen äußere Erschütterungen sind diese Nickeleisenakkumulatoren sehr widerstandsfähig. Selbst einen verkehrten Anschluß bei der Ladung nehmen sie nicht besonders übel. Beim Betrieb entstehen keine Säuredämpfe wie beim Bleiakku.

Demgegenüber stehen als Hauptnachteile der größere Anschaffungspreis und der Bedarf einer größeren Anzahl von Zellen für die gleiche elektrische Leistung, da die Spannung einer Nickeleisenzelle nur 1,2 Volt beträgt. –

Bezüglich der Ladung des Akkumulators sei noch kurz folgendes gesagt:

Da seine Polarität durch die Lage, den Anschluß und die innere Zusammensetzung der Platten eindeutig bestimmt ist, darf er nur mit Gleichstrom geladen werden. Dabei muß der Pluspol der Stromquelle mit dem Pluspol der Batterie und der Minuspol der Zuleitung mit dem Minuspol der Batterie verbunden werden.

Die Pole des Akkumulators sind immer bezeichnet. Die Polarität der Stromzuführung läßt sich leicht feststellen, wenn man die beiden Drahtenden in ein Glas Wasser hält. Dabei zeigt sich am Minuspol eine stärkere Gasentwicklung als am Pluspol.

Die Ladung des Geräts geschieht am besten nach der von der Fabrik mitgegebenen Anweisung. Seine Ladefähigkeit mißt man mit Amperestunden, dem Produkt aus den Ampere mal den Stunden, die er bei der betreffenden Belastung betrieben werden kann. Schreibt die Anweisung der Fabrik also etwa vor: 10 Amperestunden bei 10stündiger Entladung, dann dürfen wir höchstens 1 Ampere Strom entnehmen und können das nach erfolgter Ladung 10 Stunden lang tun. – Würden wir nur 0,5 Ampere brauchen, dann könnten wir den Akku 20 Stunden lang entladen.

Soweit gehen wir allerdings nicht. Vor seiner völligen Entladung muß er wieder aufgeladen werden. Dabei dürfen wir dann ebenfalls das 1 Ampere, jetzt als Ladestrom, nicht überschreiten. Weniger schadet nichts. Die Ladung dauert eben länger.

Kapazität

Dieses vielsagende Wort hörte ich einmal als kleiner Junge einen Erwachsenen aussprechen. Er sagte es zu einem anderen. Ich weiß nicht mehr, in welchem Zusammenhang.

Wäre ich damals einem Elektriker unter die Finger gekommen, dann hätte der mir wahrscheinlich folgendes gesagt: »Junge, die zwei Mannsleute, die da von Kapazität sprachen, waren sicher Kollegen. Und unter Kollegen drückt man sich manchmal kurz und für andere Leute schwer verständlich aus. Kapazität heißt nichts anderes als *Kondensator.*«

»Wie, bitte?«

»Du hast ganz richtig verstanden. Ein Kondensator ist ein Ding, das man für das Aufspeichern von Elektrizität brauchen kann. Nichts als zwei Metallplatten, zwischen denen Luft oder ein anderer Isolator liegt. Schließt du jede Platte an einen Pol einer Gleichstromquelle an, dann lädt sich das Ding. Wenn du nachher die Anschlüsse abklemmst und ihre Enden zusammenhältst, dann entleert es sich wieder. – Bei Wechselstrom ist es anders, den läßt der Kondensator einfach glatt durch. Aber das verstehen wir Fachleute nicht einmal – wie solltest dann ausgerechnet du…«

Hier muß ich die Unterhaltung abbrechen. Inzwischen sind eben die Fachleute hinter die Schliche des Kondensators gekommen. Die Elektronen haben ihnen dabei geholfen. Und die Elektroleute haben erkennen und bekennen müssen, daß sie sich lange, lange Zeit mit dem Kondensator schwer getäuscht hatten.

Aber fangen wir beim Gleichstrom an. Nehmen wir unser bewußtes Plattenpaar mit der isolierenden Luftschicht zwischen den Platten. Eine von ihnen klemmen wir an den negativen, die andere an den positiven Pol einer Batterie. Ehe wir den Stromkreis schließen, legen wir in eine der beiden Leitungen eine Glühlampe. Dann schließen wir an.

Wir können beobachten: Kurze Zeit leuchtet die Lampe auf.

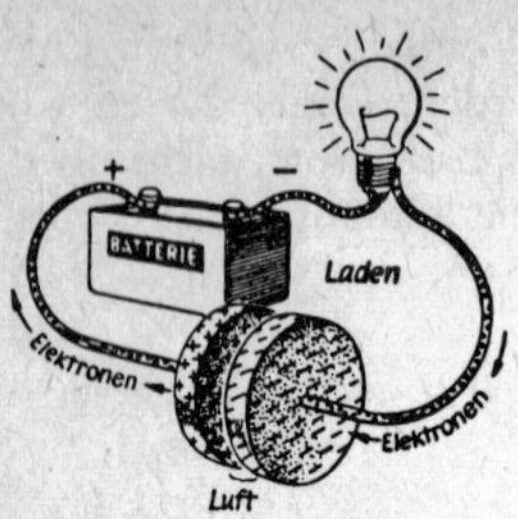

Bild 153. Kondensator beim Laden. Die Elektronen sammeln sich auf der einen Platte und werden von der anderen abgezogen. Das täuscht ein Durchlassen des Stromes vor

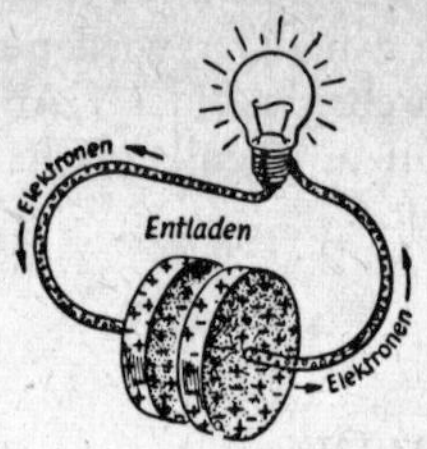

Bild 154. Kondensator beim Entladen. Die überzähligen Elektronen fließen zur elektronenarmen Platte zurück. Ein Durchlaß zwischen den Platten findet auch jetzt nicht statt

Dann erlischt sie wieder. – Lösen wir die Drähte von der Batterie ab und führen ihre Enden zusammen, dann glüht die Lampe ebenfalls wieder auf und erlischt ebenso plötzlich wieder. Wie kommt das?

Von unserer Batterie wissen wir, sie hat einen positiven und einen negativen Pol. Wenn wir, etwa unter Zwischenschaltung einer Lampe, die Pole miteinander verbinden würden, dann würden die aus der Stromquelle am Minuspol auftretenden Elektronen zum Pluspol hinübereilen. Das ist uns auch bekannt.

Legen wir nun in die Leitung unser Plattenpaar hinein, dann geht die Geschichte etwas anders. Nämlich so: Die vom Minuspol kommenden Elektronen stürmen auf die an ihn angeschlossene Platte ein. Sie gesellen sich zu den im Metall der Platte selbst sitzenden Elektronen. Da der Pluspol aber an Elektronenmangel leidet – darum ist er ja pluselektrisch –, zieht er aus der an ihn angeschlossenen Platte die dort befindlichen Elektronen heraus. Es findet also gleichzeitig an der negativen Platte ein Elektronenzufluß, an der positiv angeschlossenen Platte ein Elektronenabfluß statt – wie in einem regelrechten Stromkreis. Freilich mit dem Unterschied, daß dieser Vorgang nur so lange dauert, bis der Kondensator »geladen« ist.

Wenn wir nach dem Laden die Drähte untereinander verbinden, dann suchen die viel zu dicht beieinandersitzenden Elektronen auf der einen Platte dahin zu gelangen, wo gerade Elektronenmangel herrscht. Sie wandern von der durch die Ladung negativ gewordenen Platte auf die positive hinüber. Über die

Zeit der Wanderung fließt also ein Strom, der das zweite Aufleuchten der Lampe bewirken mußte.

Das sieht fast so aus, als ob der Kondensator während des Aufladens und Entladens den Strom durchließe und ihn während des Geladenseins sperrte. Tatsächlich sperrt er aber immer infolge der Isolierwirkung der Luftschicht zwischen den Platten. –

Wieviel Volt Spannung der Kondensator aufnehmen bzw. abgeben kann, das bestimmt sein Fassungsvermögen.

Es ist um so größer, je größer die an der Ladung beteiligten Platten und je kleiner die Abstände dieser Platten zueinander sind. Um die Platten möglichst groß zu machen und dabei auf kleinstem Raume unterzubringen, verwendet man gerne dünn ausgewalztes Stanniol dazu. Um den Abstand recht klein zu halten, wählt man statt der Luft vielfach stärker isolierende, durchschlagsfestere Stoffe wie paraffingetränktes Papier oder Glimmer.

Durch die begrenzte Isolierfähigkeit auch dieser Stoffe ist dem Fassungsvermögen des Kondensators natürlich eine Grenze gesetzt. Ist die Isolierschicht, das sogenannte Dielektrikum, zu dünn im Verhältnis zur angelegten Spannung oder übersteigt diese das zulässige Maß, dann springen die Elektronen durch den Isolator über. Man sagt, der Kondensator schlägt durch. Wo man statt der Luft einen anderen Isolierstoff verwendet hat, bedeutet das Durchschlagen gleichzeitig zumeist den Tod des Kondensators.

Bei Wechselstrom dürfte nach unserer Erklärung verständlich sein, daß die ständige Umpolung der Platten ein stetes Hinundherfließen der Elektronen zur Folge hat. Selbstverständlich auch hier, ohne die Isolierschicht zu überspringen. Der rasche Polwechsel, die daraus folgenden Ladungen und Entladungen täuschen ein Durchlassen vor, das um so günstiger erscheint, je höher die Stromfrequenz ist. Darum hört man fälschlicherweise immer wieder vom Durchlaßvermögen des Kondensators bei Wechselstrom.

In der Praxis hat der Kondensator ein weites Anwendungsgebiet. Bei Gleichstrom dient er vielfach als »Funkenschlucker«. Schaltet man ihn zum Beispiel parallel zum Anker eines Kollektormotors, dann dient er zur Vermeidung von Störungen beim Rundfunkempfang.

Bei Wechselstromgeräten hat der Kondensator ganz andere Aufgaben zu erfüllen. Unter anderem dient er zur ganzen oder teilweisen Aufhebung der Phasenverschiebung in induktiv belasteten Stromkreisen. Die ständige Umladung des Kondensators durch die wechselnde Folge erst einer positiven, dann einer negativen Spannung bewirkt, daß beim Umpolen der gegenläufige Strom rascher zur Stelle ist, als die verhältnismäßig langsam ansteigende Veränderung der Spannung. Hier eilt der Strom also der Spannung voraus.

Von einigen weiteren Verwendungsgebieten des Kondensators wird später zu sprechen sein. Seine vielseitigste Verwendung findet er im Rundfunkgerät. Ohne ihn könnte man nicht durch den Äther sprechen. Hier hat er auch vielerlei Formen. Als Blockkondensator wird er aus wechselnden Lagen eines Leiters und eines Isolators gebildet. Im Becherkondensator sind lange Stanniol- und wachsgetränkte Papierbänder aufeinandergewickelt.

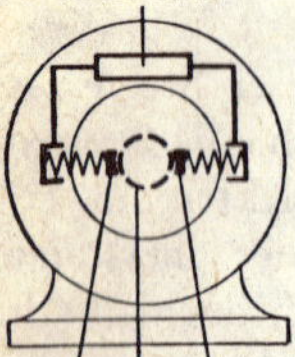

Bild 155. Kondensator zur Rundfunkentstörung von Kollektormotoren

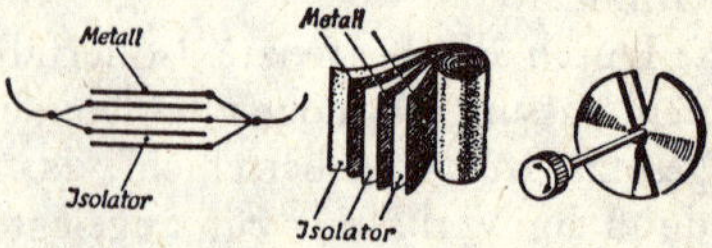

Bild 156. Kondensatoren. Links: Blockkondensator und Mitte: Becherkondensator aus wechselnden Lagen von Metall und Isolator gebildet. Rechts: Drehkondensator, bei dem die Luft als Isolator wirkt

Im modernen *MP-Kondensator* ist ein äußerst feiner Metallbelag durch besondere Verfahren auf ein sehr dünnes, für seine Aufgabe vorbehandeltes Papierband aufgetragen. Das dadurch entstandene Metallpapier hat dem Kondensator zu seiner Bezeichnung verholfen. Zusammengerollt läßt sich mit diesem Metallpapier auf kleinstem Raum eine sehr große Ladefläche erzielen. Ein nicht zu unterschätzender Vorzug vor anderen Kondensatoren zeichnet den MP-Kondensator außerdem aus: Er ist so gut wie unempfindlich gegen Durchschläge, da sich um die Durchschlagstelle im Augenblick des Entstehens eine isolierte Lücke im Metallbelag bildet. Gemessen an der Gesamtfläche des Belags sind die möglichen Lücken so klein, daß dadurch nicht einmal die Kapazität des Kondensators spürbar herabgesetzt wird.

Im Drehkondensator bildet die Luft den Isolator. Durch Hinein- oder Herausdrehen des segmentartigen Plattenteils wird seine Kapazität verändert.

Wo es, wie etwa im tragbaren Blitzgerät des Liebhaberfotografen, darum geht, bei sehr hoher Ladefähigkeit den Kondensator möglichst klein und leicht zu gestalten, greift man gerne zum *Elektrolytkondensator.* »Elko« sagen die Fachleute gewöhnlich dafür.

Wir sagten bereits in einem früheren Kapitel, daß sich Aluminium durch die Einwirkung der Luft oder durch Mithilfe des elektrischen Stroms mit einer isolierenden Oxydationsschicht versehen lasse. Diese Schicht ist außerordentlich dünn und läßt sich im Elko als Dielektrikum (isolierende Schicht) verwenden. Da die Größe der Kapazität nun aber mit der abnehmenden Stärke des Dielektrikums zunimmt, liegt es nahe, diese Erscheinung auszunützen.

Im Elko sind wechselnde Schichten aus Aluminiumfolien und Fließpapier aufgerollt. Das Fließpapier ist mit gut leitenden Chemikalien getränkt, die gleichzeitig geeignet sind, die Bildung einer Oxydschicht an der Aluminiumoberfläche zu fördern. Die Aluminiumfolie ist also der eine, die Elektrolytflüssigkeit der andere »Plattenbelag« des Kondensators. Das Dielektrikum, nämlich die Oxydschicht, ist hauchdünn.

Eine Einschränkung bietet die Besonderheit dieses Kondensators: am Aluminium muß immer der Pluspol der Stromquelle liegen. Beim Anschluß des Geräts muß darauf streng geachtet werden. Falsches Polen würde den Elko zerstören. Da aber der Wechselstrom sich gewissermaßen stets selbst umpolt, läßt sich der Elko bei Wechselstrom nicht verwenden.

Und noch eins muß man zu seinem Nachteil sagen: Für höhere Spannungen als etwa 450 Volt lassen sich Elektrolytkondensatoren nicht verwenden. Falls höhere Spannungen vorliegen, müssen also zwei oder mehrere Kondensatoren hintereinandergeschaltet werden. Dem Mangel läßt sich also auf einfache Weise abhelfen.

Daß die Elektrolytflüssigkeit gelegentlich austrocknen kann, ist erheblich bedenklicher. Dadurch sinkt seine Kapazität bedeutend herab. Den ihm aufgetragenen Dienst verrichtet er dann nur noch sehr beschränkt. Vom Radiogerät her wissen wir, daß der Elko, nach mehrjähriger Betriebszeit freilich, die Ursache dafür sein kann, daß Lautstärke und Tonreinheit unseres Empfängers nicht mehr die früher übliche Güte besitzen. – Ein neuer kostet dann nicht viel. Wenn dann ein MP-Kondensator an die Stelle des Elko tritt, werden wir einen ähnlichen Mangel nicht mehr beklagen können. Voraussetzung ist allerdings, daß der Platz dafür ausreicht.

Zum Schluß noch eine kleine sprachliche Überlegung. Sagt man: der Kondensator *ist* eine Kapazität oder er *hat* eine Kapazität?

Im Sprachgebrauch der Elektriker begegnet uns beides. Kapazität heißt »Fassungsvermögen«. In diesem Sinne erscheint es richtiger, zu sagen: der Kondensator *hat* eine Kapazität. Weil die Kapazität aber eine hervorstechende und besondere Eigenschaft des Kondensators ist, hört man ebensogut sagen: der Kondensator *ist* eine Kapazität. – Hat oder ist! Überlassen wir die Entscheidung den Gelehrten...

Elektrizität dreht

In raschem Siegeszug hat der Elektromotor fast alle anderen Geräte zur Erzeugung von Drehbewegung aus dem Feld geschlagen oder sie in die ihrer Eigenart entsprechende Sonderstellung verwiesen. In Fabriken, in Werkstätten des Handwerkers, in landwirtschaftlichen Betrieben ist er unentbehrlich geworden. In den Kreis der Hausfrau ist er eingebrochen. Selbst dort verdrängt er altgewohnte Geräte. Mit ihm tut das neue Gerät seine Arbeit besser, als es das alte zuvor konnte. Und wie billig tut es seinen Dienst!

Betrachten wir erst den *Staubsauger*, den wichtigsten Helfer der Hausfrau. In einem dichtgewobenen Sack sammelt er den Staub aus Kanten und Fugen, aus Decken und Polstern, aus Vorhängen und Teppichen. Zu Boden gefallene Brosamen und Fäden schluckt er mit seinem gierigen Maul, in das ein von einem Elektromotor angetriebenes Flügelrad gewaltige Mengen Luft und all die unreinen Dinge mit einsaugt, die sich fremd und frech auf unserer Wohnungseinrichtung niedergelassen haben.

Je nach Größe und Schluckvermögen tut es der für den Hausgebrauch bestimmte Staubsauger bei einer elektrischen Leistungsaufnahme von durchschnittlich 200 Watt um ein paar Pfennige eine ganze Stunde lang.

In Büros und Werkstätten, aber auch in Haushalten, wo man die Ausgaben für die Anschaffung nicht scheut, werden häufig auch Staubsauger gebraucht, die gleichzeitig den Boden bohnern. Neben der Saugarbeit wird hier dem Motor gleichzeitig der Antrieb von meist zwei rotierenden Bürsten übertragen. Bürsten und Saugen geschieht hier also zugleich. Man braucht diesen »Saugbohner« nur, einem Sackkarren ähnlich, durch die Zimmer zu schieben.

Ein *Ventilator* – Lüfter sagt man mit dem deutschen Wort dazu – ist die Umkehrung des Staubsaugers. Wie beim Staubsauger ist es auch hier ein Universalmotor, der die Windflügel oder das Windrad antreibt. Für den Haushalt-Lüfter kann das ein kleiner Motor gut genug. Mit 30 oder 40 Watt Leistungsaufnahme bringt er eine ganze Menge Wind in die Stube. 2000 bis 3000 Umdrehungen in der Minute genügen dafür. Vornehme Lüfter können mit Hilfe eines mehrstufigen Schalters über verschieden groß bemessene Widerstände geregelt werden. Je nach Schalterstellung laufen sie rascher und langsamer. Und die ganz vornehmen sind nicht nur Lüfter, sondern zugleich auch Heizer. Sorgt ein weiterer Stufenschalter dafür, daß wahlweise mehr oder weniger Windungen eines Heizwiderstands im Luftstrom liegen, dann sind alle Wünsche erfüllbar, die man an ein Heizgerät in der Übergangszeit stellen kann. Vom Augenblick des Einschaltens an trägt der Lüfter die Wärme dahin, wo man sie braucht.

In gleicher Weise arbeitet die *Heißluftdusche*, die sich beim Haartrocknen besondere Verdienste erworben hat. Sie bläst die von einem Schaufelrad bewegte Luft durch eine Düse, wenn ihr Motor eingeschaltet wird. Dreht man den Schalter auf eine zweite Kontaktstelle, dann kriegt außer dem Motor ein in die Luftdüse eingebauter Widerstand Strom. Der erwärmt die vorbeistreichende Luft. Bei einem Kilowattstundenpreis von 20 Pfennig könnte man sich um einen einzigen Groschen eine ganze Stunde lang die Haare damit trocknen.

Ein weiteres Mittel zur Schönheitspflege ist der *elektrische Rasierapparat*. Je nach Herkunft und Konstruktion ist das im Handgriff eingebaute Motörchen für den Betrieb aus der Taschenlampenbatterie, aus der Autobatterie oder aus der Wandsteckdose – bei 110 oder 220 Volt Netzspannung – eingerichtet. Wer ein Trockenrasiergerät besitzt, dem sind Rasiermesser und -klingen und Rasierseife überflüssig geworden.

Je nach Bauart ist es eine jalousieartige Messerreihe, die hin und her schwingt, oder sind es kreisförmig geordnete, gegenläufig rotierende Messerköpfe, die den Bartstoppeln zu Leibe

Bild 157. Rasierapparat mit rotierenden Messerköpfen

rücken. Mit der Haut kommen diese Messer wohl kaum in Konflikt. Wie der Friseur beim Schneiden der Kopfhaare zwischen Kopfhaut und Schere einen Kamm legt, so dienen auch beim Trockenrasieren kammähnliche Gebilde zum Schutz der Haut. Sie sind so fein und lassen es zu, daß die Haut in den Haarkanal zurückgedrückt werden kann. Dadurch bleiben beim Rasieren nicht einmal kleine Haarstümpfe stehen.

Das *Haarschneidegerät* in der Hand des Fachmanns ist ja ebenfalls schon lange elektrisch angetrieben. Im Handgriff des Geräts selbst oder in einem besonders aufgehängten Gehäuse sitzt ein Motor, der die Schneiderechen in Bewegung versetzt.

In ähnlicher Weise wird der gefürchtete *Bohrer des Zahnarztes* durch einen Motor betrieben. Eine biegsame Welle überträgt die Drehung zum Werkzeug hin.

So lassen sich natürlich auch die für größere Bohrleistungen gedachten *Handbohrmaschinen für Handwerk und Industrie* einrichten. Zumeist sitzt hier der Bohrer aber am Vorderteil der Maschine selbst und erhält seine Drehung direkt vom Motor oder über ein zwischengelegtes Zahnradgetriebe. Mit 80-Watt-Motoren lassen sich Löcher bis zu 7 mm Durchmesser bohren. Für größere Löcher muß auch der Motor stärker sein.

Als *Universalwerkzeug* kann der »Handmotor« für die verschiedensten Arbeiten eingerichtet werden. Er bohrt, schleift, fräst, poliert, schraubt, bördelt und nietet. Ja, er kann sogar Bleche schneiden. Dabei ist er äußerst genügsam in Platzbedarf, Stromverbrauch und Behandlung und verrichtet seine Arbeit häufig rascher und ist auch in der Anschaffung billiger als die meisten Werkzeuge, die vor ihm diese Arbeiten besorgt haben.

Eins der kleinsten Motörchen treibt die *elektrische Uhr.* Mit

3000 Umdrehungen – zumeist als Wechselstrom-Synchronmotor gebaut – ist sie von unübertrefflicher Genauigkeit. Kaum 2 Watt (zwei Watt!) ist ihre Leistungsaufnahme. Für den Preis einer einzigen Kilowattstunde liefert sie also mehr als 500 Stunden lang genaue Zeit ins Haus.

Eine besondere Verwendung findet die Elektrouhr für Schaltzwecke. Pünktlich mit dem Einbruch der Dämmerung schaltet sie das Schaufensterlicht ein. Und ebenso pünktlich schaltet sie es zur gewünschten Stunde wieder aus.

Aber zurück zum Haushalt. – Die elektrisch betriebene *Nähmaschine* ist schon lange keine Seltenheit mehr. 15 Stunden lang treibt der kleine Motor die Maschine um den Betrag, den eine Kilowattstunde kostet. Und der Fuß der Hausfrau darf nur den Hebel eines Regulierwiderstandes niederdrücken, dann ändert sich die Geschwindigkeit – ganz ähnlich wie beim Auto durch Drücken des Gashebels.

In der Küche sorgt die *Küchenmaschine* für Entlastung der Hausfrau. Ein kräftiger Motor im Gerätegehäuse macht es ihr bei vielerlei Arbeiten leicht. Die Maschine rührt Mayonnaisen und knetet Teig. Sie schneidet Obst und Gemüse. Sie raspelt und reibt und mahlt. Sie hackt Fleisch und hilft bei der Herstellung von Gelees und Marmeladen, von Süßmost und Likören, von Nudeln und Makkaroni.

Der Allstrommotor treibt nach Wunsch Rührarm, Mixmesser, Schneid- oder Raspelscheiben und eine ganze Anzahl von Zusatzeinrichtungen. Bei 110 oder 220 Volt Gleich- oder Wechselstrom nimmt die Maschine bis zu 400 Watt auf. Bei einem Preis von 20 Pfg. pro Kilowattstunde tut sie also um ganze 8 Pfennig eine volle Stunde lang ihren Dienst. Dabei ist sie beispielsweise mit dem Kneten des schwersten Nudelteigs – aus 1 kg Mehl und den nötigen Zutaten – schon in etwa 4 Minuten fertig. Rechnen wir nach: für ½ Pfennig an Stromkosten tut sie das.

In der Waschküche hilft die *Waschmaschine* beim Waschen. Wenn wir wollen, können wir der geplagten Hausfrau sogar eine selbsttätige Waschmaschine kaufen. Da füllt sie dann am Abend die Wäsche ein, betätigt einen Schalter und legt sich ins Bett. Und am andern Morgen ist die saubere Wäsche zum Trocknen bereit. Der zumeist billigere Nachtstrom (6 bis 8 Pfg. pro kWh) besorgt das Waschen zum Spottpreis von kaum einer halben Mark.

Nach einem ähnlichen Prinzip arbeitet die *Spülmaschine.* Elektrisch erhitztes Wasser unter dem Druck einer elektrisch betriebenen Pumpe besorgt die Reinigung des Geschirrs und Bestecks, das in kürzester Zeit gesäubert und getrocknet der Maschine entnommen werden kann.

Nach dem Waschen legt man die nasse Wäsche in die *Wäscheschleuder,* die ebenfalls durch einen Motor betrieben wird und ohne Schaden für die Gewebe das Wasser aus den Stoffen treibt. Kurzes Nachtrocknen noch – fertig ist die Wäsche.

Bevor wir unsere Liste über die elektromotorisch getriebenen Einrichtungen und Maschinen abschließen, wollen wir noch einen kurzen Blick auf die wichtigsten Verkehrsmittel werfen, die elektrisch betrieben werden:

Elektrokarren und Elektromobil sind heute zwar wegen ihrer kleinen Fahrgeschwindigkeit und geringen Reichweite von den Straßen verschwunden. Auf den Bahnsteigen der Eisenbahn, im Innenverkehr großer Fabrikbetriebe begegnen sie uns aber häufig. Sie führen unter dem Ladeboden ihr Elektrizitätswerk mit sich herum. Es ist eine Anzahl leistungsfähiger Akkubatterien, die meist mit dem billigeren Nachtstrom geladen werden und einen in der Höhe der Treibachse sitzenden Hauptstrommotor speisen. Teils durch Vorschalten von Widerständen, teils durch wechselndes Parallel- und Hintereinanderschalten von Batteriezellen und Zellengruppen läßt sich die Fahrgeschwindigkeit regeln. – Wird der Anker des Motors gegenüber der Feldwicklung umgepolt, dann fährt der Elektrokarren rückwärts.

Gar nicht sehr verschieden vom heute üblichen Elektrokarren war übrigens die erste im Jahre 1835 in den USA erbaute elektrische Lokomotive. Ihr Erfinder Davenport hatte allerdings noch keinen Akku zur Verfügung. So mußte er sich mit den damals üblichen galvanischen Elementen begnügen.

Die elektrische *Straßenbahn* ist uns allen gewiß nicht fremd. Wie der Wagenführer die Weiche stellt, haben wir an anderer Stelle schon besprochen. Je nach Bauart ist sie mit einem oder mit zwei, als sogenannte Schnellbahn bisweilen sogar mit 4 Motoren ausgerüstet. Die dem Stadtverkehr dienenden Bahnen werden einheitlich mit Gleichstrom von 500 bis 550 Volt betrieben. Dabei ist es üblich, die Schienen mit dem Minuspol und den Fahrdraht mit dem Pluspol des Gleichstrom-Generators oder des Gleichrichters zu verbinden.

Die Leistungsaufnahme eines Motorwagens der Straßenbahn beträgt gewöhnlich etwa 100000 Watt.

Wegen ihres hohen Anzugsvermögens sind die Motoren in

Hauptstromschaltung gebaut. Selbst hohe Überlastungen durch Überbesetzung zur Zeit der Verkehrsspitzen oder durch Überwinden von Bergstrecken nehmen sie nicht übel.

Mit Hilfe des Fahrschalters bestimmt der Wagenführer die Fahrgeschwindigkeit. Zur Regelung dienen nicht nur eingebaute Widerstände. Durch komplizierte Schaltungen ist man bestrebt, die verschiedenen Geschwindigkeiten auf möglichst wirtschaftliche Weise zu erzielen. Man legt nämlich nicht nur den Motoren Widerstände vor, die man allmählich herausnimmt, bis sich bei voller Belastung die volle Motorleistung ergibt. Vielmehr ist man bestrebt, durch ursprüngliches Hintereinanderschalten der Motoren und späteres Übergehen auf Parallelschaltung, den Betrieb möglichst ohne Wärmeverluste in den Widerständen zu gestalten. Besonders bei häufigem Anfahren nach den Haltestellen kann hier bedeutend gespart werden.

Besonders interessant ist aber, was beim Betätigen der »Strombremse« vor sich geht. Hier wird nun verwirklicht, was uns zu Beginn unserer elektrischen Betrachtungen wohl theoretisch richtig, praktisch aber wahrscheinlich nicht so ganz brauchbar erschien: Ein Motor sei nichts anderes als sozusagen ein umgekehrter Generator, sagten wir da.

Stellt der Wagenführer den Fahrschalter in Richtung »Bremsen«, dann ist einmal die Stromzufuhr aus Fahrdraht und Schiene abgeschaltet. Vom fahrenden Wagen her getrieben, wirken die Motoren nunmehr als Generatoren. Die von ihnen erzeugte Energie wird im Anlasser (nunmehr Bremswiderstand) in Wärme umgewandelt. Schrittweise wird der Widerstand herausgenommen, bis die Motoren (= Generatoren) schließlich kurzgeschlossen sind. So blockiert das Feld den Anker des Motors. Der Wagen steht.

Dem Wagenführer muß das alles natürlich so leicht wie nur möglich gemacht sein. Er rückt Stufe um Stufe die Schaltkurbel vor. Was im Schaltkasten bei der wechselnden Zusammenschaltung der Motoren und Widerstände vor sich geht, braucht er nicht einmal zu wissen. Wenn er »auf Draht« ist, weiß er es. Um so mehr Freude macht es ihm dann, wenn er einem wissensdurstigen Fahrgast gelegentlich die oben beschriebene Auskunft geben kann.

Eine Frage nun: Wissen Sie, daß bei der *Elektrischen Eisenbahn* die Spannung zwischen Fahrdraht und Schiene 15 000 Volt beträgt? Das ist so. Das ist Hochspannung. Die Zackenpfeile

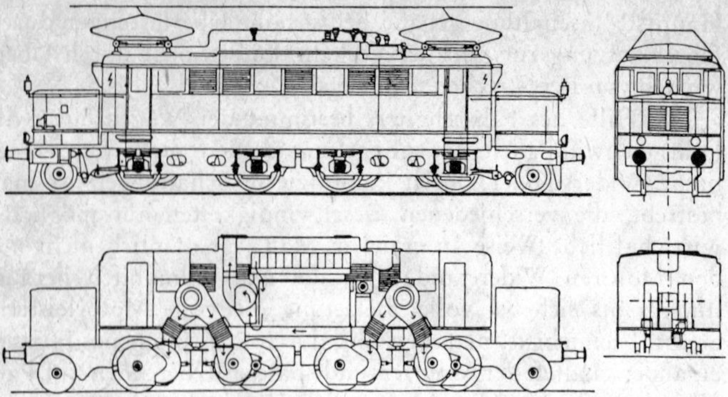

Bild 158. Schnellzugslokomotive 1 B_0–B_0 1 mit 2 Treibachsen mit je einem Motor

und die Hinweise auf Lebensgefahr auf den Masten bestehen also zu Recht.

Es ist Wechselstrom, Einphasen-Wechselstrom von 16⅔ Perioden, der in den Fahrdrähten pulst. Wenn wir uns die gewaltige Leistungsaufnahme einer Güterzugs-Lokomotive vor Augen halten, dann wird uns klar, warum man sich beispielsweise nicht mit den »üblichen« 220 oder 380 Volt Betriebsspannung begnügt:

4 Millionen Watt kann die Energieaufnahme einer einzigen Lokomotive betragen. Das entspräche bei 380 Volt einer Stromaufnahme von mehr als 10000 Ampere. – Wie stark müßten da die Leitungen sein! Wie groß wären da die Verluste! Wo nähme man da das viele teure Kupfer her?

Warum man in der Mehrzahl der Bahnanlagen aller Länder Einphasen-Wechselstrom dem sonst so viel gelobten Drehstrom mit drei Phasen vorzieht, ist dadurch begründet, daß es einmal einfacher und billiger ist, einen einzigen Fahrdraht, statt dreier Drähte zu verlegen. Ferner kann man bei Einphasen-Wechselstrom Hauptstrommotoren benutzen, die für die Zwecke des Bahnbetriebs die häufig genannten, unbestreitbar guten Eigenschaften haben.

Ein letztes kleines Rätsel geben uns noch die 16⅔ Perioden des Bahnstroms auf. Warum man nicht auch die sonst gebräuchlichen 50 Hertz gewählt hat, ist dadurch begründet, daß die Induktionsverluste um so größer sind, je höher die Stromfrequenz ist. Sowohl in den Leitungen als auch in den induktiven Verbrauchern, den Transformatoren und Motoren also, wirkt sich die niedrigere Schwingungszahl günstiger aus als eine höhere.

Betrachten wir nun den schematischen Aufbau einer elektrischen Güterzugslokomotive. Einen großen Raum in der Mitte des Fahrzeugs nimmt der Transformator ein, dessen Primärseite von den Schleifbügeln her mit 15000 V Wechselstrom gespeist wird. Die Sekundärwicklung ist in eine große Anzahl kleiner Abschnitte aufgeteilt. Die Anschlüsse zu den Abschnitten sind herausgeführt. Sie münden in Schaltschütze, die vom Lokführer mit dem Fahrschalter durch Fernschaltung betätigt werden.

Der Fahrschalter ähnelt dem der Straßenbahn. Durch Zuschalten von mehr Wicklungsabschnitten des Transformators erhalten die Motoren eine höhere Spannung. Dadurch wächst ihre Drehzahl und somit auch die Fahrgeschwindigkeit. Vom Augenblick des Anfahrens an wird somit allein durch die Regelung des Trafos die Speisung der Motoren bestimmt. Der Wegfall von Anlaßwiderständen macht den Antrieb also selbst dann wirtschaftlich, wenn die Lok nicht mit Vollast läuft.

Je nach der Bauart besitzt die E-Lok der Vollbahn einen, zwei, vier oder mehr Motoren, die über Zahnräder mit den Treibachsen der Schienenräder in Verbindung stehen.

Damit wollen wir unsere Betrachtungen über den Elektromotor als Antriebsmittel für die verschiedenen Bahnen schließen. Wenigstens ein kleiner Seitenblick mag aber noch jener anderen Eisenbahn gelten, die Väter und Söhne alljährlich um Weihnachten kameradschaftlich auf die Knie zwingt: die elektrisch betriebene *Spieleisenbahn*.

Wie mancher Vater ist durch dieses niedliche, aber höchst interessante Spielzeug zum Elektrobastler aus Lust und Leidenschaft geworden. Und wie mancher Sohn hat im Spiel mit Trafo und Draht und Schiene, im Ausknobeln von Kunstschaltungen für automatischen Betrieb mit zwei und drei Zügen, im Selbstbau von Beleuchtungsanlagen, von elektromagnetisch betätigten Weichen und Schranken und Signalen den Grund zu seinem späteren Beruf gelegt.

»Ohmsches Gesetz?« hätte mich mein zwölfjähriger Sohn seinerzeit verwundert fragen können. Diesen Begriff kannte er damals noch nicht. Aber gerechnet und überlegt hat er mit den Volt und den Ohm und den Ampere. Und im praktischen Gebrauch erspürt hat er es, wie diese Größen zusammenhängen. Und das ist noch mehr für einen kleinen Jungen als eine Formel, mit der er nichts anzufangen weiß. Wenn die Formel später in sein Gesichtsfeld tritt, dann begreift er sie auch. Ist sie doch dann über ihren wissenschaftlichen Sinn hinaus vom wunderbaren Erleben unzähliger Bastelstunden und vom beglückenden Gefühl erfolgreichen Nacherfindens erfüllt.

Muß ich hier ein persönliches Geständnis ablegen? Ich tue es: Es lebe die elektrische Spieleisenbahn!

Elektrizität wärmt

Daß Elektrizität wärmt, das haben wir wahrlich schon des langen und breiten besprochen. Denken wir nur an das *Bügeleisen.* Der Widerstand, der die Hitze erzeugt, ist fein in Asbest gebettet im Eisen drin. Zur Verstärkung der elektrischen Isolierung dient meist noch Glimmer. Durch sinnreiche, im oberen Hohlraum des Eisens eingebaute Schalter kann der Strom die Hitze selbst regulieren.

Die *Elektrokochplatte* ähnelt in ihren elektrischen Bestandteilen dem vorbeschriebenen Gerät. Sie ist eigentlich nur ein auf den Kopf gestelltes Bügeleisen. Die Heizwiderstände sind allerdings in eine keramische Masse eingelegt, bei teueren Geräten sogar eingegossen. Zur vollen Ausnützung der Wärme ist es dann gut, besondere Kochtöpfe mit plangeschliffenen, massiven Böden zu verwenden.

Beim *Elektrokocher* sind Heizwiderstand und Kochtopf zu einem Ganzen vereinigt. Die Leistung eines solchen Widerstands für 1 Liter Wasser beträgt ungefähr 400 Watt, entspricht also etwa der des Bügeleisens. In 10 Minuten kocht das Wasser schon.

Der *Tauchsieder* ist ebenfalls ein mit Widerstand versehenes Hilfsgerät zum Anwärmen von Getränken.

Lassen wir die Eisenteile am Kocher weg, dann haben wir einen *Heizofen.* Er ist nichts anderes als ein nackter Widerstand, der durch Gitterstäbe vor Zugriff geschützt ist und wahlweise, je nach Schalterstellung, 1000 oder 2000 Watt elektrischer Energie in Wärme umsetzt. Durch gewölbte Blechwände wird die Hitze in einer bestimmten Richtung ausgestrahlt.

Wenn wir die Heizwiderstände mit einem geräumigen, wärmeisolierenden Kasten umgeben, haben wir einen *Brat- und Backherd.*

Bringen wir sie in ein elektrisch isoliertes, wasserdichtes Ge-

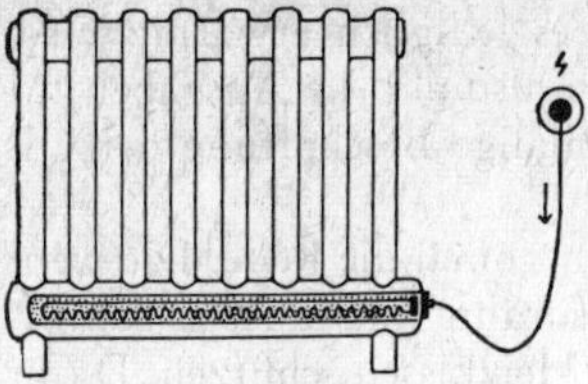

Bild 159. Radiator, Ein Heizwiderstand erwärmt das in den Heizrippen befindliche Öl

Bild 160. Aquarienheizer mit selbsttätigem Temperaturregler

häuse, das von Wasser umspült werden kann, dann haben wir einen *Warmwasserspeicher.* Eine Zuflußröhre für kaltes, eine Abflußröhre für das erwärmte Wasser ergeben einen *Durchlauferhitzer.*

In ähnlicher Weise wirkt die elektrische *Kaffeemaschine.*

Die Heißluftdusche und den *Heizstrahler* als Warmluftspender haben wir bereits kurz besprochen. In beiden Geräten wird die elektrisch erzeugte Wärme durch elektromotorisch betriebene Ventilatoren bewußt gerichtet. Im kalten Raum können wir so in kurzer Zeit sozusagen eine Wärme-Insel schaffen, die sich beim Heizstrahler langsam über den ganzen Raum hin ausdehnt, wenn wir das Gerät groß genug wählen und lange genug unter Strom halten.

Bauen wir in einen mit Öl gefüllten und in seiner äußeren Struktur der Dampfheizung ähnlichen Heizkörper einen elektrisch gespeisten Widerstand ein, dann bekommen wir einen sogenannten *Radiator.* Wie beim vorbeschriebenen Heizofen geht auch hier die Heizwirkung vom Widerstand aus. Das Öl nimmt die elektrisch erzeugte Wärme auf. Der Anlauf vom Einschalten bis zur vollen Heizwirkung ist zwar länger als beim einfachen Elektroofen. Dafür strahlen die vom Öl erwärmten Heizrippen nicht bevorzugt in einer Richtung, sondern nach allen Seiten. Außerdem speichert das Öl die Wärme über die Zeit der Stromspeisung hinaus. Das zu Anfang der Heizperiode in den Radiator eingefüllte Öl reicht über den ganzen Winter hin. Es wird nicht verbraucht, da es lediglich erwärmt wird. Die Betriebskosten beschränken sich also auf die Ausgaben für den Stromaufwand und für die einmalige Beschaffung der Ölfüllung.

Vom *Heizkissen* war schon früher einmal die Rede. Die wendelförmig aufgedrehten Widerstandsdrähte sind in Asbest eingelegt. Vor Feuchtigkeit soll man das Heizkissen schützen. Dafür braucht man einen wasserdichten Überzug. Durch einen Stufenschalter läßt sich wahlweise ein kleiner oder ein größerer Teil oder der ganze Heizwiderstand zur Wärmeerzeugung heranziehen.

Elektrisch beheizte Aquarien haben der beliebten Pflege exotischer Zierfische einen starken Auftrieb gegeben. Wenn wir es den farbenprächtigen Pfleglingen möglichst angenehm machen und sie uns recht lange erhalten möchten, dann müssen wir vor allem auch für gleichmäßige Wasserwärme sorgen. Für viele Fischarten – und unter ihnen die schönsten – genügt die Zimmertemperatur nicht, zumal sie nachts in den meisten Wohnungen bedeutend niedriger ist als am Tage.

Die dafür angebotenen Industrieerzeugnisse bestehen meist aus sandgefüllten Glasröhren. Im Sand ist ein Heizwiderstand eingebettet. Diese Heizgeräte entsprechen etwa dem Tauchsieder. Sie dürfen freilich nicht so stark bemessen sein, daß sie dem Wasser eine zu große Wärme vermitteln. Die elektrische Leistungsaufnahme soll dem Wasserbestand des Behälters entsprechen. Bei kleineren Aquarien wählt man zweckmäßigerweise 1 Watt Heizleistung für 1 Liter Wasser. Für größere Becken kann die Leistungsaufnahme etwas geringer sein.

Da die Zimmertemperatur – durch Tages- und Jahreszeit bedingt – stärkeren Schwankungen unterworfen ist, wird man bedacht sein, die Heizung diesen wechselnden Verhältnissen anzupassen. Das kann unter Beobachtung eines Thermometers durch Ein- und Ausschalten der Heizung geschehen. Wer ganz sicher gehen will, überträgt diese Arbeit einem automatischen *Heizregler*, der auf etwa 1 Grad genau immer die richtige Wasserwärme hält.

In einem besonderen Glasbehälter, der ins Wasser eingehängt oder aber in die Heizröhre eingebaut wird, ist dieser selbsttätige Schalter. Den Schaltvorgang bewirkt eine Feder aus Bimetall, ein Blechstreifen nämlich, der aus zwei aufeinandergewalzten Metallen besteht. Bei der Erwärmung dehnen sich bekanntlich alle Körper aus. Das Maß der Dehnung ist aber bei verschiedenen Stoffen ebenfalls unterschiedlich. Setzt man daher eine solche Bimetallfeder wechselnden Temperaturen aus, dann verbiegt sich das Blech, weil sich eines der beiden Metalle stärker dehnt oder zusammenzieht als das andere.

Die Feder führt also Bewegungen aus, deren Richtung vom Zunehmen oder Abnehmen der Temperatur abhängig ist.

Diese Bewegungen werden zum Öffnen und Schließen eines Stromkreises benutzt. An der Befestigungsstelle führt man der Feder eine elektrische Leitung zu. Gegenüber dem freien Ende wird ein einstellbarer Kontakt angebracht, der eine Zuleitung zum Heizwiderstand besitzt. Durch die Verschiebung des Kontakts ist es möglich zu bestimmen, bei welcher Temperatur der im gleichen Stromkreis liegende Heizer ein- oder ausgeschaltet wird.

Die Verwendung eines solchen Temperaturreglers ist natürlich nicht nur auf die Aquarienheizung beschränkt. Im Heizkissen machen wir ebenfalls Gebrauch davon. – Der Bimetallschalter ist dort in ein kleines Porzellangehäuse eingebaut. – Auch Bügeleisen lassen sich so regulieren. Und im Kühlschrank sorgt eine ähnliche Einrichtung dafür, daß immer die gleiche Temperatur besteht.

Leicht betrübt ob dieser Erscheinung wollen wir auch das noch vermerken: selbst unsere *Glühlampe* ist leider nicht nur ein Licht-, sondern in viel größerem Maße ein Wärmespender. Und wohl der traurigste Abschnitt im Kapitel über die Elektrowärme müßte davon handeln, daß überall da, wo in elektrischen Leitern Strom fließt, in jedem Stück Draht also, das zu irgendeiner Glühlampe, einem Motor, einer Steckdose führt, in jeder Fernsprech- und Telegrafenleitung, in den Kupferwicklungen der Motoren, Generatoren und Transformatoren, in allen armdicken Kupferseilen, die als Hochspannungsleitung elektrische Energie übertragen – Wärme erzeugt wird, sobald auch nur der geringste Strom fließt. In die Millionen mag dieser Verlust gehen jahraus, jahrein.

Durch reichliche Bemessung der Leiterquerschnitte sind wir bemüht, diesen Verlusten zu begegnen. Im ganzen gesehen, gehen die Kosten auch dafür hoch in die Millionen. Aber wir müssen den Geldaufwand zur Einschränkung der Verluste und die Verluste selbst trotz der Einschränkung in Kauf nehmen.

Elektrizität kühlt

Um es gleich zu sagen: diese Behauptung stimmt nicht. Man sagt bisweilen so. Und bei ihrer Vielseitigkeit möchte man es der Elektrizität auch zutrauen, daß sie nicht nur wärmt, sondern auch kühlt. Aber wirklich kühlen kann sie doch eigentlich nicht. Sie ist nur bei der Erzeugung von Kälte für den Kühlschrank mit tätig. Ganz am Rande bloß. Die Kälte selbst wird durch Verdunstung erzeugt. Es ist Verdunstungskälte.

Wenn man den Daumen anfeuchtet, fühlt er sich kühl an. Am meisten auf der Seite, wo etwa ein Luftzug die Verdunstung begünstigt. Darum kann man mit dem befeuchteten Daumen die Windrichtung feststellen. Eine solche Kühlwirkung kommt ja auch dem Schweiß zu, der bei großer Erwärmung unseres Körpers aus den Poren der Haut tritt. Wenn man beim Nachfüllen des Feuerzeugs oder bei einer Vergaserpanne am Auto Benzin auf den Handrücken bringt, dann wird die Hand kalt. Die größere Kälte wird von der rascheren Verdunstung bewirkt. Je leichter ein Stoff verdunstet, desto stärker ist seine Kühlwirkung.

Das ist eigentlich schon des Rätsels Lösung. Bauen wir in einem Behälter, der die zu kühlenden Speisen aufnimmt, ein Gefäß ein, in dem wir ein Kühlmittel zum Verdampfen bringen. Das ist zum Beispiel Ammoniak, Schwefeldioxyd oder Äthyläther. Durch Verdampfen entzieht das Kühlmittel Wärme – zuerst sich selbst, dann den Wänden des Verdampfers, dann der Luft, die den Verdampfer umgibt und damit dem Kühlraum des Kühlschranks und schließlich den Speisen, die im Kühlschrank aufbewahrt werden.

Durch eine Pumpe wird der entstandene Dampf abgezogen, im Verdichter unter Druck gesetzt und dem Verflüssiger zugeführt. Durch den Druck erwärmt sich der Dampf. Die Wärme gibt er wie der Wasserdampf im Heizkörper an die Außenluft ab. Und wie der Wasserdampf dabei Kondenswasser bildet, so wird aus dem ursprünglich verdampften wieder flüssiges Kühlmittel. Dieses wird einem Vorratsbehälter zugeleitet und durch eine Schwimmereinrichtung ähnlich dem Autovergaser wieder dem Verdampfer zugeführt. Dort kann der Kreislauf von neuem beginnen.

Dieses Verfahren nennt man *Kompressionsverfahren.* Die Pumpe wird von einem kleinen Elektromotor betrieben. Das ist der Anteil, den die Elektrizität dabei leistet.

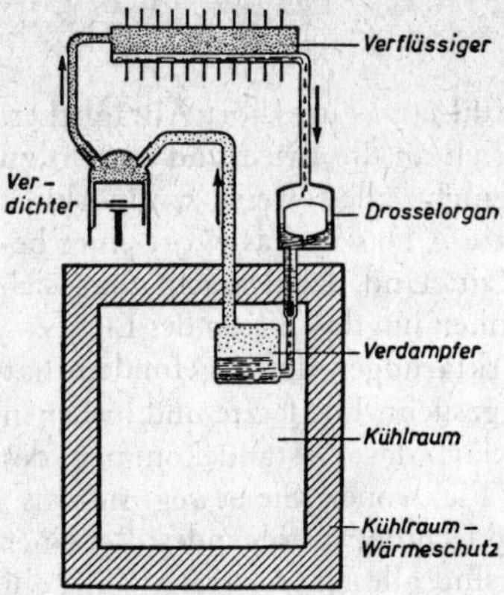

Bild 161. Kühlschrank nach dem Kompressionsverfahren. Die Verdichterpumpe wird durch Elektromotor angetrieben

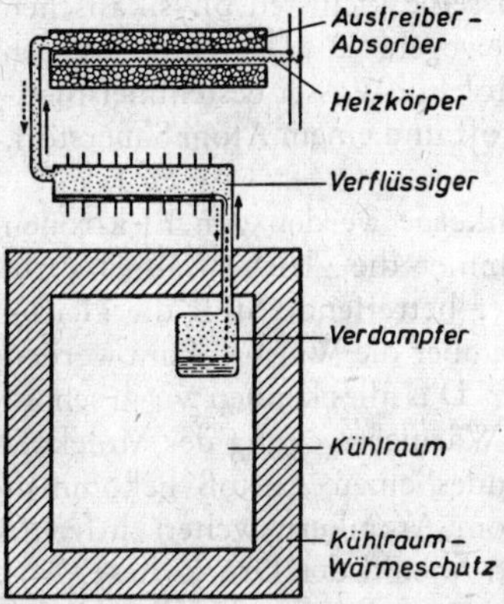

Bild 162. Kühlschrank nach dem Absorptionsverfahren. Elektrische Wärme besorgt die Verdampfung des Kühlmittels

Beim *Absorptionsverfahren* kommen Pumpe und Motor in Wegfall. Hier wird der aus dem Verdampfer aufsteigende Dampf von einer besonderen Flüssigkeit oder einem Salz im Absorber aufgenommen. Das dauert an, bis das Salz mit Flüssigkeit gesättigt ist. So lange dauert die Kühlperiode.

Ihr folgt eine sogenannte Heizperiode. Nun wird der Absorber zum Austreiber. Die Austreibung geschieht durch Wärme, die ein elektrischer Heizwiderstand erzeugt. Die erwärmten Dämpfe geben im Verflüssiger ihre Wärme an die Luft ab. Dabei verflüssigt sich das Kühlmittel wieder und geht zum Verdampfer. Nun kann der Kreislauf wieder von vorn beginnen. – Und, so widersinnig es klingt, wenn wir es nicht allzu genau nehmen, dann haben wir durch elektrische Wärme Kälte erzeugt.

Elektrizität leuchtet

»Für den Laien ist ein Lichtstrahl etwas unerhört Alltägliches. Der Forscher dagegen schlägt sich an die Brust und spricht zu sich selber: Was wüßten wir nicht alles, wenn wir wirklich wüßten, was ein Lichtstrahl ist!« – Das ist das Wort eines bedeutenden Physikers unserer Zeit. Und dabei macht man sich seit Jahrhunderten schon Gedanken um das Wesen des Lichts.

Man hat eine ganze Reihe Erklärungen dafür gefunden, hat sie begründet, verworfen, neue gesucht. Die letzte und bisher in allen Teilen stichhaltigste, erklärt das Zustandekommen des Lichts aus den Bewegungen der Elektronen. Sie bewegt sich also auf bereits bekanntem Boden und sagt etwa folgendes: Bei einer Kälte von −273 Grad Celsius sind alle Körper starr. Wird ein Körper wärmer, dann beginnen seine kleinsten physikalischen Teile, die Moleküle, sich zu bewegen. Die Moleküle werden durch die Atome gebildet. Ein Molekül Wasser besteht beispielsweise aus zwei Atomen Wasserstoff und einem Atom Sauerstoff. Das nur nebenbei. –

Wir wissen weiter: Die Atomkerne werden von Elektronen umkreist, die, jedes einzelne, immer die gleiche Bahn haben. Voraussetzung dafür ist, daß der betreffende Stoff die gleiche Temperatur behält. Steigert man aber die Wärme, dann werden die Bahnen der Elektronen weiter. Das alles kennen wir ja schon. Neu für uns ist, daß durch die Wärmebewegung der Moleküle ein Elektron eines Atomverbandes einen Anstoß bekommen kann, der es in eine andere, vom Atomkern weiter entfernte Bahn »höherer Energie« zwingt. Sobald der Druck dieses Anstoßes nachläßt, geht das Elektron auf seine ursprüngliche Bahn von »geringerer Energie« zurück. Dabei wird der überschüssige Energieunterschied frei und setzt sich in Licht um.

Das ist doch eigentlich eine ganz annehmbare Erklärung. Ihre Bestätigung haben wir in der alten Erfahrung, daß erhitzte Stoffe glühen. Und Glühen ist ja eigentlich soviel wie Leuchten. – Hinter alledem stehen wieder einmal unsere Elektronen.

Dann fliegen also die Elektronen von der Sonne auf die Erde herunter, und wir sehen sie als Licht? Nein! Denn Lichtstrahlen sind nicht Elektronen. Ebensowenig wie Elektronen Elektrizität sind. Elektronen sind nur die Träger der Elektrizität. Die Elektrizität selbst ist eine Kraft, die durch die Elektronen wirksam wird. Sie wirkt um die Elektronen herum, etwa zwischen den negativen Elektronen und dem positiv geladenen Atomkern.

Sie stellt ein Kraftfeld dar, gleich dem eines Magneten. Ja, letzten Endes müssen diese beiden Arten von Kraftfeldern, das elektrische und das magnetische, eng verwandt miteinander sein, sahen wir doch, daß jeder stromdurchflossene Leiter gleichzeitig von einem Magnetfeld umgeben ist. Sein Träger ist der Raum, der Äther, oder wie man es begrifflich klarlegen will. Er ist der Träger der elektromagnetischen Wellen.

Wellen? Wieso Wellen?

Bild 163. Wellenlänge, der Abstand von zwei sich folgenden Wogenkämmen

Wellen sind Wogen, deren Kämme und Täler gleiche Abstände voneinander haben. Werfen wir einen Stein ins Wasser, dann entstehen Wellen, große oder kleine, je nachdem. Und wenn ein Elektron seine Bahn verläßt und in eine andere überspringt, entstehen ebenfalls Wellen, Wellen im Äther, Ätherwellen, oder wie man sich ausdrücken will. Sehr kleine elektromagnetische Wellen, nur ein paar 10000stel Millimeter groß. Diese Wellen aber empfindet unser Auge als Lichtstrahl. Licht ist also eine Erscheinung elektromagnetischer Wellen.

Beträgt der Abstand zweier Wellenkämme, also die Wellenlänge, $^{7}/_{10000}$ Millimeter, dann sehen wir rotes Licht, also die Farbe Rot. Bei $^{6}/_{10000}$ Millimeter sehen wir Gelb, bei $^{5}/_{10000}$ Millimeter sehen wir Grün, und bei $^{4}/_{10000}$ Millimeter sehen wir Violett.

So schön steigt die Leiter der Wellenlängen Schritt um Schritt abwärts. Für den Zahlenmenschen ebenso klar und einprägsam wie für den Augenmenschen die Farben selbst in der Naturerscheinung des Regenbogens.

So wissen wir über jede seiner Farben Bescheid. Und wenn wir alle Farben des Regenbogens zusammen sehen, dann empfindet unser Auge die Farbe Weiß.

Ja! Wenn nun aber eine Welle kürzer oder länger ist, wenn sie außer dem Regenbogenbereich liegt? – Da sehen wir dann eben nichts mehr. Das ist dann dunkles Licht, unsichtbares Licht für unser menschliches Auge. Ein klein wenig mehr als wir sehen zum Beispiel die Biene und die Fotoplatte. Sie sehen noch kürzere Wellen, ultraviolette Wellen sagen wir. Die an die Wellenskala anschließenden längeren Wellen empfinden wir

Menschen ebenfalls, aber nicht mehr als Licht, sondern als Wärme. Wir nennen sie Wärmewellen. Und zwischen den Licht- und Wärmewellen liegt der kleine Bereich der infraroten Wellen, die es zum Beispiel ermöglichen, durch den Nebel hindurch Fotoaufnahmen zu machen.

Nach der in der Wellentafel vorgenommenen Aufzählung ist ersichtlich, inwieweit die Naturforscher das Gebiet der elektromagnetischen Wellen erforscht haben und wie klein der für uns sichtbare Bereich ist. Um so erstaunlicher muß es doch sein, wie scharf unser Auge die kleinste Verschiedenheit der Wellenlänge erkennt. Unterschiede von weniger als einem halben Millionstel Millimeter kann es auseinanderhalten – als Verschiedenheit der Farbe irgendeines Stoffes. –

Die gegenüber dem Licht bzw. der Wärme längeren Wellen sind elektrische Wellen. Einen Teil von ihnen machen wir uns im Rundfunk dienstbar. Auf ihnen verbreiten sich, in elektrische Schwingungen umgesetzt, die menschliche Sprache, der Ton, die Musik um die Welt. Jeder Sender hat eine besondere Welle.

Die kürzeren Wellen gehören ins Reich des Ultravioletten, das für Heilzwecke dienstbar gemacht werden kann. An sie schließen sich an die Röntgenstrahlen und schließlich die sogenannten Gammastrahlen, die bisher kürzesten Wellen und schnellsten Strahlen, die man festgestellt hat.

So weitläufig ist das Gebiet der elektromagnetischen Wellen, von denen das Licht nur ein kleiner Teil ist. –

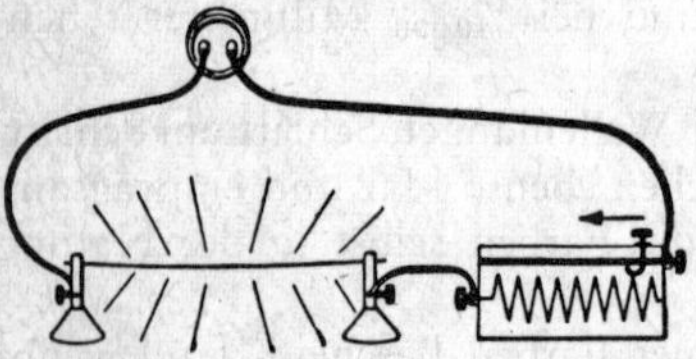

Bild 164. Beim Herausnehmen des Vorschaltwiderstands strahlt der Eisendraht immer mehr Licht aus

Nach diesen theoretischen Erörterungen ist es an der Zeit, daß wir uns wieder mit praktischen Dingen befassen. Darum nehmen wir jetzt ein Stück Draht, Eisendraht beispielsweise. Über einen Regulierwiderstand schließen wir ihn an eine Stromquelle an. Sobald der Stromkreis geschlossen ist, entstehen durch den Strom elektromagnetische Wellen. Wenn der ganze Widerstand vorgeschaltet ist, erwärmt sich der Draht nur. Es entstehen also Wärmequellen.

Nun rücken wir den Widerstandsschieber langsam vor. Unser

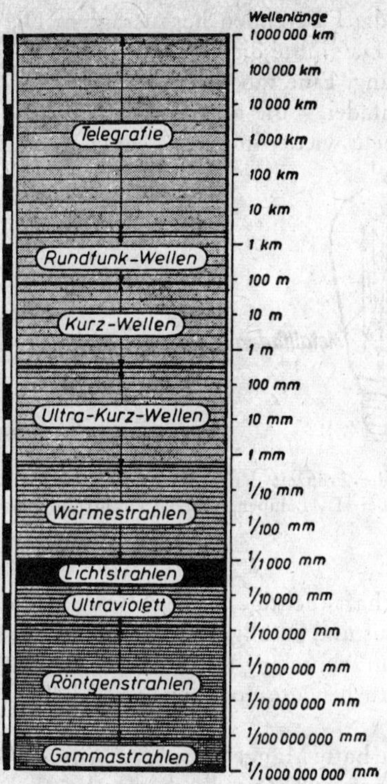

Bild 165. Skala der elektromagnetischen Schwingungen. Erstaunlich klein ist der für unser Auge wahrnehmbare Bereich. Zwischen den Wärme- und den Lichtstrahlen liegen die infraroten Strahlen

Draht wird dunkelrot. Wir sehen die längsten sichtbaren Wellen. Das ist schon Licht. Schließlich wird der Draht hellrot, orange, gelb, je mehr Spannung, je mehr Druck wir hinter die Elektronen gesetzt haben.

Immer rascher haben die Elektronen den Draht durcheilt. Immer kürzere Wellen kommen zu den ersten hinzu. Die ganze Reihe der Regenbogenfarben durchwandern wir. Und wenn sie alle zusammen wirksam sind, dann glüht unser Draht – weiß. Beziehungsweise tut es kurz vor Weiß einen kleinen Zischer. Wir sitzen im Dunkeln und können die kümmerlichen Reste unseres Drahts zusammenlesen. So geht es also nicht, wenn wir eine elektrische Glühlampe bauen wollten.

Ganz ähnlich ist es im Jahr 1845 dem nach Amerika ausgewanderten Heinrich Göbel ergangen. Da ist er auf den Gedanken gekommen, die Kohle als Lichtspender zu benützen. Er nahm eine verkohlte Bambusfaser, baute sie in einen luftleeren

Glaskolben hinein, aus dem die Faserenden herausragten. Die schloß er an eine Batterie an. Da glühte die verkohlte Faser mit hellem Schein 400 Stunden lang. Eine fabelhafte Schaufensterbeleuchtung für seinen Uhrenladen – die nur den Fehler hatte, daß sie trotz des ersten Aufsehens wieder in Vergessenheit geriet.

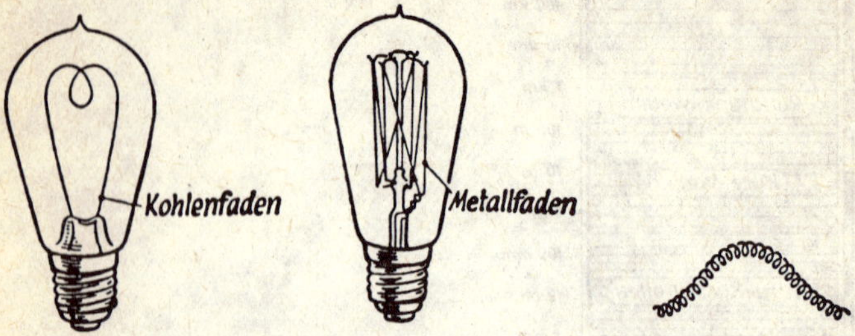

Bild 166. Links: Glühlampen aus der Frühzeit der Lampentechnik. Rechts: Wendelförmig gerollter Glühdraht. Bei »D«-Lampen wird die Drahtrolle noch einmal in Wendeln gelegt

Erst der findige und geschäftstüchtige Edison brachte die *Kohlenfadenlampe* groß heraus und zu allgemeiner Geltung. Er gab ihr die Form, in der sie jahrzehntelang fast unverändert und mit einigen Verbesserungen auch heute noch gelegentlich Verwendung findet.

Aber die Kohlenfadenlampe hatte Mängel. Einer der schlimmsten war der, daß sie nach gewisser Zeit durch wegfliegende Kohleteilchen den Glaskolben inwendig schwärzte. Darum machte man Versuche mit *Metallfadenlampen.* Die mußten wohl ihre festen Teile besser zusammenhalten. Das war aber gar nicht einfach. Man brauchte Metalle, die sich bis zur Weißglut erhitzen lassen und erst bei sehr hoher Temperatur schmelzen. Anders war kein weißes Licht zu erwarten.

Man nahm Osmium. Das schmilzt bei 2500 Grad. Man nahm Tantal. Das schmilzt bei 2900 Grad. Und schließlich nahm man Wolfram, das mehr als 3000 Grad Celsius aushält. Man mußte besondere Verfahren für die Herstellung der Drähte entwickeln. Die Drähte mußten recht dünn sein, damit man sie mit wenig Ampere zum Glühen bringen konnte. Sie mußten gleichmäßig stark sein, sonst brannten sie an der dünnsten Stelle durch. Sie mußten lang sein, um eine möglichst große Lichtmenge zu erzielen. Das alles machte die Sache recht schwierig. Aber schließlich klappte die Geschichte.

Da baute man dann einen dünnen und lang und schön gleichmäßig ausgezogenen Wolframdraht in weiträumigem Zickzack in eine luftleere Glasbirne. Und siehe da, mit weniger Ampere bekam man ein helleres und länger hellbleibendes Licht als bei der Kohlenfadenlampe.

Die nächste Verbesserung galt dem Hohlraum des Glaskolbens. Bisher hatte man ihn luftleer gemacht. Jetzt pumpte man Stickstoff hinein, Nitrogen sagen die Chemiker. Diese Lampe hieß *Nitralampe*. Durch sie ging es wieder mit der halben Ampere- bzw., unter Mithilfe der Volt, mit der halben Wattzahl. *Halbwattlampe* sagten die Händler.

Weil mit der Edelgasfüllung die Zerstäubung des Glühdrahts noch mehr zurückgehalten wird, benützte man schließlich Argon. Das verlängerte die Lebensdauer des Leuchtkörpers.

Da waren aber noch weitere Schwierigkeiten zu überwinden. Wir haben ja den reinsten Heizofen für Beleuchtungszwecke, sagten die Techniker. Wir müßten die Hitze dem Licht zugute kommen lassen. Aber wie?

Da kamen sie nach vielen Überlegungen und Versuchen auf den Gedanken, daß man dazu den Glühdraht der Lampe »wendeln« müsse. Da müßten sich die benachbarten Wendelringe gegenseitig ihre Hitze zustrahlen. Das würde den Grad der Hitze erhöhen oder denselben Hitzegrad mit geringerem Stromaufwand ermöglichen. Dabei sparen wir Strom. Mehr Licht für weniger Strom, das wollten ja die Kunden.

Und schließlich kam man dahin, daß man auch den Drahtwurm noch in Kringel legte. Man baute eine *Doppelwendellampe*. Der Lichtgewinn gegenüber Lampen mit einfacher Wendel beträgt bis zu 20 % bei gleichem Stromverbrauch. – Wird statt der zumeist üblichen Gasfüllung der Kolben mit Kryptongas gefüllt, dann ergibt sich bei gleicher Leistungsaufnahme eine weitere, um etwa 10 % höhere Lichtsteigerung gegenüber der Doppelwendellampe.

Die bisher angestellten Betrachtungen haben der Glühlampe gegolten, wie wir sie für allgemeine Beleuchtungszwecke verwenden. Wir wissen, daß die äußere Form dieser »Glühbirne« heute eher einem Apfel gleicht. Der Kolben ist kleiner und gedrungener geworden. Neben dieser Kolbenart sind uns eine ganze Reihe anderer geläufig: die röhrenförmige Stablampe für Klavier- und Nählicht, die Kerzenform mit und ohne Kerzenschaft, die Soffittenlampe, die Glühlampen für den Weihnachtsbaum. – Wie groß gegenüber diesen bekannten Typen die Zahl der Lampen ist, die technischen und wissenschaftlichen Zwecken dienen, kann der Laie nur ahnen. Denken wir nur an die Lampen für Fahrrad- und Autoscheinwerfer. Die Skalenbeleuchtung für Radiogeräte, die Signallampen am Telefon, Lampen für Lokomotiv-, Zug- und Straßenbeleuchtung, für Schiffe, für Flugzeuge müssen in der äußeren Form und in der Wendelanordnung den Betriebsverhältnissen angepaßt sein. Darüber hinaus gibt es Sonderlampen für Photometrie, Pyrometrie, Sensitometrie, Spektroskopie, Mikroskopie und Stroboskopie. Wohl die kleinste Glühlampe dient medizinischen Zwecken. Mit dem Werkzeug des Arztes zusammen läßt sie sich in die Luftröhre einführen. Ihre Höhe beträgt 8 mm, ihr Durchmesser 3 mm, ihre Leistungsaufnahme 0,4 Watt. Wohl die größte Glühlampe ist eine von Osram gebaute 50000-Wattlampe zum Anschluß an 220 Volt, die bei 900 mm Höhe einen Durchmesser von 380 mm besitzt.

Projektionslampen sind übrigens eine Sache, um die sich die Lichtleute noch besonders den Kopf zerbrechen mußten. Für Projektionszwecke genügt es nämlich nicht, daß eine Lampe möglichst viel Licht erzeugt. Die Herren von der Optik verlangen, daß das Licht für ihre Erzeugnisse auch wirksam ist. Es soll ja im Projektor nicht einen großen Raum möglichst gleichmäßig und in weitem Umkreis erhellen. Im Gegenteil, aus dem Lampenhaus muß es durch den schmalen Lichtschacht hin-

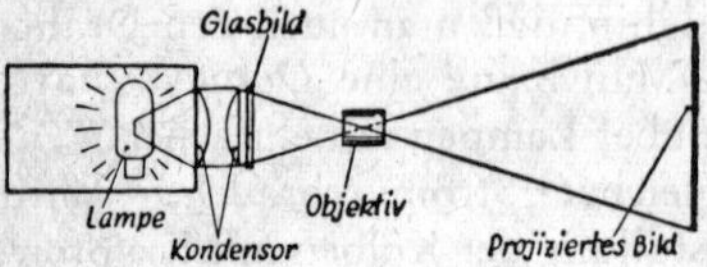

Bild 167. Lichtbildwerfer. Möglichst viel Licht soll durch Lichtbild und Objektiv hindurch. Die Lichtquelle muß konzentriert, am besten punktförmig sein

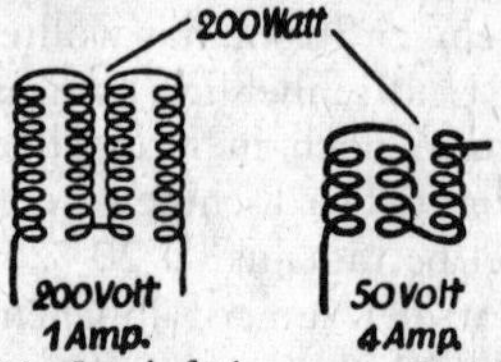

Bild 168. Leuchtflächen von Projektionsglühlampen. Links für Normalspannung, rechts für Niedervoltbetrieb. Je kleiner die Leuchtfläche, desto größer die Leuchtdichte – gleiche Leistung vorausgesetzt

aus, an dessen einem Ende der strahlensammelnde »Kondensor« steht, vor den das Projektionsbild gestellt wird, und an dessen anderem Ende das »Objektiv« auf ein enggebündeltes Lichtbüschel wartet.

Da muß der Leuchtdraht noch enger zusammen. Er muß eine möglichst kleine Leuchtfläche bilden, am liebsten einen bloßen Punkt. – Nun, es gibt schon »Punktlichtlampen«. Die sind zwar sehr gut, aber teuer und sehr empfindlich. Aber unterwegs zum Punkt könnte es doch auch eine brauchbare Lösung geben. Und die gibt es.

Rollen wir unsern Glühdraht erst einmal zu einem »Wurm« zusammen. Den legen wir auf und ab in 4 oder 5 Stäbchen zu einer Fläche, die wir an Stützen aufhängen und von Strom durchfließen lassen. Das ergibt eine freilich etwas lückenhafte Leuchtfläche.

Nun wollen wir mal zusammen überlegen. Wenn wir eine bestimmte elektrische Energie (gemessen in Watt) in Licht verwandeln wollen, brauchen wir eine gewisse Menge Draht, der durch die Watt in Weißglut versetzt wird.

Wenn der Draht lang und dünn ist, brauchen wir wenig Ampere, um ihn zur Weißglut zu erhitzen. Damit wir aber eine große Leistung bekommen, brauchen wir zu den wenigen Ampere viele Volt.

Stauchen wir nun den Draht in sich zusammen, dann wird er kürzer und dicker. Das Erhitzen des dickeren Drahts erfordert nun mehr Ampere. Für die gleiche Leistung genügen dabei allerdings weniger Volt. Kurze Drähte lassen sich auf einer kleineren Fläche zusammendrängen als lange Drähte. Bei gleicher elektrischer Leistung ergeben sie ein konzentriertes Licht. Und das wollen die Leute von der Projektion.

Kurze Glühdrähte – dicke Glühdrähte! Viel Ampere – wenig Volt! – Also *Niedervoltlampen!* Bauen wir also zum Beispiel für die Umsetzung von 200 Watt in Projektionslicht eine Lampe für 50 Volt Betriebsspannung und 4 Ampere Stromaufnahme, dann bringen wir bestimmt mehr Licht in unseren Strahlensammler hinein – und auf die Flimmerwand hinaus, als wenn wir die weiträumige 200-Watt-Lampe gleicher Bauart, aber für 220 Volt Spannung bei ca. 1 Ampere Stromaufnahme in unser Projektionsgerät stellen würden.

Am besten allerdings wird der Forderung nach konzentriertem Licht die gute alte *Bogenlampe* gerecht. Wir wollen auch ihr noch kurz unsere Aufmerksamkeit schenken.

Warum Bogenlampe übrigens?

Wenn wir zwei Kohlen (streng genommen sind es aus Ruß zusammengebackene Stifte) an eine Gleichstromquelle anschließen und die beiden Kohlenenden kurze Zeit in gegenseitige Berührung bringen, dann werden sie vom Strom durchflossen. Das ist klar.

Ziehen wir die Kohlen ein wenig auseinander, dann bleibt ein

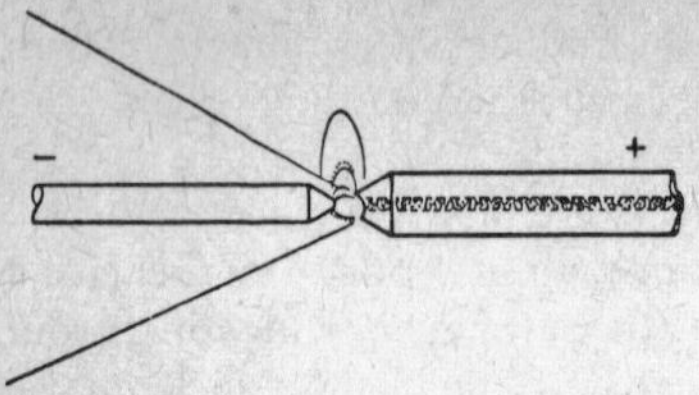

Bild 169. Bogenlampe. Der »Docht« der positiven Kohle begünstigt die Kraterbildung

Lichtbogen zwischen den Kohlen stehen. Dieser Lichtbogen hat der Lampe den Namen gegeben. Er bildet den Steg, über den die Elektronen von der negativen zur positiven Kohle hinüberspringen.

Aber der Lichtbogen selbst ist nur ein kleiner Teil des von der Bogenlampe erzeugten Lichts.

Beim Aufprall auf die positive Kohle erzeugen die Elektronen in den in der Kohlenspitze sitzenden Kohleteilchen eine Hitze von ungefähr 4000 Grad. Gibt man dieser Kohle einen besonders gut leitenden, weicheren Kern, ähnlich der Mine eines Bleistifts, dann wird der Elektronenaufprall in die Mitte der positiven Kohle gezogen. Dabei brennt sie kraterförmig aus. Dieser weißglühende Krater ist die eigentliche Lichtquelle. Wenn wir die Wirkung des Kraters etwa mit der des Autoscheinwerfers vergleichen, müssen wir sie sogar als Lichtquelle mit Scheinwerferwirkung bezeichnen.

Die Mehrzahl der kleineren Lichtspielhäuser arbeitet mit dieser eben beschriebenen Reinkohlenlampe. Bis vor wenigen Jahren mußten sich auch die mittleren und großen Kinos damit zufrieden geben. Gegenüber der Glühlampe ist der Vorteil, den die Reinkohlenlampe bietet, ja ganz bedeutend. Ein Blick auf das »Spektrum« der verschiedenen Lichtquellen ließ aber auch für diese Lichtquelle noch einen Wunsch offen.

Lichtfarbe	violett-blau	grün-gelb	orange-rot
Tageslicht	33 %	33 %	33 %
Glühlampe	16 %	33 %	51 %
Reinkohlebogen	18 %	32 %	50 %
HI-Licht	35 %	34 %	31 %
Xenonlampe	34 %	33 %	33 %

Die obenstehende Tabelle läßt diesen Wunsch begreiflich erscheinen. Erst wo die dort aufgeführten Farbanteile gleichmäßig gemischt auftreten, empfindet unser Auge das Licht weiß. Das ist beim Tageslicht der Fall. Das Licht der Glühlampe ist viel zu rot. Und auch die Reinkohlenlampe ergibt trotz des günstigeren Verhältnisses kein weißes Licht.

Um aber ganz nahe an das Tageslicht heranzukommen, braucht es eigentlich gar nicht sehr viel. In der *Hochintensitäts-Bogenlampe* bietet die Technik dem Lichtspielhaus, was es will: ihr Spektrum hat mit einer ganz kleinen Abweichung ins Blaue eine nahezu vollkommene Ähnlichkeit mit dem Tageslicht.

Für die HI-Lampe, wie der Fachmann kurz sagt, werden die Kohlenstifte mit Kupfermänteln verkleidet und mit Dochten versehen, die Cersalze enthalten. Mit etwas niedrigerer Spannung als die Reinkohlenlampe, dafür mit höherer Stromstärke betrieben, bildet sich beim Abbrand der Kohle durch den hohen »Stromdruck« und die Wirkung des verdampfenden Salzes eine glühende Gaswolke in der Nähe des Kohlekraters. Dieser »Beckeffekt« – nach dem Erfinder so benannt – gibt der HI-Lampe ihr strahlend weißes Licht. Die Leuchtwirkung des Gasballs ist dabei viel größer als die des glühenden Kohlekraters. Farbfilm, Breitbild- und Cinemascope-Filme kämen lange nicht so gut zur Wirkung, wenn man allein auf die Reinkohlenlampe angewiesen wäre.

Die große Hitze der Bogenlampe nützt man übrigens in der Technik zum Schweißen aus. Man darf nur den positiven Pol der Stromquelle an das zu schweißende Metall, den negativen an die Kohle anlegen, die man zum Festhalten mit einem isolie-

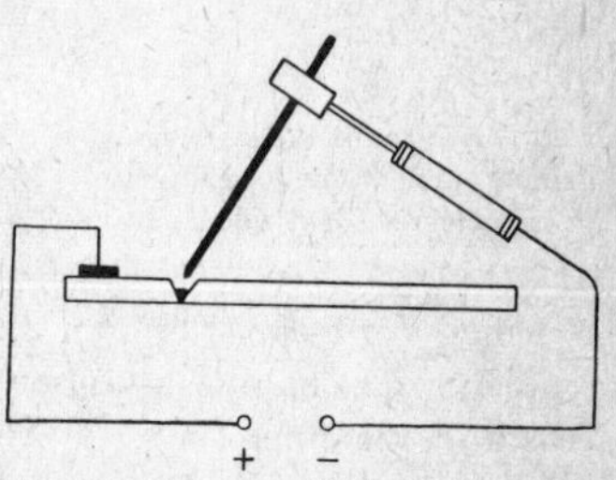

Bild 170. Lichtbogenschweißung

renden Griff versieht, dann hat man ein Gerät zur *Lichtbogenschweißung*, so wie es in der Schweißtechnik heute immer mehr in Anwendung kommt. – Im *Lichtbogenofen* lassen sich sogar Metalle schmelzen. Unter anderem ist es die Geburtsstätte des

Aluminiums und verschiedener anderer Leichtmetalle, deren Rohgut der Lichtbogen zum Schmelzen bringt, und die dann im glühendflüssigen Zustand durch Elektrolyse ausgeschieden werden.

Mit der vorstehend geschilderten Lampenreihe ist unser Lampenwissen noch lange nicht erschöpft. Was wir bisher an Lampen besprochen haben, faßt man unter der Sammelbezeichnung »Temperaturstrahler« zusammen. »Licht ist Wärme« – dieses geflügelte Wort ist eine fast poetisch anmutende Umschreibung dafür.

Der Begriff »kaltes Licht« hat sich daneben immer mehr durchgesetzt. »Verhältnismäßig kaltes Licht« wäre richtiger. In einer großen Anzahl sogenannter »Entladungslampen« steht es uns zur Verfügung. Die Glimmlampe, die Leuchtstofflampe, Quecksilber- und Xenonhochdrucklampen gehören dazu. Und schließlich ist die Leuchtröhre im Elektronenblitzgerät ein Mitglied dieser großen und rasch zu großer Bedeutung gekommenen Familie.

Bild 171. Glimmlampe. Die Umgebung der an den negativen Pol angelegten Elektrode glimmt

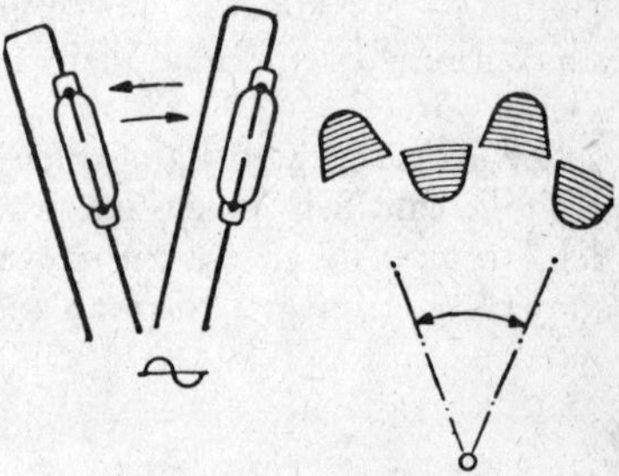

Bild 172. Stabglimmlampe. Durch Bewegen der Lampe wird die Kurve des Wechselstroms sichtbar

Sehen wir uns erst einmal die *Glimmlampe* an.

Wenn wir einen Glaskolben mit Neongas füllen, in geringem Abstand voneinander zwei Metallelektroden hineinbauen und die Elektroden über den Lampensockel an Gleichstrom anschließen, dann glimmt es mit einem Male auf. Licht von geringer Leuchtkraft entsteht. Man sieht es bei genauer Betrachtung gut: die Elektroden selbst glühen nicht. Was glüht, was glimmt, ist das Gas.

Die angelegte Spannung bewirkt nämlich, daß aus der nega-

wir die beiden eingezeichneten Kondensatoren K_1 und K_2 übergangen haben. Sie haben verschiedene Aufgaben, die uns aus dem Kapitel der Seite 167 ff. geläufig sind. K_2 dient zur Rundfunkentstörung. K_1 ist als »Phasenschieber« tätig. Die magnetische Wirkung der Drosselspule würde eine so starke Verschiebung zwischen den Höchstwerten von Spannung und Strom ergeben, daß der Leistungsfaktor nur etwa 0,5 betragen würde. Die wirkliche, in der Lampe in Licht umgesetzte Energie wäre also nur etwa halb so groß, wie die, die wir bezahlen müßten. Dem »Nacheilen« des Stroms gegenüber der Spannung bei induktiven Verbrauchern setzen wir das »Voreilen« des Stroms durch die Wirkung des Kondensators gegenüber. Ist der Kondensator richtig bemessen, dann sind Strom und Spannung gleichzeitig zur Stelle. Dann ist der Leistungsfaktor 1. Wir brauchen also nur das dem Stromnetz zu entnehmen, was die Lampe wirklich auch nutzbar verbraucht.

Nach dieser ausführlichen Beschreibung der Leuchtstofflampe können wir uns für die übrigen Entladungslampen auf wenige Angaben beschränken:

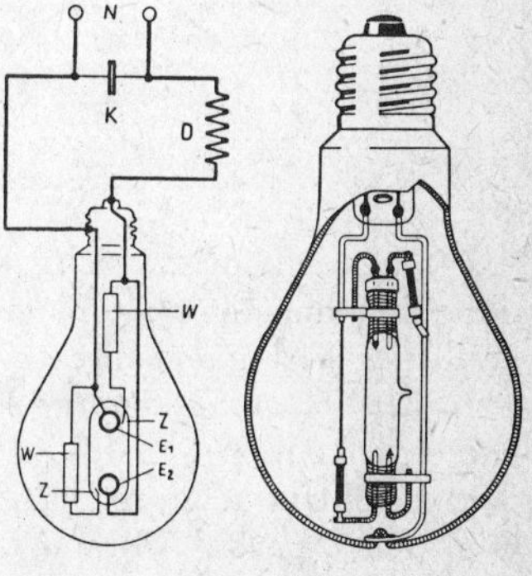

Bild 177. Quecksilberdampf-Hochdrucklampe. Links schematischer Aufbau. D = Drosselspule, E_1–E_2 = Hauptelektroden; K = Kompensations-Kondensator; N = Netzspannung; W = Widerstand; Z = Zündelektroden. Rechts technische Ausführung der Lampe

Quecksilberdampf-Hochdrucklampen sind äußerlich den üblichen Glühlampen ähnlich. In den Außenkolben eingebaut ist ein röhrenförmiger »Brenner« aus Quarz- oder Hartglas. Ähnlich der Leuchtstofflampe muß sie über eine Drosselspule an Wechselstrom angeschlossen werden. Für die gleiche Lichtleistung braucht die Quecksilber-Hochdrucklampe weniger als die Hälfte an elektrischer Leistung als die Glühlampe.

Die Entladung geschieht bei dieser Lampe zwischen zwei im Brenner befindlichen Elektroden. Die Lichtwirkung geht von verdampfendem Quecksilber im Brenner aus. Das Überwiegen

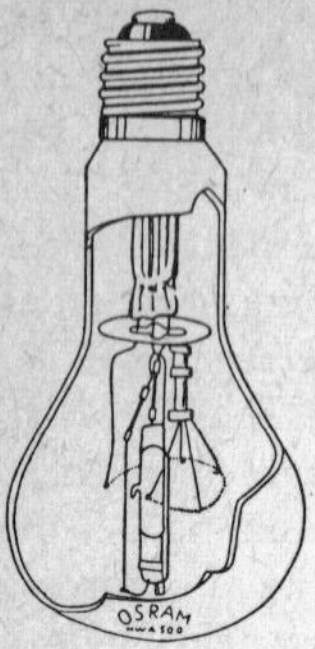

Bild 178. In der Quecksilberdampf-Mischlichtlampe sind Quecksilberdampflampe und Glühlampe in einem Glaskolben vereinigt

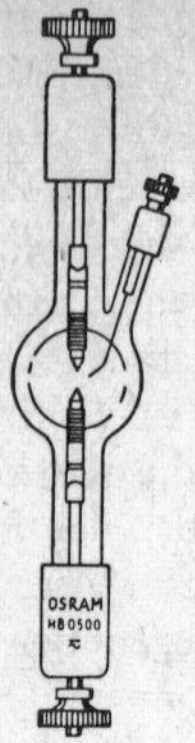

Bild 179. Quecksilberdampf-Höchstdrucklampe technische Ausführung. Im kugelförmigen Teil des Glaskolbens stehen sich die beiden Elektroden senkrecht gegenüber. Aus dem seitlich angeordneten Hals der Lampe ragt die Zündelektrode herein

Bild 180. Schaltbild der Quecksilber-Höchstdrucklampe. A = Strommesser; L = Lampe; N = Netzspannung (Gleich- oder Wechselstrom); S_1 = Hauptschalter; S_2 = Druckknopfschalter für Voltmeter; T = Drucktaste für die Einleitung des Zündvorgangs; U = Versorgungsspannung für die Lampe; V = Spannungsmesser; W = Widerstand (bei Wechselstrom auch Drosselspule); ZG = Zündgerät

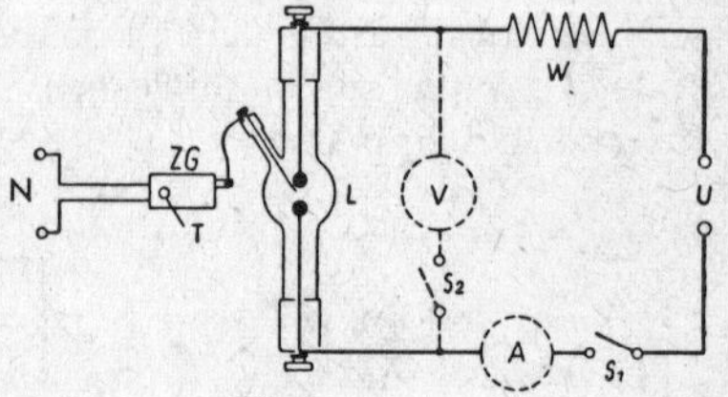

des Blauanteils dieses Lichts kann durch gemeinsame Verwendung zusammen mit Glühlampen aufgewogen und zu tageslichtähnlicher Wirkung gemischt werden.

In der *Quecksilberdampf-Mischlichtlampe* ist das von vornherein der Fall. Sie stellt eine Verbindung beider Lampen dar. Wie die Skizze zeigt, ist der »Brenner« dieser Lampe von einer Glühwendel aus Wolframdraht umgeben. Diese Wendel ist gleichzeitig Vorschaltwiderstand für den Entladungsvorgang. Eine Drosselspule erübrigt sich dadurch.

Die bisher beschriebenen Lampen sind für allgemeine Beleuchtungszwecke bei hohem Lichtbedarf gedacht. Für Wohnräume werden die Quecksilberdampflampen wegen des hohen Blauanteils und wahrscheinlich auch wegen des verhältnismäßig hohen Anschaffungspreises verhältnismäßig selten verwendet. Auch die nachstehend skizzierten Typen sind ausschließlich der Verwendung für Sonderzwecke vorbehalten.

Quecksilberdampf-Höchstdrucklampen bestehen aus einem kugelförmigen und mit zwei langen Hälsen versehenen Hochdruckbrenner, der eine Gasfüllung und eine genau bemessene Menge Quecksilber enthält. Sie können bei Gleichstrom mit einem regelbaren Vorschaltwiderstand, bei Wechselstrom mit einer Drosselspule betrieben werden. Für das Zünden des Entladungsvorgangs ist ein besonderes Zusatzgerät erforderlich. Der hohe Dampfdruck von 35 bis 70 Atmosphären und die starke Ultraviolettstrahlung der Lampe machen es nötig, daß sie in einem genügend weiträumigen Gehäuse untergebracht wird. Ihre hohe Lichtintensität befähigt die Lampe insbesondere zur Verwendung für Scheinwerfer, Leuchtfeuer, Seezeichen, für Fotografie und Projektion.

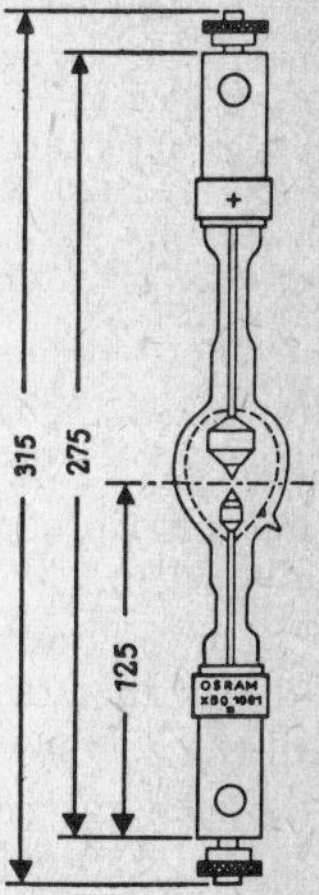

Bild 181. Xenon-Hochdrucklampe. Der Lichtbogen entsteht zwischen den beiden kegelförmigen Elektroden in der Mitte des ausgebauchten Lampenkolbens. Die eingetragenen Maße (in mm) lassen auf die Größe der mit 900 Watt betriebenen Lampe schließen

Auch die *Xenon-Hochdrucklampe* dürfte wegen ihres günstigen, dem Tageslicht ähnlichen Spektrums in der Projektion mehr und mehr gute Dienste tun. Die Entladung im xenongefüllten und unter hohem Druck stehenden Raum findet zwischen zwei kegelförmigen Elektroden statt, die nur 2–3 mm Abstand voneinander haben. Das nahezu punktförmige Licht hoher Intensität ist besonders gut für die Wiedergabe von Farbfilmen geeignet. Die Gefahren der Blendung, der Ultraviolettstrahlung und des hohen Gasdrucks beim Betrieb der Lampe machen auch hier ein allseitig abgeschlossenes Lampenhaus nötig.

Zu guter Letzt wollen wir die *Blitzröhren* nicht vergessen, die als Lichtquelle des Elektronenblitzgeräts in der kurzen Zeit ihres Bestehens unentbehrlich geworden sind. Bis zu 20000 Aufnahmen

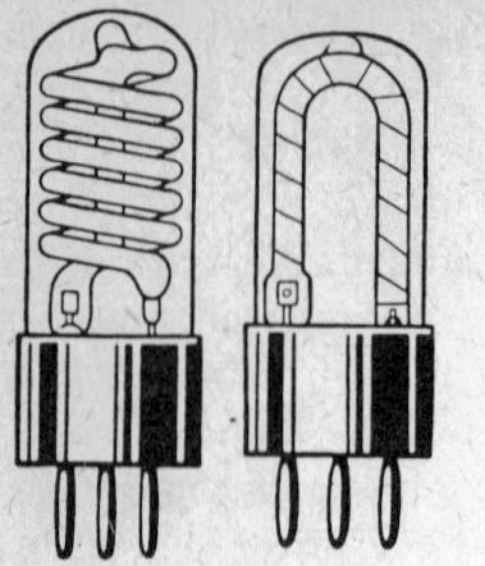

Bild 182. Blitzröhren. Links mit wendelförmigem, rechts mit U-förmigem Entladungsraum. Die linke Röhre ergibt einen Blitz von 300, rechts von 120 Wattsekunden

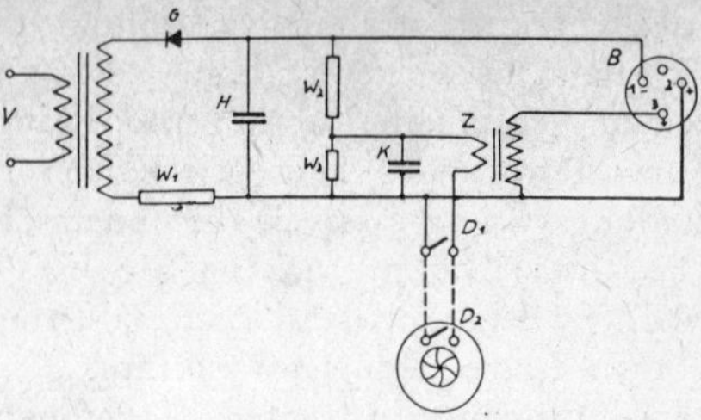

Bild 183. Vereinfachtes Schaltbild des Elektronenblitzgerätes. B = Sockel der Blitzröhre von unten gesehen; D_1 = Druckknopf an der Blitzleuchte; D_2 = Auslöser der Kamera; G = Gleichrichter; H = Hochspannungskondensator; K = Zündkondensator; V = Versorgungswechselspannung (Netz oder Batterie mit Zerhacker); $W_{1,2,3}$ = Widerstände; Z = Zündtransformator (Zündspule)

mit einer Lichtleistung von 25 bis etwa 500 Wattsekunden hält eine solche Blitzröhre aus. Gewöhnlich werden die dafür gebauten Blitzgeräte für Blitze von $^1/_{1000}$ bis $^{10}/_{1000}$ Sekunden eingerichtet.

Die Xenon-Niederdruckfüllung des U- oder wendelförmig angeordneten Entladungsraumes ergibt einen tageslichtähnlichen Blitz, der sowohl für Schwarz-Weiß- als auch für Farbaufnahmen gut geeignet ist.

Bild 183 zeigt ein vereinfachtes Schaltbild eines *Blitzgeräts.* Die an die Primärseite des Transformators angelegte Versorgungsspannung V kann entweder aus dem Wechselstromnetz oder aus einer im Gerät mitgeführten Batterie über einen Zerhacker zugeführt werden. Über Gleichrichter G und Ladewiderstand W_1 wird der Hochspannungskondensator H aufgeladen. – Bei Amateurgeräten ist es wegen der hohen Ladefähigkeit bei kleinen Ausmaßen meist ein Elektrolytkondensator. Geräte für besonders hohe Blitzleistungen sind mit Metallpapierkondensatoren ausgerüstet.

Die parallel zum Hochspannungskondensator eingezeichneten Widerstände W_2 und W_3 dienen der Spannungsteilung. An einem Teil der Spannung wird der Zündkondensator angelegt. Parallel zum Zündkondensator, in der Skizze zusammen mit einem Druckknopfschalter D, liegt die Primärwicklung des Zündtransformators.

Die über die Spannungsteiler bestehende Spannung wird an die beiden Hauptelektroden der Blitzröhre (1 und 2) angelegt. Zwischen Kathode und Anode der Röhre können es je nach Bauart des Geräts und der Röhre 500 bis 3000 Volt sein. Sobald der am Gerät selbst befindliche Druckknopfschalter D oder der mit Druckkontakt versehene Auslöser der Kamera betätigt wird, schließt sich der Stromkreis für die Primärwicklung der Zündspule. Das geschieht durch einen plötzlichen Entladungsstoß des Kondensators K.

Durch die Vermittlung des Hochfrequenzeisenkerns der Zündspule wird gleichzeitig ein Hochspannungsstoß von 6000 bis 9000 Volt in der Sekundärwicklung hervorgerufen, der über die am Entladungsrohr angelegte Zündelektrode 3 den Blitz auslöst. Dabei entleeren sich die Kondensatoren H und K.

Nach der Kondensatorentladung ist ein neues Aufladen nötig. Wie anfangs gesagt, kann das durch die an den Eingangstransformator angelegte Netzspannung geschehen. Eine Glimmlampe am Gerät selbst oder am Leuchtschirm der Blitzröhre zeigt an, wenn – wenige Sekunden nach einer vorangegangenen Blitzaufnahme – die elektrische Energie für einen neuen Blitz zur Verfügung steht.

Der Sonderanwendungen für diese Beleuchtungsart sind viele. Im Signalwesen, für Meßzwecke, für Hochfrequenzaufnahmen beim Film ist der Elektronenblitz unentbehrlich geworden. Aufnahmen bis zur – »Kürze« muß man sagen – von $^{1}/_{1\,000\,000\,000}$ Sekunde sind mit seiner Hilfe möglich. Und kaum eine Bewegung ist so rasch, als daß sich nicht mit künstlich erzeugten Blitzen ein scharf gezeichnetes Abbild des bewegten Körpers erzielen ließe.

Laserstrahlen

Laser – ein neues, neuartiges Wort. Kein Erfindername und dergleichen und nur vom Englischen her erklärbar als Aneinanderreihung einiger Anfangsbuchstaben von »*L*ight-*a*mplification by stimulated *e*mission of *r*adiation«. Zu deutsch: »Lichtverstärkung durch erzwungene Ausstrahlung«. – Licht also auf besondere, nicht herkömmliche Weise erzeugt und Licht mit neuen, besonderen Eigenschaften.

Blättern wir zurück auf Seite 186 dieses Buches. Dort lesen

wir, wie man sich die Entstehung der uns als Licht bekannten Erscheinung erklären kann: Elektronen, die im Atomverband durch Erwärmen des Stoffs in eine Bahn »höherer Energie« getrieben werden, springen auf ihre ursprüngliche Bahn »geringerer Energie« zurück. Der dabei frei werdende Energieunterschied setzt sich in Licht um. In gewöhnliches Licht, könnten wir jetzt ergänzend sagen, wie wir es von der Sonne, der Glühlampe und den meisten üblichen Lichtquellen kennen, das nach allen Seiten schwingt und dessen Schwingungszahlen recht verschieden sind, weil sie vom Energieunterschied der vielen verschiedenen beteiligten Bahnen bestimmt werden.

Zum besseren Verständnis des folgenden betrachten wir den Innenaufbau des Atoms genauer. Wir wissen: je nach Art des Stoffes sind einem Atomkern mehr oder weniger Elektronen zugeordnet, die ihn wirbelnd umkreisen. Im nicht erregten Zustand haben sie ihre bestimmten Bahnen: Bahn A, dem Atomkern am nächsten, Bahn B, Bahn C... Je größer der Bahnabstand vom Kern, je mehr Bindungskraft muß der Kern gegenüber den dort kreisenden Elektronen aufbieten, je größer ist auch die Energie, die dem Kräftespiel Atomkern – Elektron eigen ist. Auf diese Verhältnisse müssen wir die Begriffe höhere und niedrigere Energie zurückführen. Höheres und niedrigeres Energie-Niveau sagen die Physiker.

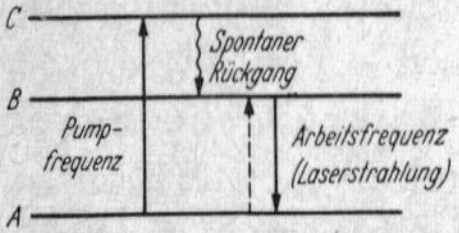

Bild 184. Der Rubinlaser besitzt drei Energieniveaus. Die Pumpfrequenz entspricht der Frequenz des eingestrahlten grünen Lichts, das niedrigere Niveau der Arbeitsfrequenz dem der roten Strahlen des Rubinlasers

Mit einem Rubinstab lassen sich da interessante Feststellungen machen. Allerdings muß der sonst reine Kristall mit einer ganz geringen Menge Chrom »verunreinigt« sein: Wird der Stab nämlich allseits mit grünem Licht bestrahlt und einem Stabende rotes Licht zugeführt, dann tritt am anderen Ende des Rubinstabes ein stärkerer roter Lichtstrahl aus.

Woher rührt diese Verstärkerwirkung? – Das ist die Erklärung: Die Chromatome des Rubinstabs besitzen drei Energieniveaus. Nennen wir sie A, B und C (siehe Bild 184). Mit dem grünen Licht als sogenannter Pumpfrequenz erzwingen wir aus dem Energieniveau A das Energieniveau C, das der verhältnismäßig hohen Frequenz des grünen Lichts entspricht. Unbeeinflußbar von außen fällt das Elektron von diesem Niveau rasch auf das Energieniveau B ab. Von hier fällt es nach einigem

Verweilen auf das Niveau A zurück. Dem Niveauunterschied BA entspricht die im Vergleich zu grün niedrigere Frequenz roten Lichtes. Durch zusätzliches Einstrahlen roten Lichts an einem Ende des Rubinstabs wird das Abfallen der Elektronen vom Niveau B auf das Niveau A plötzlich ausgelöst. Am anderen Ende des Stabs tritt dieses sozusagen verstärkte Licht aus. Und solange wir mit Grün »pumpen«, hält der verstärkte Fluß roten Lichts an. Rotes Licht strahlt auch dann – und zwar an beiden Enden des Rubinstabs – aus, wenn wir auf die Einstrahlung aus der besonderen Quelle roten Lichts verzichten.

Wenn wir nun den Rubinstab so lang machen, daß seine Länge ein genaues Vielfaches der Wellenlänge des roten Lichts beträgt und das linke Stabende voll und das rechte so schwach verspiegeln, daß es noch ein wenig lichtdurchlässig ist, dann ist der Stab einmal zum »Resonator« geworden. – Besonders wichtig ist dabei, daß die verspiegelten Stabenden völlig eben und ganz genau parallel zueinander sind. Jetzt endlich haben wir den Laser.

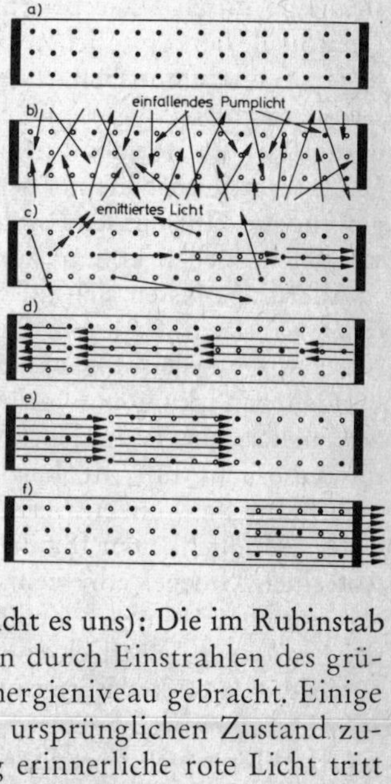

Bild 185. Wirkungsweise des Rubinlasers. a) Grundzustand der im Rubin eingebetteten Chrom-Ionen (volle Kreise); b) Durch Einstrahlung grünen Lichts angeregte Chrom-Ionen (hohle Kreise); c) Zurückfallen einiger Chrom-Ionen in den ursprünglichen Energiezustand; d) und e) die der Achse des Rubinstabs entlang laufende Strahlung wird hin und her reflektiert. Sie wird stärker und stärker und tritt schließlich f) in den freien Raum aus

Das ist so (Bild 185 veranschaulicht es uns): Die im Rubinstab eingelagerten Chrom-Ionen werden durch Einstrahlen des grünen Pumplichts auf ein höheres Energieniveau gebracht. Einige Chrom-Ionen kehren zwar in den ursprünglichen Zustand zurück. Das aus der Vorbetrachtung erinnerliche rote Licht tritt zu einem geringen Teil für die Laserwirkung ungenützt seitlich aus. Der Großteil läuft mit Lichtgeschwindigkeit zwischen den

Spiegeln als Resonatorplatten hin und her. Ein Strahlungsquant nimmt ein anderes, viele andere mit. Hin und her rast es zwischen den Spiegeln. Am teilweise durchlässigen Ende entläßt der Laser schließlich die Laserstrahlen in den freien Raum, scharf gebündeltes, »kohärentes«, also in einer Richtung schwingendes »monochromatisches«, d. h. aus einer einzigen Frequenz bestehendes, phasengleich schwingendes Licht aus einem Rubinstab von 0,5 bis 1 cm Durchmesser.

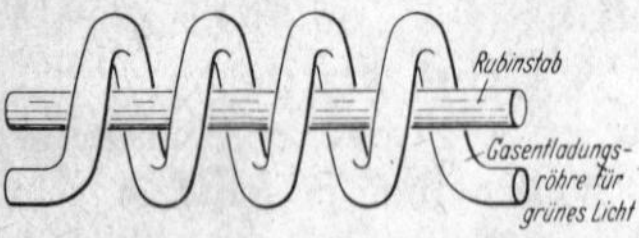

Bild 186. Schematische Darstellung eines Rubinlasers. Der etwa 100 mm lange und 5 bis 10 mm starke Rubinstab wird durch die schraubenförmige Entladungsröhre zur Laserstrahlung angeregt

Kohärentes Licht, das ist neu. Das ist Licht, das, wie die Trägerwellen des Rundfunks, in einer Ebene schwingt. Das man für Aufgaben einsetzen kann, die dem Licht völlig neue Gebiete erschließen, stoßweise verursacht durch kurzes Aufleuchten der den Rubinstab umgebenden Blitzlichtlampe, oder gleichförmig strahlend durch Dauerbestrahlung aus einer stetig leuchtenden Lichtquelle herkömmlichen »inkohärenten« Lichts, beispielsweise der Xenonlampe. Scharf gebündeltes Licht! Riesige Energien! »Todesstrahlen« sagte eine etwas voreilige Presse dazu. – Die dem Laser entströmende Lichtenergie muß nach den Naturgesetzen ja immer kleiner sein, als die zu ihrer Auslösung aufgewendete. Nur ein Tausendstel bis ein Hundertstel der aufgewendeten Energie kommt zur Wirkung.

Allerdings lassen sich die Strahlen mit Hilfe von Linsen auf einen Kreis von 0,01 mm Durchmesser zusammendrängen. Bei einer Ausgangsleistung von 500 Watt entspräche das einer gebündelten Wirkung von mehreren Millionen Watt pro Quadratzentimeter. Das ist, auf den kleinen betroffenen Fleck, auf den das Laserlicht auftrifft, bezogen, 10000mal so hell als das mit dem Brennglas konzentrierte Sonnenlicht.

Der Möglichkeiten für die Nutzung dieses Lichts sind viele: Mit einem Spiegel von wenigen Zentimetern Durchmesser läßt sich auf dem Mond – bei einer Entfernung von 360000 km von der Erde – ein Lichtfleck von 3600 m Durchmesser erzielen. Ein Satellit in 1000 km Entfernung kann mit einem Lichtkreis von 1 m Durchmesser abgetastet werden. Freilich sind diese Werte nur bei klarer Sicht erzielbar.

Da im Weltraum – außerhalb der Luft- und Dunstschicht des Erdballs – keine Trübung der Atmosphäre vorliegt und die kohärenten Strahlen des Lasers ähnlich den Trägerwellen des Radios »moduliert« werden können, verspricht man sich vieles für die künftige Anwendung zur Nachrichtenübermittlung zwischen Erde und Satelliten und von Satelliten untereinander. Entfernungen von 100 oder gar 1000 Lichtjahren ließen sich so überwinden. Dabei könnte man alle auf der Erde gleichzeitig geführten Telefongespräche einem einzigen Laserstrahl aufbürden.

Weiter: durch die enge Bündelung steht der Laserstrahl dem Radar würdig zur Seite.

In der Industrie kann er Hilfsdienste leisten: Er bohrt durch das Aufprallen des mit Linsen konzentrierten Lichtbündels Löcher von 0,02 bis 0,2 mm in die härtesten Stoffe wie Diamanten, Wolfram und Molybdän. Explosionsartig verdampft der Stoff durch die Schmelzwirkung des in kurzen Impulsen auftreffenden Strahls. Weil die Strahlungsstöße nur ein paar tausendstel Sekunden dauern, erfährt die Umgebung des Bohrlochs keine wesentliche Erwärmung. Dieser Umstand kommt der Halbleitertechnik zugute. Hier können feinste Plättchen und Schaltelemente mit Laserstrahlen verschweißt werden.

In der Medizin hat sich der Laser ebenfalls schon bewährt. Durch eine äußerst feine »Schweißnaht« kann eine abgelöste Netzhaut wieder befestigt werden. Beim Starstechen, bei der Krebsbehandlung war der Laser schon nützlich.

Freilich nicht für die Hand des Amateurs ist der Laserstrahl in das Gebiet der Fotografie eingedrungen. Ohne Kamera und Objektiv lassen sich Aufnahmen erzielen, die sich, nach der Entwicklung bei normaler Beleuchtung betrachtet, zwar nicht als Abbildung des Aufnahmeobjekts erkennen lassen. Wird aber die entwickelte Fotoplatte wieder vom monochromatischen Licht des Lasers durchleuchtet, dann ergibt sich ein echtes Bild, dessen Qualität ein herkömmliches Foto sogar übertrifft und das außerdem plastische Wirkung aufweist.

Für spektroskopische Materialuntersuchungen durch Verdampfen kleinster Materialmengen tut der Laser unschätzbare Dienste. Und auf vielen weiteren Gebieten bieten sich Möglichkeiten für seine Verwendung an.

Der Rubinlaser – 1960 entdeckt – ist inzwischen nicht der einzige geblieben. Mit einer ganzen Anzahl Halbleiter lassen sich Laser bauen. – Aus in Quarzröhren eingeschlossenen Gasen und Gasgemischen, aus Helium, Argon, Krypton, Xenon kann Laserwirkung erzielt werden. Im Prinzip sind sich alle Laser ähnlich. Verschieden ist die Intensität und die Wellenlänge der mit ihnen erzielbaren Laserstrahlung, der für die Zukunft gewiß noch viele Gebiete offen stehen.

Kraft aus Licht

Aus Kraft wird Licht – das hat uns das letzte Kapitel eingehend gelehrt. *Aus Licht wird Kraft* – das soll uns dieser Abschnitt erläutern. Das Gerät, mit dem wir aus Licht elektrischen Strom erzeugen können, nennen wir *Fotozelle.*

Eine einfache Fotozelle sieht so aus: Eine Eisenplatte ist mit einer Halbleiterschicht, zum Beispiel Selen, Rubidium oder Zäsium überzogen. Über dem Halbleiter wird eine lichtdurchlässige Metallschicht angebracht. Wenn wir durch die Metallschicht Licht auf das Selen fallen lassen, dann entsteht ein elektrischer Strom. Wie ist das möglich?

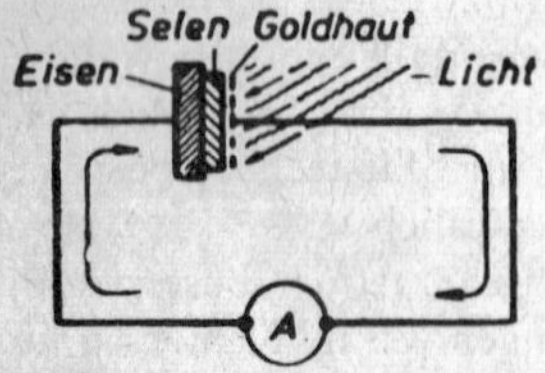

Bild 187. Fotozelle (Sperrschichtzelle). Schema eines Fotobelichtungsmessers

Das Wichtigste an unserer ganzen Anordnung ist der Halbleiter, also etwa das Selen. Selen nennen wir darum Halbleiter, weil es verhältnismäßig wenig freie Elektronen beherbergt. Nicht so viele, wie sie etwa einem guten Leiter zu eigen sind. Es ist aber auch nicht so arm an ihnen wie ein ausgesprochener Nichtleiter. Es liegt gerade mitten drin zusammen mit anderen alkalischen Metallen. Einige davon haben wir oben genannt.

Wenn Selen von einem Lichtbündel getroffen wird, dann schlägt das Licht aus dem Selen Elektronen heraus. Jedes Lichtquäntchen sucht ein freies Elektron, versetzt ihm einen Stoß, daß es plötzlich in Bewegung gerät und nun einen neuen Platz sucht.

Nun ist die Frage: wo soll das angestoßene Elektron hin? – Eisen hat schon eine Menge freier Elektronen. Zum Eisen ginge der Weg außerdem durch die ganze Selenschicht hindurch. Dazu reicht die dem Elektron mitgeteilte Kraft aus dem Licht auch nicht aus. Das Licht trifft ja nur die Oberfläche. Auf sie beschränkt sich die plötzliche Elektronenbewegung.

Nun haben die Techniker aber auf anderen Forschungsgebieten die Erfahrung gemacht, daß Gold sich auf manche Stoffe ganz dünn auftragen läßt, hauchdünn. Außerdem verändert es seinen Zustand nicht, wenn es etwa mit dem Sauerstoff der Luft in Berührung kommt. Ganz dünn aufgetragen, bleibt es auch durchsichtig.

Aus allen diesen Gründen hat man die Selenschicht mit einer Goldhaut versehen. Durch sie hindurch dringt das Licht, und in sie hinein dringen die Elektronen.

Stellen wir nun von der Goldhaut zur Eisenplatte eine Verbindung her, dann gibt das Gold diese Eindringlinge wieder ab. Sie wandern zum Eisen. Dort kann man sie auch nicht brauchen. Darum geht die Reise weiter zum Selen. Durchs Selen hindurch geht es an die äußerste Schicht bei der Goldhaut. Dort ist Platz für die Heimatlosen. Dort ist das Licht aber weiterhin mit der Auspeitschung von Elektronen beschäftigt. Also weiter – im regelrechten Stromkreis. Ein ganz feiner, auf millionstel Ampere geeichter Strommesser kann den Elektronenstrom messen.

So machen wir Kraft, das heißt elektrischen Strom, aus Licht. So können wir die Sonne einspannen zur Stromerzeugung. So können wir jede Lichtquelle zur Erzeugung eines Elektronenstroms heranziehen. Und im Geist können wir uns riesige Kraftwerke vorstellen. Fotozellen von ungeheurer Ausdehnung, die strahlende Sonne der Sahara darüber, ein dickes Kabel durchs Mittelmeer – aber das geht nicht. Das wäre zu teuer. Und das Umsetzvermögen unseres »Fotoelements« ist zu klein. Leider. –

Aber wir haben unser Lichtkraftwerk trotzdem nicht umsonst gebaut. Wir müssen es nur richtig verwenden. Wie wäre es als *Belichtungsmesser?* – Wenn viel Licht auf das Selen fällt, gibt es nämlich viele, wenn wenig Licht einfällt, gibt es wenig Elektronen ab. Die Elektronen werden durch die Spule eines empfindlichen Strommessers geleitet. Je nach der Menge des einfallenden Lichts wird ein größerer oder kleinerer Ausschlag des Amperezeigers bewirkt. Ziehen wir die Empfindlichkeit der Fotoplatte und die Blendenöffnung des Fotoobjektivs in Betracht und rechnen Zeigerausschlag, Blende und Plattenempfindlichkeit ineinander, dann können wir in der Wahl der

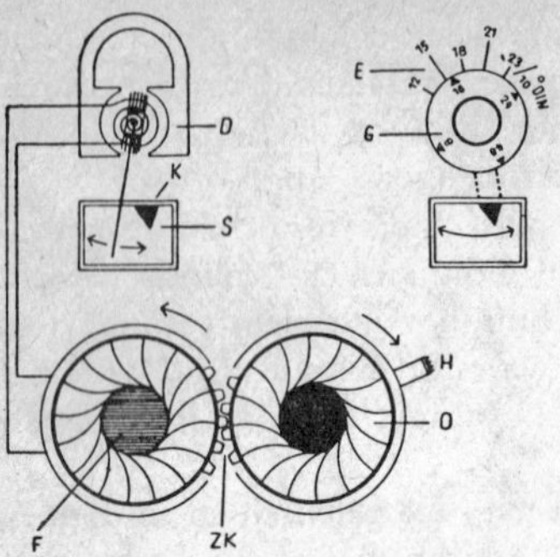

Bild 188. Schematischer Aufbau einer Kamera mit objektivgekoppeltem Belichtungsmesser. D = Drehspulinstrument; E = Skala für Filmempfindlichkeit; F = Fotoelement; G = Skala für Bildgeschwindigkeit; H = Blendeneinstellhebel; K = Keilmarke im Sucher; O = Objektiv; S = Sucherlinse; Z = Zeiger; ZK = Zahnradkupplung zwischen Objektivblende u. Blende des Fotoelements

richtigen Belichtungszeit unserer Ferienbilder nicht mehr fehlen. – Das Rechnen haben die Techniker übrigens auch schon für uns besorgt. Wir brauchen nur noch abzulesen.

Das ist gewiß bequem. Der Inhaber eines ganz modernen Foto- oder Kino-Aufnahmeapparats wird uns aber lächelnd sagen, daß das nur eine halbe Lösung ist. Noch bequemer, für die Handhabung noch einfacher und für den Erfolg noch sicherer ist nämlich der in das Aufnahmegerät eingebaute und mit dem Objektiv »gekuppelte« Belichtungsmesser.

Wenn wir beispielsweise an einer derart eingerichteten 8-mm-Kamera durch den Sucher sehen, dann bemerken wir einen Zeiger und eine weitere Marke.

Schwenken wir beim Durchsehen die Kamera ein wenig hin und her, dann pendelt der Zeiger nach links und nach rechts, je nachdem wir die Kamera vom Hellen ins Dunkle oder vom Dunklen ins Helle bewegt haben. Der Zeiger zeigt also, vom Fotoelement gesteuert, die Helldunkelschwankungen an.

Ähnlich dem Aufnahmeobjekt ist nun auch die Lichteintrittsöffnung in das Fotoelement mit einer sogenannten Irisblende versehen. Die beiden Blenden sind über Zahnradsegmente miteinander gekuppelt. Mit einem kleinen Hebel, der in der Nähe des Objektivs aus dem Kameragehäuse herausragt, kann gleichzeitig der Lichteintritt zum Film und zur Fotozelle verändert werden.

Schauen wir nun durch den Sucher! – Wenn die Zeigernadel nicht schon zufällig in Deckung mit der Marke steht, bewegen wir den kleinen Einstellhebel ein wenig, bis das der Fall ist. Jetzt dürfen wir nur noch den Auslöseknopf drücken. Wir können sicher sein, daß der Film richtig belichtet ist und nicht nur

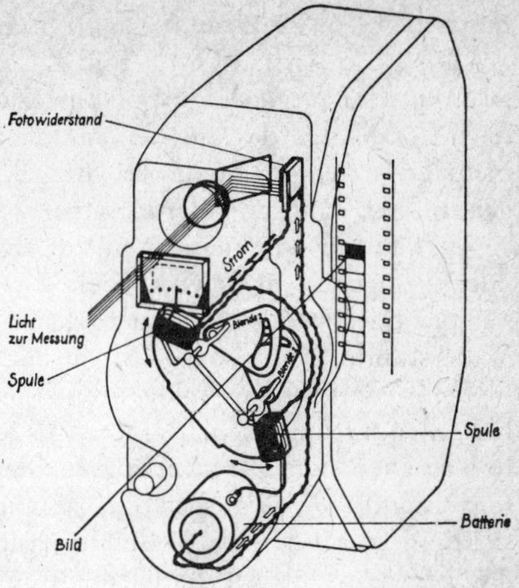

Bild 189. Vollautomatische Belichtungsregelung in einer 8-mm-Kamera

scharfe, sondern auch brillante, gut durchgezeichnete Bilder enthält.

Je nach der Empfindlichkeit des Films und nach der »Bildgeschwindigkeit« wird der Zeiger oder die Marke gesteuert. Eine von beiden wird also eine andere Stellung einnehmen müssen, je nachdem wir etwa Farbfilm mit 12/10° DIN oder Schwarzweißfilm mit 17/10° DIN belichten, oder ob wir mit normaler Aufnahmegeschwindigkeit, mit Zeitraffer oder mit Zeitlupenwirkung arbeiten wollen.

So schwierig dieses Zusammenwirken der Bedingungen erscheint, so leicht hat es uns die Technik auch hier gemacht: Zwei Zahlenkreise mit Markierungsstrichen sind an der Kamera angeordnet. An ihnen stellt man Filmempfindlichkeit und Bildzahl pro Sekunde ein, und schon sind Zeiger oder Marke in die für diese Empfindlichkeit und für diese Geschwindigkeit richtige Lage gebracht. Diese Einstellung kann bleiben, solange wir Filmmaterial und Aufnahmegeschwindigkeit nicht ändern. In aller Ruhe können wir es vor den Aufnahmen – etwa beim Filmeinlegen – tun. Beim Aufnehmen selbst brauchen wir uns nicht einmal damit zu belasten.

Die vorbesprochene Bauart der Fotozelle nennt man *Sperrschichtzelle*. Für andere Zwecke wird sie als *Vakuumzelle* gebaut.

Bild 190 zeigt das Schema einer solchen Vakuumzelle. Eine Hälfte der Innenwand einer luftleeren Röhre wird mit Zäsium bestrichen. Im Hohlraum des Röhrenkolbens liegt ein metallenes Gitter. Zwischen Gitter und Zäsiumbelag liegt eine Gleichstromquelle, deren Minuspol am Zäsium angeschlossen ist. Je nach der Menge des auf den Halbleiter fallenden Lichts fließt mehr oder weniger Strom im Stromkreis. Wird das Licht weggenommen, dann hört der Elektronenfluß auf.

Aber fassen wir zuerst den vorletzten Satz ins Auge. Mehr oder weniger Licht bewirkt mehr oder weniger Strom – Strom aus der Batterie also, gesteuert durch die Fotozelle als eine Art Widerstand. Könnte dieser Strom nicht stark genug sein, einen kleinen federleichten Anker in die von ihm durchflossene Spule hinein- oder umgekehrt, eine winzige Spule über einen Anker herzuziehen, oder gar zwei Spulen, die mit gegensinnig geschlitzten »Blenden« gut ausgewogen je nach Stellung in der Draufsicht eine veränderlich große Durchsicht gestatten? – Das wäre, das ist das wichtigste Bauelement einer vom Licht selbst vollautomatisch gesteuerten Kamera (Bild 189). Man braucht sie nur auf das Motiv zu richten. Belichtungsfehler sind ausgeschlossen.

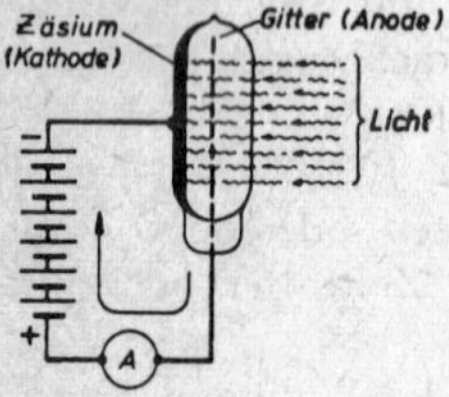

Bild 190. Vakuumfotozelle. Der Lichteinfall steuert den Batteriestrom

Diese Anordnung läßt sich als *unsichtbarer Pförtner* verwenden. Man darf den Strom nur verstärken. Elektronenröhre und Transistor sind die geeigneten Hilfsmittel dazu. Der verstärkte Strom wird dann über die Magnetspule eines Relais geführt und bewirkt die Anziehung des Ankers, solange Licht auf die Fotozelle fällt.

Geht ein Mensch durch den Strahl hindurch, dann unterbricht er ihn. Der Anker wird losgelassen. Eine Klingel schrillt auf. Eine Tür öffnet sich. Der Pförtner erwartet den nächsten Besuch. – Und dabei können wir uns sogar solcher Strahlen bedienen, die nur die Fotozelle, nicht aber das menschliche Auge sieht. Museen und Banken schützen so ihre besonders teueren Schätze.

Noch eine andere Verwendungsart der Fotozelle verdient gewürdigt zu werden. Ich sah sie in einer großen Buchdruckerei.

Zuerst sah ich sie eigentlich nicht. Ich schaute im Vorbeigehen einem Arbeiter zu, der an der gewaltigen Schneidemaschine einige handspannehohe Stapel Papier zerschnitt. Lautlos – beim Geräusch der übrigen Maschinen – senkte sich das Messer.

»Scharf wie Gift«, sprach ich den Mann an der Maschine an.

Er lächelte: »Wollen Sie mal die Hand dazwischen halten?«

Darauf lächelte ich. Ich dachte nicht daran, mich verstümmeln zu lassen.

Da stieß er die eigene Hand rasch gegen den eben wieder kleiner werdenden Winkel zwischen den Messerbalken: die Maschine, das Messer stand. – Fotozelle! durchfuhr es mich. Und richtig: zwei Fotozellen, je von einer kleinen Lampe bestrahlt, sicherten den Mann vor seinem Arbeitsgerät. Die Lichtstrahlen der Lampe gingen quer über den bedienungsseitigen Teil der Arbeitsbühne. Auf der den Lampen gegenüberliegenden Seite trafen sie auf die ihnen zugeordneten Fotozellen. Solange das Licht in die Zellen fiel, hielten sie über einen Verstärker ein Schaltrelais in den Klinken. – Wurde der Lichtstrahl auf dem Wege zu einer Zelle unterbrochen, dann schaltete das Relais augenblicklich aus und das Messer stand so lange, bis das Hindernis beseitigt war. – So schützt die Elektrizität durch die Hilfe der Fotozelle den Menschen vor der ungestümen Gewalt der Maschine und darum letzten Endes vor sich selbst, wird die Maschine ja ebenfalls von der Elektrizität getrieben.

In ähnlicher Weise arbeitet auch die automatische *Zugsicherung*, die je nachdem eine Warnung des Zugführers vor einem Haltesignal oder gleich eine automatische Bremsung des fahrenden Zuges bewirkt.

Durch eine ähnliche Einrichtung hat man im Jahr 1933 die Weltausstellung in Chikago eröffnet, indem man die aus dem Arktur kommenden Lichtstrahlen in einer Fotozelle auffing und mit ihr über Verstärker und Relais die Beleuchtung der ganzen Anlagen einschaltete.

Sehr sinnvoll fand man dabei, daß das Licht von dem 40 Lichtjahre entfernten Stern eben zu der Zeit abgegangen war, zu dem vor 40 Jahren die letzte Weltausstellung in Chikago stattfand. – Das ist immerhin eine beachtliche Leistung der Fotozelle.

Ihre größte Bedeutung hat aber die Fotozelle durch den *Tonfilm* bekommen. Hier wird in gleichmäßigem Tempo der in Lichtschwankungen umgesetzte und auf dem Filmband fotografisch festgehaltene »Ton« vorbeibewegt. Hinter dem Ton-

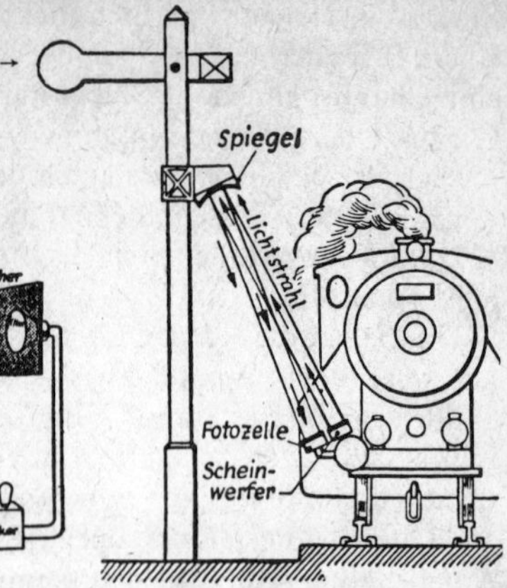

Bild 191. Fotozelle als Zugsicherung. Die Beleuchtung von Spiegel und Zelle kann durch unsichtbare Strahlen erfolgen. Der Stromimpuls betätigt ein Signal am Zugführerstand oder die Bremse

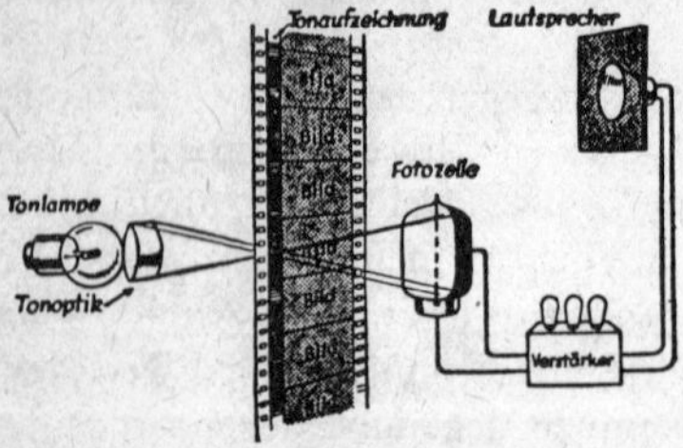

Bild 192. Fotozelle beim Tonfilm. Die im Schnittpunkt der Lichtstrahlen vorbeibewegte Tonaufzeichnung dient als Lichtfilter. Die Lichtschwankungen werden von der Fotozelle in Stromschwankungen verwandelt, die nach der Verstärkung dem Lautsprecher zugeleitet werden, der sie als Tonfolge wiedergibt

streifen sitzt eine Lichtquelle, deren Licht in schmalem Spalt auf die Tonaufzeichnungen fällt. Die unterschiedlichen Schwärzungen lassen mehr oder weniger Licht in die Fotozelle durch. Hier werden die Lichtschwankungen in Stromstöße verwandelt, die man im Tonfilmverstärker wie beim Rundfunkgerät verstärkt und dem Lautsprecher zuführt. Ton aus Licht schallt uns so von der Filmwand entgegen. Erinnern wir uns hier kurz der *Fotodiode.* Vom Stoff des fotoelektrischen Bestandteils her nahe Verwandte, bieten sie sich heute scharfe Konkurrenz.

Konservierter Ton

Im Jahr 1877 hat Edison seinen *Phonographen* erfunden. Die am Boden eines Trichters befindliche Membran wurde von ihm mit einem Stichel versehen. Wenn die Membran erschüttert wurde, machte der Stichel die Bewegungen mit. Im raschen Rhythmus der auf die Membran wirkenden Tonschwingungen ging er auf und ab.

Wurde im Schwingungsbereich der Stichelspitze eine mit Wachs umkleidete Walze gedreht und gleichzeitig in der Richtung ihrer Achse bewegt, dann schnitt der Stichel eine in der Tiefe wechselnde Kerbe ins Wachs. Eine tiefere Kerbe dann, wenn der Ton laut und die Membranabweichung aus der Ruhelage stark war. Und eine weniger tiefe Kerbe, wenn die Membran durch Auftreffen eines leiseren Tons weniger stark erschüttert wurde. – Die Höhe des Tons aber bestimmte die Häufigkeit der Membran-Schwingungen. Ebenso häufig wie sie wechselte auch die Schwingungszahl des Stichels, der damit gewissermaßen eine plastische Aufzeichnung des Tongeschehens in die bewegte Wachswalze besorgte. Berge und Täler winzigen und stets wechselnden Ausmaßes folgten einander. Einer Schraube ähnlich waren sie um die Walze geordnet. Der Ton war »konserviert«.

Dem Aufnahmegerät entsprach das für die Wiedergabe. An die Stelle des Stichels trat lediglich ein feiner Stift. Die in Häufigkeit und Tiefe wechselnden Rillen übertrugen die »Tonschrift« auf den durch die Rillen geführten und im Rillengrund aufliegenden Stift. Die Auf- und Abbewegungen des Stifts erschütterten die Membran am Grunde des Trichters. Diese Erschütterungen teilten sich der Luft mit. Als Ton kamen sie aus dem Trichter – nur eben nicht ganz so gut und nicht ganz so schön wie der Ton, der zuvor aufgenommen wurde.

Der Deutsche Berliner führte die *Schallplatte* ein, ganz ähnlich der, wie wir sie heute noch kennen. Der Schreibstichel wurde über die sich drehende Platte so geführt, daß spiralig angeordnete Rillen entstanden. Der Stichel arbeitete nicht mehr am Rillengrund. Dagegen bewirkte er wechselnd stärkere und schwächere Einkerbungen an der Rillenwand. In äußerst feinem Zickzack entstand eine Tonaufzeichnung. Die Wiedergabe ähnelte der Aufnahme. In altvererbten Familienbeständen dürften sich heute noch »Grammophonplatten« finden, die auf diese, wie wir heute sagen, mechanische Weise hergestellt – und nach dem auf Seite 161 f. beschriebenen Weg vervielfältigt wurden. Diesen alten Platten hört man es an. Sie klingen, als ob der Ton aus dem Hörer eines mangelhaften Telefons komme. Was ihnen fehlt, sind die sogenannten Obertöne. Diesen Obertönen wollen wir kurz unsere Aufmerksamkeit schenken. Sie sind es, die die »Klangfarbe« eines Tons bestimmen.

Wir benützen diesen bildlich gemeinten Begriff, um beispielsweise auszudrücken, daß es verschiedenartig klingt, ob ein bestimmter Ton von einem Mann oder einer Frau gesprochen, oder von einer Flöte oder einer Geige erzeugt wird. Der gleiche Ton, etwa der Kammerton A, klingt von allen vier Tonquellen her anders.

Der Grund für dieses Andersklingen liegt darin, daß der beim Singen oder Musizieren gemeinte Ton von einer Reihe weiterer Töne begleitet wird, die je nach der Tonquelle verschieden sind. Dem Grundton, den die für die verschiedenen Instrumente gleiche Note ausdrückt, sind sogenannte Obertöne zugeordnet. Das sind sehr hohe Schwingungen, die dem Grundton sozusagen aufgesetzt sind und ihm seinen besonderen Charakter geben. Durch diese Oberschwingungen ist es also begründet, warum die Stimmen verschiedener Menschen und verschiedener Instrumente anders klingen.

Wollen wir in der Tonaufzeichnung nicht nur die Folge der Grundtöne, sondern mit jedem Grundton auch die ihm zugehörigen Obertöne festhalten, dann muß die der Aufzeichnung dienende Einrichtung ein schwingungsfähiges System besitzen, das die hohen Schwingungen mitmacht. Es muß dafür leicht und äußerst beweglich sein. Die Erfahrung zeigt, daß Membran und Stichel zu träge sind. Es wird auch dem Ungeübten immer ein Leichtes sein, die Mängel dieser mechanischen gegenüber der Originalmusik festzustellen.

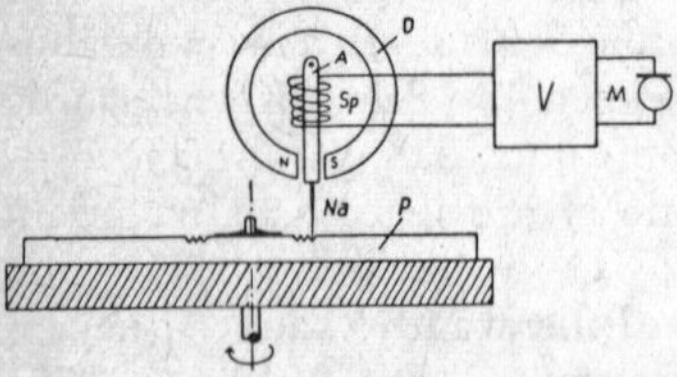

Bild 193. Schema der elektromagnetischen Schallplattenaufnahme. A = Anker; D = Dauermagnet; M = Mikrofon; Na = Nadel; P = Schallplatte; Sp = Spule; V = Verstärker

Um ein Vielfaches besser sind Tonaufzeichnung und Wiedergabe, wenn wir uns statt der trägen Membran eines elektromagnetischen Tonabnehmers bedienen. Über den grundsätzlichen Aufbau gibt die Skizze (Bild 193) Aufschluß. Die vom Mikrofon herrührenden Stromstöße werden verstärkt der Wicklung einer kleinen Spule zugeleitet, die auf einem beweglichen Anker zwischen den Schenkeln eines Dauermagneten sitzt. Der Anker pendelt dabei im Rhythmus der Tonschwingungen. Er nimmt die Schreibnadel mit. Wird die Nadel auf die sich drehende Wachsplatte aufgesetzt, dann gräbt sie Rillen in das Wachs. Der Ton ist festgehalten. Die Tonqualität dieses Systems ist erheblich besser als die der zuerst genannten. Sprache und Musik, die wir auf die neue Art aufzeichnen, klingen echter und naturgetreuer.

Das tun sie besonders dann, wenn wir uns auch für die Wiedergabe von der trägen Membran abwenden und ebenfalls den Elektromagnetismus in Dienst nehmen. Bei der Wiedergabe durch den *elektromagnetischen* Tonabnehmer wird eine feine Nadel oder ein Saphirsplitter in die Rillen der Schallplatte gesetzt. Die von der Tonschrift ausgezackten Rillenwände der Platten stoßen Nadel oder Saphir hin und her. Der dadurch mitbewegte kleine Anker verändert die Kraftlinienstruktur des Magneten. Dadurch werden im Rhythmus der Nadelschwankungen Stromstöße in einer Spulenwicklung erzeugt, die entweder auf dem beweglichen Anker oder auf den Schenkeln des Dauermagneten sitzt. Meist mit Hilfe des Radiogeräts werden die Stromstöße verstärkt. Nach der Verstärkung sind sie in der Lage, die Membran eines Lautsprechers zu bewegen. Der Ton, den wir dabei hören, kommt dem sehr nahe, den wir aufgenommen haben. Gegenüber der zuvor beschriebenen, rein mechanischen Wiedergabe kommen auch die hohen Frequenzen der Obertöne noch weithin mit.

Die bisher beschriebenen Einrichtungen sind uns wohl ohne weiteres aus den in der Elektrotechnik immer wieder genutzten Beziehungen und Wechselwirkungen zwischen Elektrizität und Magnetismus erklärlich. Wie verhält es sich nun aber mit dem sogenannten *Kristalltonabnehmer,* der heute bei der Mehrzahl der Plattenspieler verwendet wird?

Seine Wirkung beruht darauf, daß gewisse Kristalle, beispielsweise Quarz, Turmalin, Natriumchlorat, ja sogar Zucker, elektrisch werden, wenn man sie in einer bestimmten Richtung unter Druck setzt. Ein kleines, dünnes Plättchen aus einem dieser Stoffe in der richtigen Weise von einer größeren Kristallgruppierung herausgeschnitten und zwischen zwei Metallplatten gelegt, ergibt also ein Elektrizitätswerk. Den Druck auf den Kristall besorgt die von den Tonrillen bewegte Nadel. Ihr Hin und Her erzeugt elektrische Ladungsänderungen der den Druck übermittelnden Platten. Sie werden wechselnd positiv- und negativelektrisch. Geben wir diesen Ladungen einen Abfluß, dann fließen elektrische Ströme, winzig klein zwar, aber immerhin größer, als bei Verwendung des Elektromagneten und ein genaues Abbild des wechselnden Nadeldruckes entsteht. Groß genug aber auch, um nach der Verstärkung den Lautsprecher zu speisen.

Die Tonwiedergabe mit Kristallen ist sehr gut. Mehr und mehr sind sie dabei, den elektromagnetischen Tonabnehmer zu verdrängen. Daß Kristalle gegen harte Stöße beim Transport oder bei grober Behandlung empfindlicher sind als Magneten und Spulen, tut ihrer Wertschätzung keinen Abbruch.

Ihre Eigenschaft, unter Druck Strom zu erzeugen, macht sie übrigens auch für den Bau von Mikrofonen geeignet. Die Bezeichnung *Kristall-Mikrofon* läßt also nicht darauf schließen, daß wir es mit einem durch Kristalle geschmückten und durch die äußere Aufmachung teuren Gerät zu tun haben. Sein einfacher Aufbau macht es sogar verhältnismäßig billig. Und den Kristall hat es in sich als einen wesentlichen Bestandteil des kleinen Elektrizitätswerks, das unter dem Druck der Schallwellen Strom erzeugt.

Das Drehen der Schallplatte geschieht bekanntlich auch elektrisch. Meist ist es ein kleiner Hauptstrommotor, der den Antrieb besorgt. Als Universalmotor läßt er sich sowohl bei Gleichstrom als auch bei Wechselstrom verwenden. Man darf nur darauf achten, daß er die richtige Spannung erhält.

Die Kapitelüberschrift verpflichtet uns, einer weiteren Art der Konservierung des Tons unsere Aufmerksamkeit zu schenken, dem *Lichtton.* Welch breiten Raum er für Tonaufzeichnungen einnimmt, mag daraus geschlossen werden, daß weitaus die meisten Tonfilme im Lichtspielhaus im Lichttonverfahren hergestellt sind.

Über die Wiedergabe von Lichttonfilmen haben wir im Kapitel ›Kraft aus Licht‹ gesprochen. Nicht weniger interessant ist die Aufnahme, um so mehr, als dabei verschiedene Wege zum Ziel führen.

Kurz gesagt geht es darum, Schwingungen von Tönen, also von Musik, Gesang, Geräusch und Sprache in Lichtschwingungen umzusetzen und diese dann fotografisch festzuhalten. Daß das im Hinblick auf die gute Qualität der Wiedergabe auch der Obertöne nicht ganz einfach ist, mag einleuchten. Und der Weg, den die deutsche Erfindergemeinschaft »Triergon«, bestehend aus den Herren Vogt, Engl und Masolle, zu gehen hatte, war gewiß nicht leicht. Hauptsächlich durch ihren Erfolg ist es begründet, daß der Tonfilm in breiter Front den stummen Film ablöste. Ist es nicht so, daß wir uns heute einen Film ohne Ton kaum mehr vorstellen können? Und dabei sind die Erfinder des Lichttonfilms unsere Zeitgenossen.

Gegenüber den mancherlei Bemühungen, dem Film auf andere

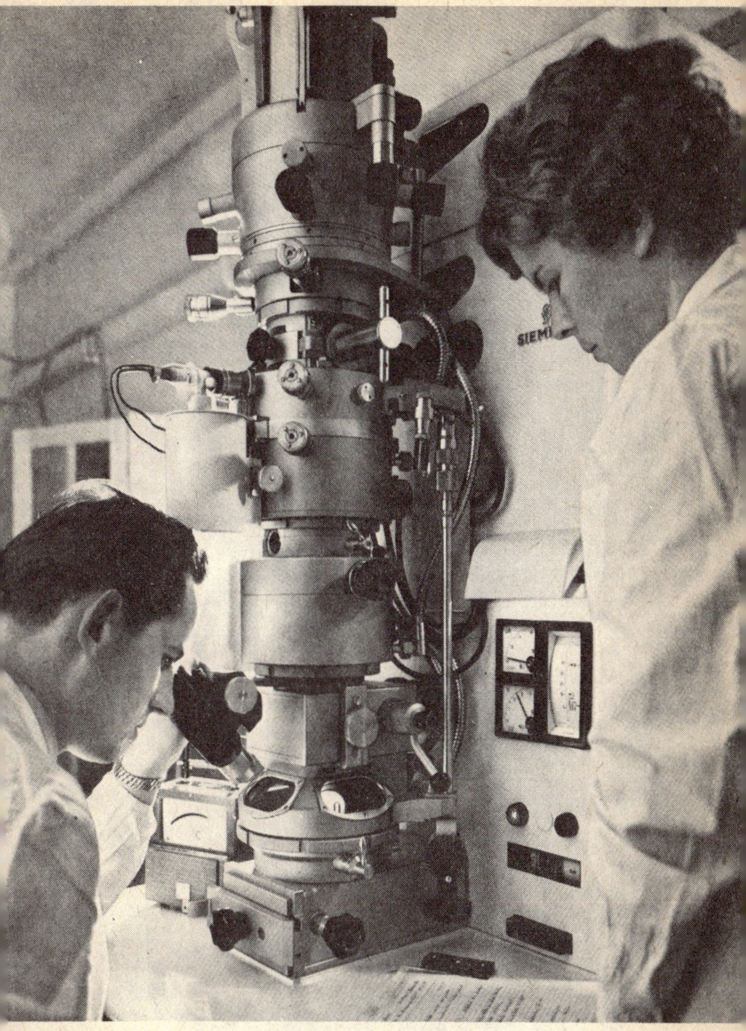

Bild 194. Im Elektronenmikroskop vermitteln Elektronenstrahlen einen Blick ins bisher Unsichtbare. Körper in der Größenordnung eines millionstel Millimeters lassen sich damit noch erkennen. (Werkbild: Siemens)

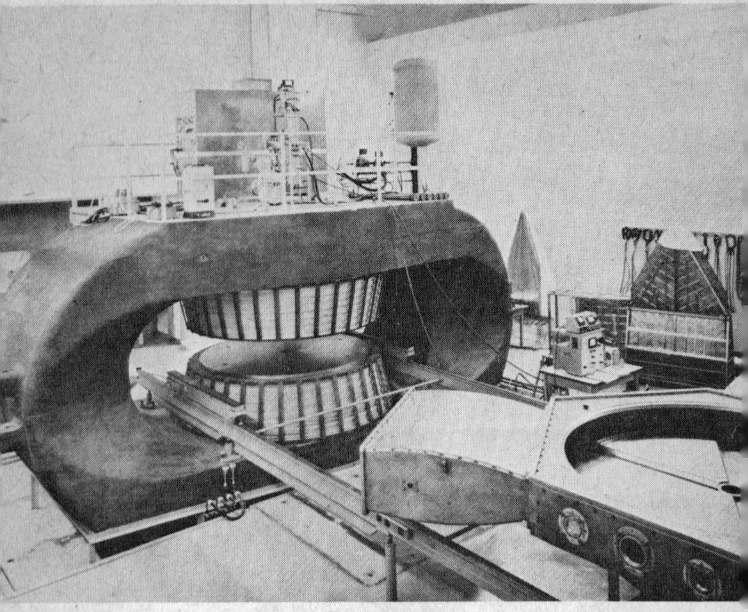

Bild 195. Das Isochron-Zyklotron im Kernforschungszentrum Karlsruhe. Beim Betrieb liegt die unter Vakuum stehende, rechts im Bild sichtbare Kammer zwischen den beiden Polen des riesigen Magneten. In der Mitte der Kammer treten Protonen aus, die durch hochfrequente Wechselspannungen beschleunigt werden. Durch die Wirkung des Magnetfeldes werden sie auf einer spiralförmigen Bahn gehalten. Beim Austritt aus der Kammer besitzen sie eine Geschwindigkeit, die mehreren Millionen Umläufen in der Sekunde entspricht. Sie werden zur Atomzertrümmerung benützt und besitzen eine erheblich größere Durchschlagskraft als die »härtesten« bisher erzeugten Strahlen.

(Werkfoto: AEG)

Weise einen tonlichen Ausdruck zu verleihen, bot das vor etwa einem Menschenalter neue Verfahren einige wesentliche Vorteile. Gewiß nicht der kleinste war der, das gleiche Celluloidband, das die Bilder trug, auch zum Tonträger zu machen und dabei Bild und Ton auf fotografischem Weg festzuhalten. Dem früheren Mangel an zeitlicher Übereinstimmung stand nun unbeeinflußbar von Zufällen oder mangelhafter Aufmerksamkeit der absolut

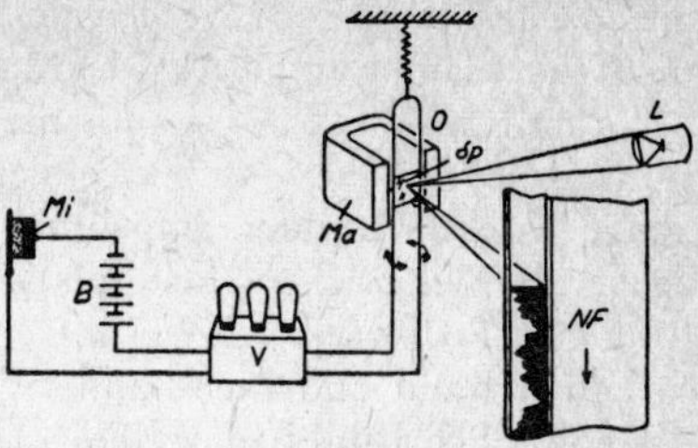

Bild 196. Tonaufnahme für Zackenschrift. Der verstärkte Mikrofonstrom wird einem Oszillographen (Schwingungsschreiber) zugeleitet. Der zwischen den Schwingsaiten angebrachte Spiegel lenkt einen Lichtstrahl im Sinne der wechselnden Tonschwingungen ab und leitet ihn auf das gleichmäßig nach unten gezogene Negativ-Filmband. Nach der Entwicklung sind die aufgezeichneten Amplituden sichtbar. B = Batterie; L = Lichtquelle; Ma = Magnet; Mi = Mikrofon; NF = Negativfilm; O = Oszillograph; Sp = Spiegel; V = Verstärker

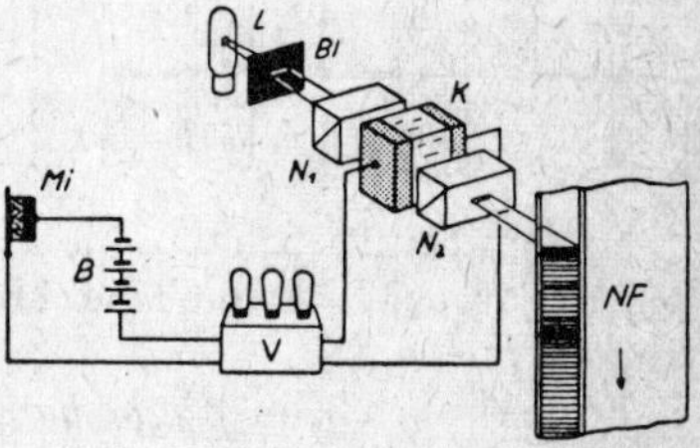

Bild 197. Tonaufnahme für Sprossenschrift. Der verstärkte Mikrofonstrom wird auf die Kondensatorplatten einer »Kerrzelle« geleitet. Die im Rhythmus des Mikrofonstroms wechselnde Ladung des Kondensators schwächt den durch »Nikolsche Prismen« polarisierten Lichtstrom einer Glühlampe im Sinne des Mikrofonstroms und ruft auf dem abwärts bewegten Filmband sprossenähnlich wechselnde Schwärzungen hervor. B = Batterie; Bl = Blende; K = Kerrzelle (mit Nitrobenzol gefüllter Behälter, von dem zwei einander gegenüberstehende Wände als Kondensatorplatten ausgebildet sind); N_1, N_2 = Nikolsche Prismen zur Polarisierung des Lichtstrahls aus der Lampe L; Mi = Mikrofon; NF = Negativfilm; V = Verstärker

gleichzeitige Ablauf des Bildgeschehens mit dem Tongeschehen gegenüber.

Über den Beitrag, den die Elektrizität für die Lichttonaufzeichnung zu leisten hat, geben die beiden Skizzen (Bild 196 und 197) Aufschluß.

Für die Wiedergabe des Lichttons ist es gleichgültig, mit welchem der beiden Verfahren der Ton aufgenommen wurde, ob also der Film mit Zackenschrift oder Sprossenschrift versehen ist. Der Vorführer im Lichtspielhaus braucht nicht einmal zu wissen, in welcher der beiden Schriften der Ton gehalten ist. Die Handhabung und die Wirkung ist völlig gleich.

Interessant ist hier noch, daß man aus Gründen der Tongenauigkeit sich mit der Aufzeichnung der einfachen Zacken nicht begnügt. Ein kleines Stäubchen in der Lichtführung beim Kopieren oder bei der Wiedergabe des Films, eine kleine seitliche Verschiebung des Bands könnten dazu führen, daß die Spitzen der Zacken abgedeckt werden und damit für die Wiedergabe nicht wirksam wären. Auf der 2,6 mm breiten Tonspur des »Normalfilms« und auf der 1,8 mm breiten Spur des »Schmalfilms« werden daher gleichzeitig nebeneinander mehrere gleichartige Tonschriftbilder aufgebracht. Als Doppelzackenschrift zwei, als Mehrzackenschrift bis zu 14. Beispiele dafür zeigt Bild 198. So ist selbst bei größeren, seitlichen Verschiebungen zwischen Band und Lichtbündel Gewähr dafür gegeben, daß das ganze Schriftbild an der Tonwiedergabe beteiligt ist.

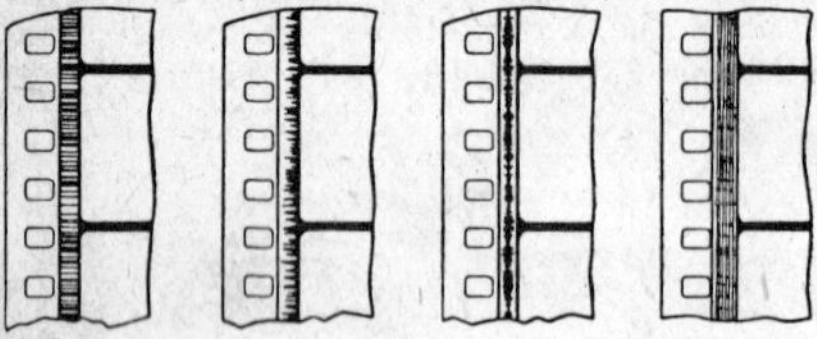

Bild 198. Verschiedene Lichttonschriften. Von links nach rechts: Sprossenschrift, Einzackenschrift, Doppelzackenschrift, Mehrzackenschrift

Sowohl bei der Schallplatte als beim Lichtton haben wir gesehen, daß der Elektromagnet Helfer für die Aufzeichnung sein kann.

Er ist es auch beim *Magnetbandgerät.* Auf einem dünnen aber widerstandsfähigen Band ist eine sehr feinkörnige Magnetschicht aufgetragen. Als verschieden starke Magnetisierung werden die Feldänderungen eines kleinen »Magnetkopfes« registriert, wenn das Band in enger Berührung mit dem »Spalt« zwischen den Schenkeln des Eisenkerns über den Magnetkopf gleitet.

Werden die Feldänderungen durch Stromstöße aus einem

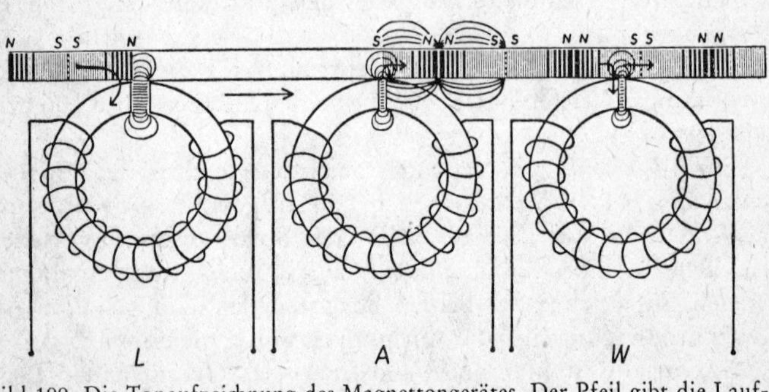

Bild 199. Die Tonaufzeichnung des Magnettongerätes. Der Pfeil gibt die Laufrichtung des Tonbands an. Der gewöhnlich mit Hochfrequenz gespeiste Löschkopf »löscht« die früheren Aufzeichnungen aus. Die mit dem Aufnahmekopf A hergestellte magnetische Aufzeichnung des Tons kann schon während der Aufnahme mit Hilfe des Wiedergabekopfs W abgehört werden

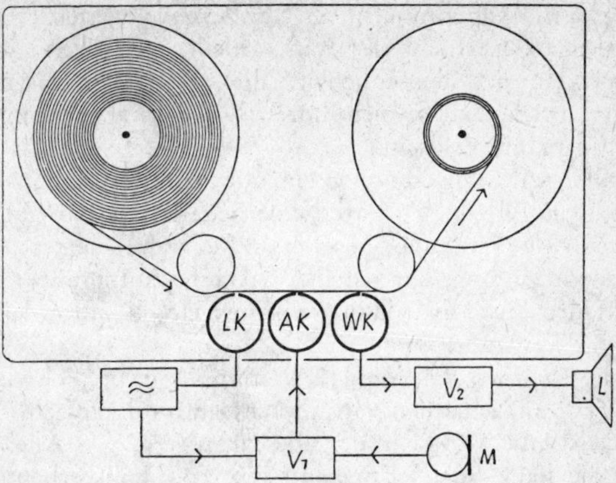

Bild 200. Schematische Darstellung eines Magnettongerätes mit 3 Magnetköpfen. In absolut gleichmäßiger Geschwindigkeit wird das Magnetband bewegt. Unabhängig voneinander können die Magnetköpfe gegen das Band gedrückt werden. AK = Aufnahmekopf; LK = Löschkopf; WK = Wiedergabekopf; M = Mikrofon; V_1 = Aufsprechverstärker; V_2 = Wiedergabeverstärker; L = Lautsprecher

Mikrofon – oder etwa vom zweiten Lautsprecheranschluß des Radiogeräts – hervorgerufen, dann erhält das beschichtete Band eine magnetische Aufzeichnung von Tönen, die bei genügender Laufgeschwindigkeit des Bands und bei genügender Feinheit des Magnetspalts keine Wünsche mehr offen läßt.

Das gleiche Gerät, ja bei manchen Geräten sogar der gleiche für die Aufnahme dienende Magnetkopf kann auch für die Wiedergabe benützt werden. Man braucht nur einen Schalter in eine andere Stellung zu bringen oder eine dafür vorgesehene Taste zu drücken.

Wenn wir wollen, können wir übrigens die zuvor gemachte Aufnahme löschen. Ein »Löschkopf« besorgt das, wenn wir beim Ablauf des Bands den ihm zugeordneten Schalter betätigt haben.

Wie der Löschkopf das bewerkstelligt, ist ganz einfach. Aus einer im Magnetbandgerät befindlichen Elektronenröhre geben wir hochfrequenten Strom in die Spulenwicklung des Magneten. Mit dem Einschalten dieses Stromkreises bringen wir gleichzeitig den Löschkopf zur Berührung mit dem Tonband und schwenken den Kopf für Aufnahme und Wiedergabe weg. Die hochfrequenten Magnetimpulse des Kopfs schlagen sich in der magnetisierbaren Schicht des Bands nieder. Sie liegen über der Hörschwelle des menschlichen Ohrs. Bei einem Wiedergabeversuch würden wir sie nicht hören. Dafür ist aber die ursprüngliche Aufnahme gelöscht.

Wollen wir, ohne zuvor in einem besonderen Arbeitsgang zu löschen, die alte gleich durch eine neue Aufnahme ablösen, so legen wir nur das zuvor bespielte Band von neuem in die Aufnahmevorrichtung, dann stellen wir auf »Aufnahme«. Im gleichen Durchlauf wird dann das Alte gelöscht und gleichzeitig der neue Ton aufgenommen.

Aber legen wir das vom UKW-Empfänger bespielte Band ins Gerät ein und lauschen wir aufmerksam und kritisch. Was wir hören, ist eine Musik, in der alles drin ist. Dieses Alles bezieht auch die ganz hohen Töne mit ein. So ist unverkennbar, ob Flöte oder Violine die Melodie führen, ob Orgel oder Baßgeige das Fundament der Akkorde bilden. Und wie beim Anhören des Gebotenen im Konzertsaal legt sich der Schaum der verhaltenen Trommelwirbel oder die spritzende Gischt der Zimbel über die Wogen der tragenden Töne. Unverbildet, unverzerrt, fehlerlos und mit allen Merkmalen der direkt aus den Instrumenten gehörten Musik gibt uns das Magnetband wieder, was wir ihm anvertraut haben.

Ist es da verwunderlich, wenn diese Art der Tonaufzeichnung und -wiedergabe ins Lichtspielhaus Eingang gefunden hat? In ganz besonderer Weise sogar. Im Cinemascope-Film. – Wissen Sie, was das ist? ›Die Rache des Rebellen‹ wird gespielt. 5 Meter hoch, 12,5 Meter breit rollt sie im Bild über die Silberwand. Drei Lautsprechergruppen hinter dem Bild verteilt, eine vierte über den Zuschauern im Saal: Mitten drin sind Sie. Plastischer Ton, Raumton nennt man das, weil er den Nerven nacheinander oder gleichzeitig von vier Seiten zusetzt...

Auf einem Filmband der üblichen Breite hat man mit Hilfe zylindrisch geschliffener Linsensysteme – sogenannter Anamorphoten – ein auf breitem Raum spielendes Geschehen optisch zusammengedrängt. Bei der Projektion wird dieses fotografische Zerrbild durch eine ähnlich gebaute Optik entzerrt. Doppelt so breit wie die sonst üblichen Projektionsbilder ist die Bildfläche bei Cinemascope.

Wie wäre es bei dieser außerordentlichen Breite, die dem Filmgeschehen zur Verfügung steht, wenn da ein einziger Lautsprecher – etwa in der Mitte hinter der Bildwand – den Ton spenden

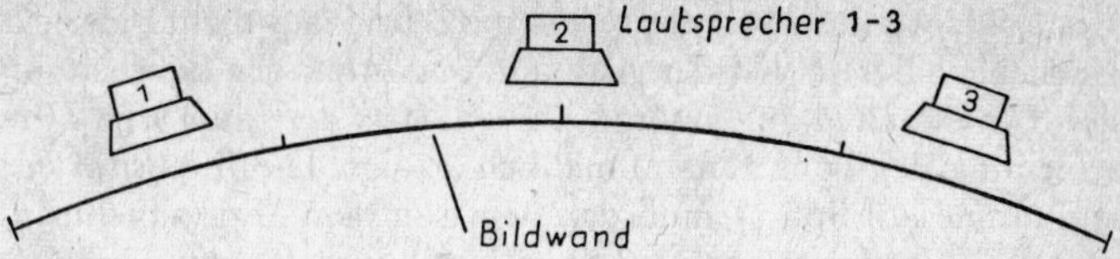

Bild 201. Der plastische Ton wird bei Cinemascopefilmen durch drei Lautsprecher erzeugt, die aus getrennten Tonaufzeichnungen bespielt werden. Ein vierter Lautsprecher im Publikumsraum sorgt für zusätzliche Raumeffekte

würde? – Der Sprecher links oder die Sängerin rechts im Bild wären immer nur von der Mitte aus zu hören. Bei solch riesigen Bildbreiten würden sich viel zu große Abstände zwischen der Tonquelle und dem dazugehörigen Bild ergeben. Die Illusion, das lebende Bild tönen zu hören, wäre gestört.

Wie man sich da hilft, haben wir bereits angedeutet. Den 3 Lautsprechern hinter der Bildwand und dem sogenannten Effektlautsprecher im Saal entsprechen 4 Verstärker, die jeweils von einer besonderen Tonspur auf dem Filmband versorgt werden. Die Skizze zeigt die Anordnung der einzelnen Tonspuren. Es ist »Magnetton«, der von 4 Tonköpfen abgenommen wird. Nach den Bedürfnissen für die Wiedergabe sind die einzelnen Spuren besprochen oder bespielt. Dem Projektor wird das Magnettongerät aufgesetzt. Um das Maß der räumlichen Versetzung zwischen der Stelle, an der die Projektion und der, an welcher die »Tonabtastung« erfolgt, ist auch die Tonaufzeichnung gegenüber dem Bild versetzt.

Bild 202. Cinemascopefilm mit 4 Magnettonspuren. 3 Spuren bedienen die 3 Lautsprecher hinter der Bildwand. Die 4. Tonspur ist für Toneffekte aus den im Saal befindlichen Lautsprechern vorgesehen

Verschiebt sich nun bei der Projektion eine Tonquelle vom linken zum rechten Bildrand, dann ertönt zuerst der linke, dann der mittlere und dann der rechte Lautsprecher. Dieser Wechsel von Lautsprecher zu Lautsprecher muß durchaus nicht plötzlich geschehen. Bereits bei der Aufnahme und bei der Bearbeitung des Tons kann dafür gesorgt werden, daß die räumliche Verschiebung des Tons ganz allmählich erfolgt. Die Intensität der Aufnahme auf Spur 1 muß dann eben in dem Maß abnehmen, in dem die Aufzeichnung auf Spur 2 an Lautstärke zunimmt.

Aber der Superlative ist noch nicht genug. Im *Todd-A-O-Verfahren,* auf 70 mm breitem Filmband, wird die Bildfolge von zwei mal drei, insgesamt also sechs Tonspuren begleitet. Über sechs Verstärkerzüge wird hier der magnetisch aufgezeichnete Ton sechs Lautsprechern und häufig Lautsprechergruppen zugeführt.

Magnetisch aufgezeichneter Ton im Lichtspielhaus! In schmalen Spuren auf einem geschmeidigen Band festgehalten, was alles das menschliche Ohr zu hören und zu unterscheiden vermag.

Cinemascope! – Todd-A-O! – »Die Rache des Rebellen«, der verfilmte, sensationell und attraktiv behandelte Stoff mag uns vielleicht nicht kümmern. Dem Wunder der Technik werden wir uns nicht entziehen können.

Im Auto fast alles elektrisch

... auch in dem, das der 20- oder 100- oder 150pferdige Benzin- oder Dieselmotor treibt – könnten wir die Überschrift dieses Kapitels ergänzen. Aber das wissen wir ja alle. Das ist augenfällig. Jeder Volkswagen, jeder Mercedes 300 zeigt uns das. Jeder Fahrer weiß darum Bescheid, soweit mindestens, als es die Bedienung der elektrischen Anlage erfordert.

Elektrotechnik für das Auto ist zu einem weitläufigen selbständigen Gebiet geworden. Ein paar Tausend Menschen in Deutschland, einige Hunderttausend auf dem ganzen Erdball haben die Auto-Elektrik zum Beruf erwählt. Sie wissen gründlich Bescheid. Millionen von Kraftfahrzeugen, aber auch eine nicht abreißende Folge von Zeitschriften und Büchern künden von ihrem Wissen.

So geziemt es sich wohl, der Elektrizität im Auto auch im Rahmen unserer Betrachtungen ein Kapitel zu widmen. Beschränken wir uns also auf das Wesentliche und steigen wir unbekümmert in unser Thema hinein. Schaubild (siehe Bild 203)

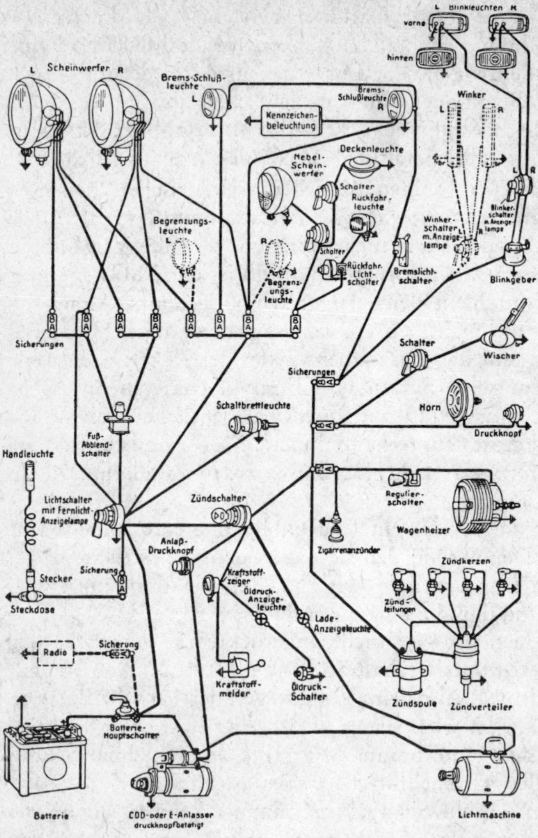

Bild 203. Elektrischer Schaltplan eines Personenwagens mit Benzinmotor

und Gesamtschaltplan eines Personenwagens mit Benzinmotor lassen erkennen, daß wir uns viel vorgenommen haben.

Was uns am Schaltplan vor allem auffällt, ist, daß die mit kräftigen Linien angedeuteten Drahtverbindungen unter den einander zugeordneten Gliedern jeweils nur einadrig gezeichnet sind. Das stößt unser Wissen von der Elektrizität nicht etwa um. Von der Beschreibung des Morsetelegraphen, der Straßenbahn und der Eisenbahn her erinnern wir uns, daß es dann auch mit einer Leitung geht, wenn wir die andere durch die »Erde« ersetzen. Im Kraftfahrzeug machen wir es ähnlich. Statt »Erde«

sagen wir hier »Masse«. Darunter verstehen wir die in leitfähiger Verbindung zueinander stehenden Metallteile des Fahrzeugs. Schließen wir diese »Masse« an einen Pol der im Wagen mitgeführten Stromquelle an – in deutschen und in der Mehrzahl ausländischer Fahrzeuge ist es der Minuspol des Akkumulators – dann ist die metallische Masse des Wagens selbst einer der Leiter, die wir für den Betrieb des elektrischen Zubehörs brauchen. Eine weitere wichtige Voraussetzung ist allerdings die, daß auch jeder Verbraucher eine gut leitende Verbindung zur Masse besitzt. In unserem Schaltbild ist diese Masseverbindung jeweils durch ein gleichartiges Symbol gekennzeichnet.

Lassen wir uns nicht beirren, wenn wir trotz dieses Hinweises die Wirkung und das Zusammenwirken der elektrischen Teile noch nicht klar sehen. Setzen wir uns mit geschärften Sinnen für das Elektrische am Auto und einem gelegentlichen Seitenblick auf unser Schema kurzerhand hinein. Der Zündschalter am Armaturenbrett wartet darauf, daß wir den Zündschlüssel ins Zündschloß stecken.

Wenn wir das tun, leuchtet augenblicklich eine zumeist rote Lampe auf. Den Strom, den sie dazu benötigt, bezieht sie aus der Batterie. Das Leuchten zeigt an, daß die Zündung eingeschaltet ist, und daß die Batterie entladen wird.

Nun betätigen wir – bei nicht eingerücktem Ganghebel – den Anlasser. Der *Anlasser* erhält Spannung. Etwa 30 Ampere entnimmt er beispielsweise beim Volkswagen der 12-Volt-Batterie. Mit den 300 Watt wirft dieser athletische Zwerg von Elektromotor den Benzinmotor an. Mit Hilfe eines kleinen Schaltschemas wollen wir nachforschen, wie das geht.

Betrachten wir die Schaltskizze, dann erkennen wir an der Hintereinanderschaltung von Feldwicklung und Anker, daß der Anlasser ein Hauptstrommotor ist. Das hohe Anzugsvermögen dieser Motorart kommt uns sehr zustatten. Die Ankerachse trägt eine Freilaufeinrichtung, die mit einem Ritzel verbunden ist.

Über dem Motor befindet sich ein Magnetschalter. In Ruhestellung hält eine Feder den Schaltanker und den Einrückhebel so, wie es das Schnittbild zeigt. Sobald durch die Spulenwicklung ein Strom fließt, wird der Schaltanker so stark angezogen, daß er den Federdruck überwindet. Der Schaltanker bewegt sich nach rechts und schiebt mit der Führungsgabel Freilauf und Ritzel nach links. Durch die Wirkung des Steilgewindes geschieht das mit einer gleichzeitigen Drehung des Ritzels.

Kurz vor dem Abschluß des vorbeschriebenen Vorgangs wird gleichzeitig der Magnetschalter geschlossen. Er schließt die ›Einzugswicklung‹ kurz. Die ›Haltewicklung‹ hält den Schaltanker fest. Die Feldwicklung und der Anker des Anlassers werden von Strom durchflossen. Der Anlasseranker läuft an. Die Schraubwirkung des Steilgewindes schiebt das Ritzel noch tiefer in den Zahnkranz hinein. Durch die Drehung der Ankerachse wird das Ritzel von der nunmehr kraftschlüssig gewordenen Freilaufeinrichtung mitgenommen und der Benzinmotor angeworfen. Wie wir wissen, dauert das alles nur wenige Sekunden.

Jetzt nehmen wir den Finger vom Anlasser. Die höhere Drehzahl des Benzinmotors läßt den Freilauf zur Wirkung kommen. Die Haltewicklung ist inzwischen stromlos geworden. Das Ritzel läuft frei mit, bis es durch die Kraft der Federn zurückgezogen wird.

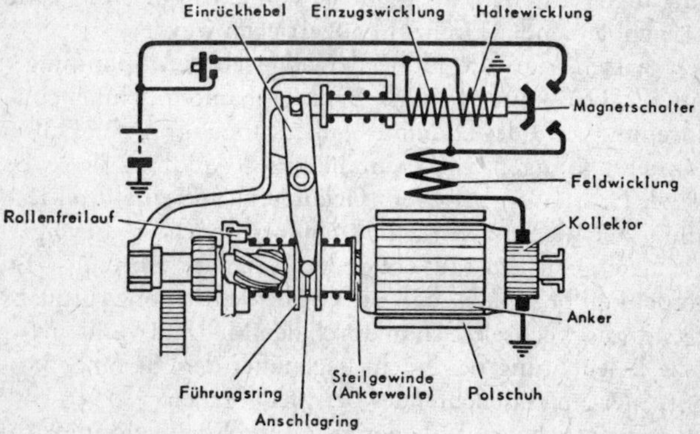

Bild 204. Schaltbild eines Schubschraubtrieb-Anlassers

Damit ist die Aufgabe des Anlassers erfüllt. Der Benzinmotor läuft. Die rote Lampe am Schaltbrett leuchtet. Das geschieht zwar etwas ungleichmäßig. Sie wird heller und dunkler. Und wenn wir »Gas« geben, wenn wir also die Drehzahl des Motors erhöhen, erlischt sie ganz.

Mit dieser Betrachtung schneiden wir eine neue Frage an. In ihrem Mittelpunkt stehen die Lichtmaschine und der Reglerschalter.

Unter der Bezeichnung »Dynamo« haben wir den grundsätzlichen Aufbau und die Wirkungsweise der *Lichtmaschine* schon kennengelernt. Im Auto hat sie die Aufgabe, die verschiedenen

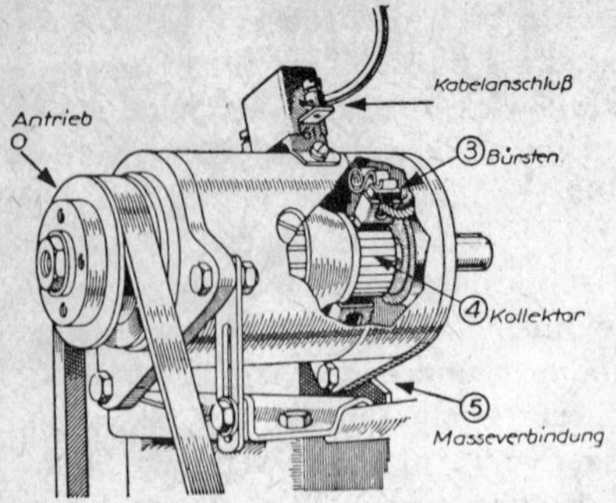

Bild 205. Lichtmaschine

Stromverbraucher mit elektrischer Energie zu versorgen und die Akkumulatoren-Batterie zu laden. Bei der stets wechselnden Drehzahl des Automotors muß sie aber unter viel schwierigeren Bedingungen arbeiten, als wenn sie von einem ortsfesten Motor mit gleichbleibender Drehzahl angetrieben würde.

Wir wissen, daß die Höhe der abgegebenen Spannung und damit die Größe des Stroms einer Dynamomaschine von der Umdrehungszahl des Dynamo-Ankers abhängt. Beim Fahren in den unteren Gängen, z. B. beim häufigen Anfahren in der Stadt oder bei Fahrten in bergigem Gelände würde eine direkte Verbindung der Lichtmaschine mit den Verbrauchern unweigerlich zu frühzeitigem Ausfall etwa der Lampen führen. – Es ist außerdem zu bedenken, daß die Größe des Stromverbrauchs im Auto ständig wechselt. Schon durch den Mehraufwand an Strom für die Beleuchtung bei Nacht gegenüber dem Strombedarf bei Tag ist hier ein einleuchtendes Beispiel gegeben.

Die wesentlichsten Teile der Lichtmaschine, Feld und Anker, sind parallel zueinander geschaltet. Wir sprechen daher von einer »Nebenschluß-Maschine«. Meist durch einen Keilriemen wird sie von der Motorachse her angetrieben. Über die Bürsten des Kollektors gibt sie Gleichstrom ab.

Wie bereits gesagt, ist Erhaltungszustand und Betriebsdauer der Verbraucher in hohem Maße von der Gleichmäßigkeit der abgegebenen Spannung abhängig. Man bedient sich dazu eines *Reglerschalters*, den man der Lichtmaschine zuordnet, und der völlig selbständig seine Aufgabe versieht.

Bild 206 zeigt eine vereinfachte Schaltskizze der Zusammenwirkung von Lichtmaschine und Reglerschalter. Der im Stromkreis der Feldwicklung liegende Regelwiderstand kann in schnellem Wechsel dem Feld vorgeschaltet und kurzgeschlossen werden.

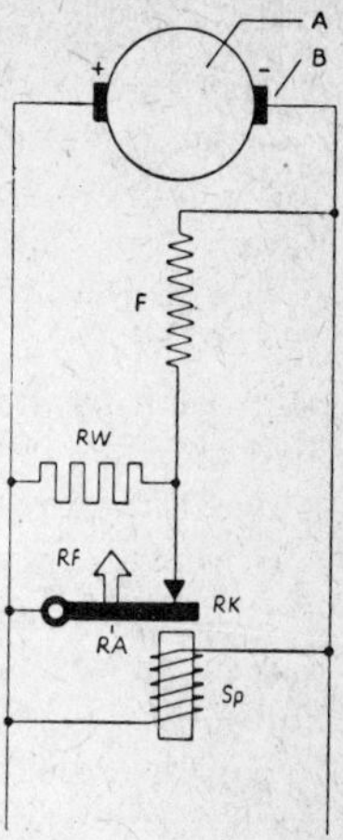

Bild 206. Lichtmaschine mit Reglerschalter. A = Anker, B = Bürsten, F = Reglerwiderstand, Sp = Spule

Dieses wechselnde Zuschalten und Überbrücken wird durch einen elektromagnetisch betätigten Anker besorgt. Durch eine Zugfeder wird der Anker in Kontaktstellung gehalten. In dieser Lage des Schaltankers ist der Regelwiderstand überbrückt. So ist der Erregerstrom, der durch Schaltanker und Feldwicklung fließt, groß. Der kreisende Lichtmaschinenanker erzeugt dabei eine hohe Spannung.

Diese hohe Spannung erzeugt im Eisenkern der »Spannungsspule« des Reglers ein so starkes magnetisches Feld, daß es die Zugkraft der Feder übersteigt. Der Regleranker wird dadurch nach unten gezogen. Der Reglerkontakt wird geöffnet. Nun muß der Erregerstrom über den Regelwiderstand fließen. Widerstand und Feldwicklung teilen sich jetzt also in die angelegte Spannung. Der Erregerstrom ist dadurch kleiner geworden. Das hat eine niedrigere Spannungsabgabe des Lichtmaschinen-Ankers zur Folge. Auch die »Spannungsspule« des Reglers erhält diese niedrigere Spannung. Die Federkraft überwiegt. Der Reglerkontakt schließt sich wieder. Das wiederholt sich 50- bis 200mal in der Sekunde. So rasch also, daß man nicht einmal ein Zittern des Lichts im Fahrzeug wahrnimmt.

Dieses Reglerspiel geschieht außerdem ganz selbsttätig so, daß bei niederer Drehzahl von Benzinmotor und Lichtmaschine die Kontakte nur kurze Zeit geöffnet und lange Zeit geschlossen werden. Bei hoher Drehzahl ist es umgekehrt.

Der Reglerschalter sorgt dafür, daß das richtig klappt. Die kleine, zumeist rote Lampe am Schaltbrett des Wagens zeigt uns an, wie es um ihn steht. Ergänzen wir also die Deutung unserer früheren Beobachtung: Sie leuchtet auf, wenn bei eingestecktem Zündschlüssel die Lichtmaschine steht, oder wenn sie so langsam läuft, daß die von ihr erzeugte Spannung niedriger ist als die Batteriespannung. Sie ist nach dem Einschalten der Zündung einerseits mit dem Pluspol der Batterie und andererseits mit dem Pluspol der Lichtmaschine verbunden. Besteht zwischen beiden ein Spannungsunterschied, dann fließt ein Strom durch die Lampe, und die Lampe glüht.

Die Lampe erlischt, sobald bei rascherem Lauf der Lichtmaschine ihre Spannung die Höhe der Batteriespannung erreicht hat. Ihr Erlöschen zeigt also, daß die Lichtmaschine arbeitet und daß sie an das Verbrauchernetz angeschlossen ist. Ihre Bezeichnung *Ladeanzeigelampe* trägt sie eigentlich nicht immer zu Recht. Ihr Erlöschen ist kein untrügliches Anzeichen dafür, daß die Batterie geladen wird, wenngleich mit dem Erlöschen – bei laufendem Motor – zumeist auch ein Laden des Akkumulators verbunden ist.

Nach dem bisher Gesagten ist nicht eigentlich begründet, warum wir gelegentlich von »Zündschlüssel« und »Zündschalter« sprachen. Davon, daß er beim Schließen des Stromkreises für die Zündung beteiligt ist, war noch nicht die Rede. Schon seine Bezeichnung weist ja darauf hin, daß er auch für die Zündung eine wichtige Aufgabe zu erfüllen hat.

Daß mit dem Begriff »Zündung« das Entzünden des Kraftstoff-Luftgemisches in den Zylindern des Benzinmotors gemeint ist, ist heute wohl jedem geläufig. Diese Zündung wird durch einen kräftigen Funken hervorgerufen, der zum richtigen Zeitpunkt zwischen den Elektroden der Zündkerze entsteht. Dafür ist eine Spannung von 5000 bis 20000 Volt nötig. – Wir erinnern daran, daß die Spannung von Batterie und Lichtmaschine in Personenwagen gewöhnlich 6 oder 12 Volt beträgt.

Mit dieser Gegenüberstellung ist das erste Problem aufgezeigt, mit dem wir uns nun beschäftigen wollen. Es könnte dadurch gelöst werden, daß wir unser Fahrzeug mit einem sogenannten »Schwungmagnetzünder« ausrüsten, der, ähnlich der Lichtmaschine, durch kreisende Spulen im Magnetfeld eine hohe Spannung erzeugt. Für Zweirad-Kraftfahrzeuge wählt man heute häufig diesen Weg. Im »Schwung-Licht-Magnetzünder« ist sogar Lichtmaschine und Magnetzünder in einem Baukörper vereinigt.

In den weitaus meisten Autos wird heute aber die bewährte

»Batteriezündung« angewandt. Schon der Name sagt aus, daß hier letzten Endes die Batterie Energiespender für die Zündung ist. Mit ihr wollen wir uns etwas eingehender beschäftigen. Die Skizze (Bild 207) zeigt, daß wir unsere Überlegungen insbesondere der Zündspule, dem Zündverteiler und den Zündkerzen widmen müssen.

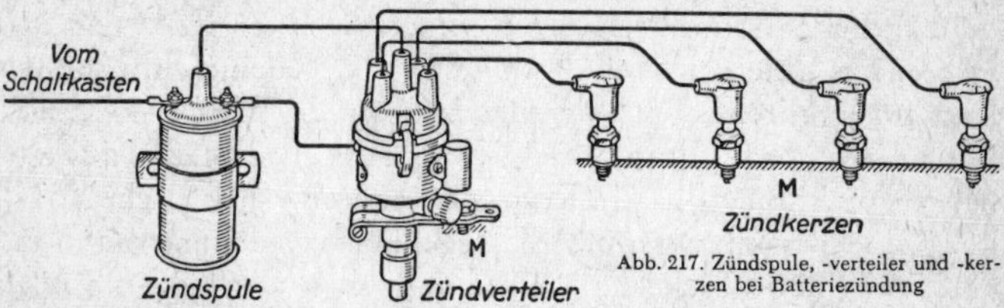

Bild 207. Zündspule, -verteiler und -kerzen bei Batteriezündung

Die *Zündspule* ist eine Art Transformator, der die Aufgabe hat, die Niederspannung aus Batterie und Lichtmaschine von beispielsweise 12 Volt in Hochspannung umzuwandeln. Sie besitzt also eine Primärwicklung mit wenigen und eine Sekundärwicklung mit sehr vielen Drahtwindungen, die zusammen auf einen Eisenkern gewickelt sind. Mit dem Einstecken des Zündschlüssels in den Zündschalter wird die Batteriespannung an die Primärwicklung angelegt. Die Drahtwindungen dieser Wicklung werden vom Batteriestrom durchflossen. Dadurch wird der Eisenkern magnetisch.

Und in der Sekundärwicklung? – Aber das wissen wir ja von der Beschreibung des Transformators her: Wenn wir an die Pri-

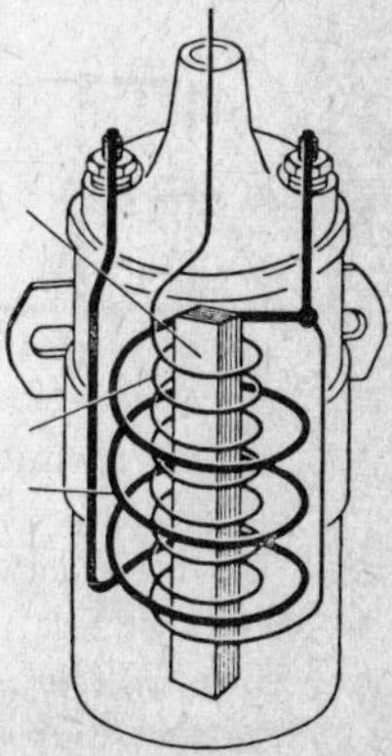

Bild 208. Zündspule. Primär- und Sekundärwicklung sind schematisch angedeutet

märspule Gleichstrom angelegt haben, kann höchstens der Stromstoß beim Einstecken des Zündschlüssels einen Hochspannungsstoß in der Sekundärspule zur Folge haben. Ein zweiter Spannungsstoß würde erzeugt werden, wenn wir den Zündschlüssel wieder herauszögen... So geht es also nicht.

Aber so ähnlich geht es. Wir müssen nur einen *Unterbrecher* in den Primärstromkreis legen, einen Schalter also, der den Stromkreis unterbricht und schließt. Nach jedem Schließen des Primärstromkreises baut sich das Magnetfeld im Eisenkern auf. Bei jeder Unterbrechung bricht es zusammen. Der zu- und abnehmende Magnetfluß im Kern induziert eine elektrische Spannung in der Sekundärspule, die gegenüber der Primärspannung um so viel höher ist, als die Windungszahlen der beiden Spulen verschieden sind. – Diese Vorgänge sind also ganz ähnlich denen, die wir beim Betrieb des Transformators mit Wechselstrom kennengelernt haben. – Hier in der Zündspule haben wir mit Hilfe des Unterbrechers aus der Batteriespannung Hochspannung erzeugt.

Wenn unser Benzinmotor nur einen Zylinder hätte, wie im Motorrad und im Roller etwa, dann dürften wir nur noch dafür sorgen, daß die Unterbrechung des Stromflusses im Primärkreis der Zündspule jeweils dann erfolgt, wenn das komprimierte Gasgemisch für den zündenden Funken bereit ist. Die Schaltskizze (Bild 209) zeigt, wie einfach das im Grunde genommen ist.

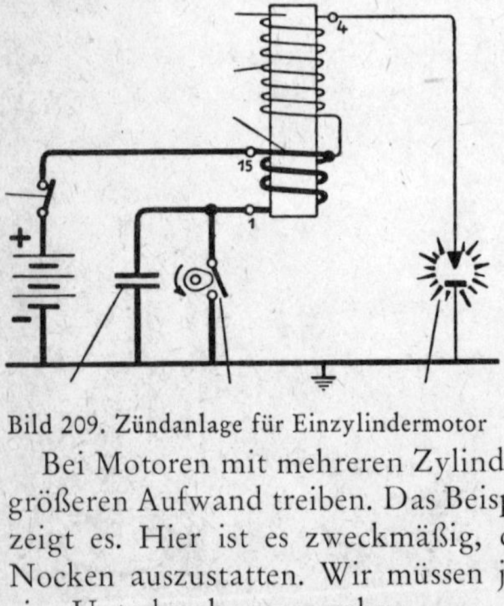

Bild 209. Zündanlage für Einzylindermotor

Bei Motoren mit mehreren Zylindern müssen wir einen etwas größeren Aufwand treiben. Das Beispiel des Vierzylindermotors zeigt es. Hier ist es zweckmäßig, den Unterbrecher mit vier Nocken auszustatten. Wir müssen ja für jeden Motorzylinder eine Unterbrechung vorsehen.

Sorgen wir nun noch dafür, daß der mit jeder Unterbrechung

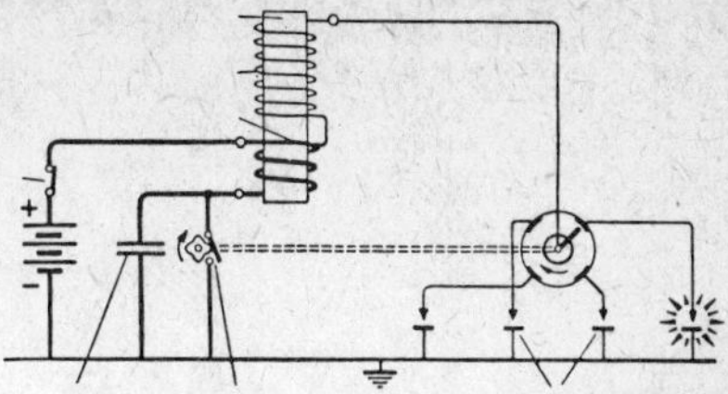

Bild 210. Zündanlage für Vierzylinder-motor

auftretende Hochspannungsstoß der richtigen Zündkerze zugute kommt, dann kann es gewiß nicht fehlen. Der *Zündverteiler* hilft uns dabei. Der von der Zündspule her gespeiste Verteilerläufer sitzt auf einer Achse mit dem Unterbrechernocken. Das gestrichelte Linienpaar in Bild 210 deutet das an. Abgestimmt auf den Arbeitstakt des Motors, bei langsam laufendem Motor etwas später, bei rasch laufendem Motor etwas früher, wird der Primärstromkreis der Zündspule unterbrochen und gleichzeitig durch die umlaufende Elektrode des Verteilers dem jeweils arbeitsbereiten Motorzylinder ein Hochspannungsstoß vermittelt.

Der in den beiden Schaltbildern eingezeichnete Kondensator hat übrigens die Aufgabe, die Funkenbildung beim Öffnen des Unterbrechers zu unterdrücken. So werden einmal die Unterbrecherkontakte geschont. Außerdem reißt der Primärstrom durch die Wirkung des Kondensators ganz plötzlich ab, was wieder zum schlagartigen Verschwinden des Magnetflusses im Eisenkern und zu hoher Zündspannung führt.

In der *Zündkerze* entsteht dann der Funken, eine genau gesteuerte, stets zur richtigen Zeit und am richtigen Ort wirksame Funkenfolge, auch wenn die Pleuel des Rennwagenmotors 6000-, ja 8000mal in einer Minute um die Kurbelwelle wirbeln.

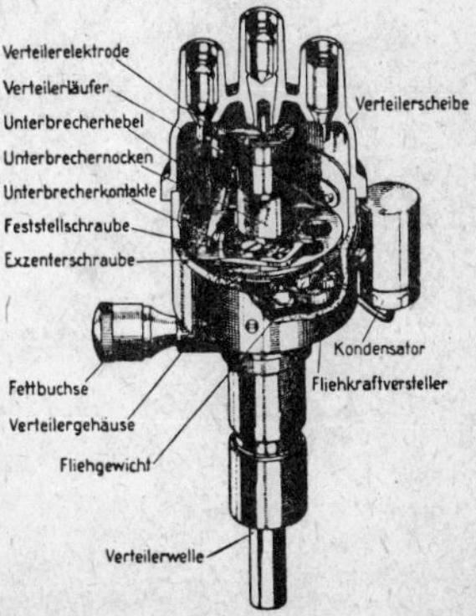

Bild 211. Zündverteiler für Vierzylindermotor

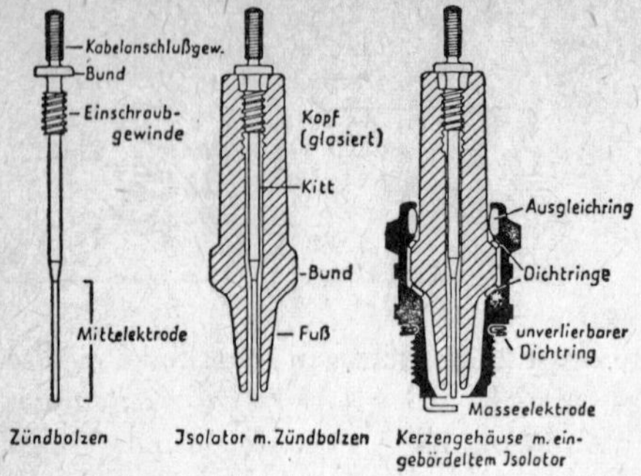

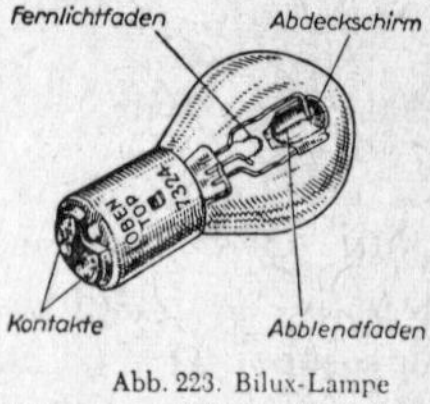

Bild 212. Aufbau der Zündkerze

Bild 213. Bilux-Lampe

Elektrizität im Auto! – Mit dem bisher Beschriebenen ist es noch nicht genug. Denken wir nur an die vielen Lampen: in jedem Scheinwerfer sind es gleich zwei, von denen eine sogar eine Doppellampe ist. *Bilux-Lampe* nennen wir sie gewöhnlich. Sie besitzt zwei Leuchtfadensysteme. Das eine, größere, sitzt im Brennpunkt des Scheinwerferspiegels, der so ein parallel gerichtetes Strahlenbündel großer Reichweite erzeugt. Wenn wir – bei Stadtfahrten oder beim Näherkommen eines anderen Fahrzeugs – mit abgeblendetem Licht fahren, dann betätigen wir einen Umschalter. Der unterbricht den Stromkreis für das Fernlicht und schaltet ein anderes Glühfadensystem im gleichen Lampenkolben ein, den Abblendfaden. Er ist durch einen klei-

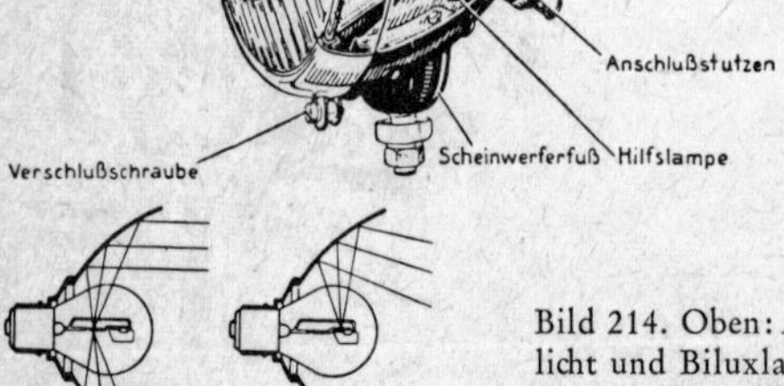

Bild 214. Oben: Autoscheinwerfer mit Stehlicht und Biluxlampe. Unten: Strahlengang der Biluxlampe, links: Fernlicht, rechts: abgeblendet

nen Blechschirm nach unten abgedeckt. Da er zudem außerhalb des Spiegelbrennpunktes angeordnet ist, treffen die Lichtstrahlen nur die obere Hälfte des Spiegels. Von dort werden sie mehr oder weniger stark geneigt nach dem Boden geworfen.

Das den Nebel leichter durchdringende gelbe Licht des Nebelscheinwerfers, die den Wagen seitlich begrenzenden Standlichter, die Schlußlichter, die Nummernbeleuchtung, das Bremslicht, den Rückfahrscheinwerfer, die Beleuchtung für das Wageninnere, für die Instrumententafel am Schaltbrett, die Lampen im Blinker und seine Kontrollampe am Armaturenbrett wollen wir nicht vergessen. Sie alle werden von Batterie und Lichtmaschine gespeist. Diese Vorgänge sind uns geläufig. Wir ziehen, drücken oder drehen den entsprechenden Schalter, wir treten das Bremspedal oder legen den Rückwärtsgang ein, und schon leuchtet, was leuchten muß, wenn nur die Lampe selbst, die Drahtverbindung, der Schalter und die Sicherung in Ordnung sind.

In der *Blinkanlage* sind es zumeist 4 Lampen, die, zwei rechts, zwei links am Fahrzeug angebracht, den Willen des Fahrers, nach rechts oder links abbiegen zu wollen, bekunden. Hitzdraht und Elektromagnet sind hier die elektrisch wirksamen Steuerteile, denen der Blinkerschalter das Kommando gibt, und die eine Kontrollampe kontrolliert. Im Blinkgeber sind die den Befehl ausführenden Organe zusammengefaßt. Bild 215 und Bild 216 geben uns Aufschluß über die Wirkungsweise.

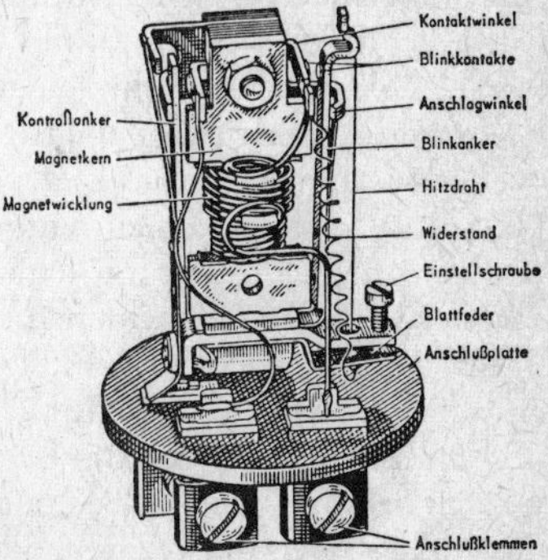

Bild 215. Aufbau des Blinkgebers mit einem Kontrollanker, Schutzkapsel abgenommen

Im Ruhestand werden die Blinkkontakte durch die Zugwirkung des kalten Hitzdrahts auf den unter entgegengesetztem Federzug stehenden Blinkanker offen gehalten.

Wird nun der Blinkerschalter eingeschaltet, dann fließt der

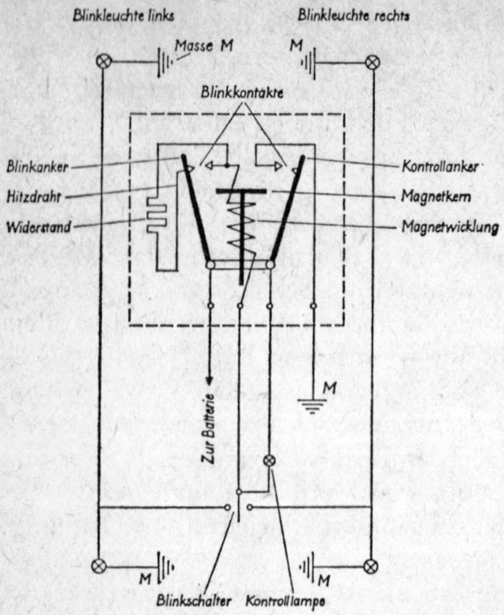

Bild 216. Schaltschema einer Blinkanlage

Strom über Blinkanker, Hitzdraht, Widerstand und Magnetwicklung und über die Blinkleuchten zur »Masse«, die bekanntlich an den anderen Pol der Batterie angelegt ist. Damit ist der Stromkreis geschlossen. Wegen des hohen Widerstands des Hitzdrahts leuchten die Blinkleuchten noch nicht auf. Der Hitzdraht wird aber heiß. Er dehnt sich, bis der Blinkanker durch die Aufhängefeder gegen den Magnetkern gezogen werden kann. Dabei schließen sich die Blinkkontakte. Nun ist der Hitzdraht kurzgeschlossen. Die Blinkleuchten erhalten den vollen Strom. Gleichzeitig kühlt sich der Hitzdraht ab. – Er zieht sich dabei wieder zusammen und wirkt der Zugfeder und der magnetischen Haltekraft mehr und mehr entgegen. Ruckartig öffnet der kürzer gewordene Hitzdraht schließlich die Blinkkontakte. Der Strom für die Blinkleuchten fließt jetzt wieder über den Hitzdraht. Er genügt nicht, um sie im Leuchten zu erhalten. Sie erlöschen. – Solange der Blinkerschalter eingeschaltet ist, wiederholt sich dieser Vorgang 80- bis 90mal in der Minute. Und je nach Schalterstellung leuchten in diesem Rhythmus entweder die linken oder die rechten oder bei Gefahr alle vier Blinkleuchten auf.

Gleichzeitig mit dem auf die Leuchten wirkenden Blinkanker wird der Kontrollanker betätigt. Er gibt der Anzeigeleuchte Strom. Sie blinkt im gleichen Takt wie die Blinkleuchten. –

Blinkt die Kontrolleuchte nicht mehr, dann ist sie entweder selbst ausgefallen, oder aber, falls sie beispielsweise in einer Stellung des Blinkerschalters leuchtet und in der anderen dunkel bleibt, gibt uns ihr Dunkelbleiben Aufschluß darüber, daß die entsprechende Blinkleuchte defekt ist. Sie nimmt keinen Strom mehr auf. Dadurch ist auch der Stromfluß durch die Magnetwicklung geringer, und die Magnetkraft genügt nicht mehr zum Anziehen des Kontrollankers.

Am Dunkelbleiben der Kontrolleuchte merkt der Fahrer, daß die Blinkanlage nicht in Ordnung ist. Das Blinksystem kontrolliert sich also selbst. Mehr kann man gewiß nicht verlangen.

Einen flüchtigen Blick wollen wir nun noch auf das *Signalhorn* werfen. Die Skizze hilft uns dabei. Wir sehen, man könnte das Horn als eine Verbindung aus Summer und Lautsprecher bezeichnen.

Durch Elektromagnet und Unterbrecher wird eine Membran in Schwingung versetzt. Die Höhe des Tons wird durch die Zahl der Eigenschwingungen der Membran bestimmt. Ein Kondensator verhindert Funkenbildung an den Kontakten des Unterbrechers.

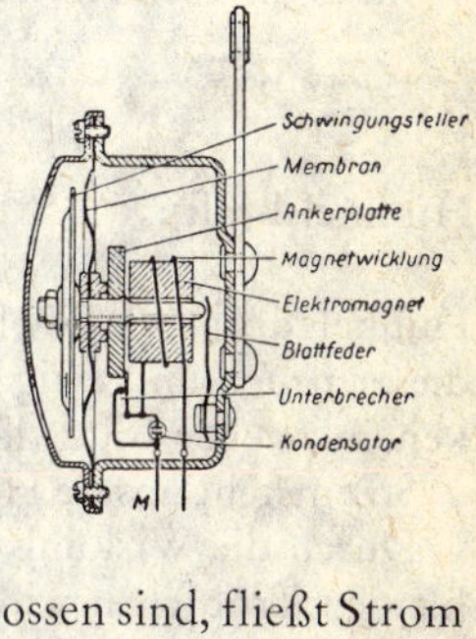

Bild 217. Schnitt durch das Boschhorn

Wenn die Unterbrecherkontakte geschlossen sind, fließt Strom durch die Wicklung des Elektromagneten. Dadurch zieht der Magnet die Ankerplatte bis zum Aufschlag auf den Magnetkern an. Die Membran wird dabei mitgenommen. Gleichzeitig öffnet sich der Unterbrecher. Er unterbricht also den Strom zum Elektromagnet, der infolgedessen den Anker losläßt. Auch die Membran schnellt wieder zurück. Die Kontakte schließen sich dabei. Wie gesagt, wiederholt sich dieser Vorgang im Maß der Schwingungsfähigkeit der Membran. Sie ist es, die die Luft in die gleiche Zahl von Schwingungen versetzt. Diese Schwingungen hören wir als Ton.

Durch das Mitgehen des Schwingungstellers bei den Bewegungen der Membran erhält der Grundton eine Anzahl Obertöne, die je nach dem Material, aus dem der Teller besteht, dem Signal einen besonders durchdringenden Charakter geben.

Elektrizität im Auto! – Wir haben trotz der Beschränkung gesehen, welch weitläufiges Gebiet es ist. Dabei ist es mit unseren Betrachtungen noch lange nicht erschöpft. Im *Scheibenwischer* ist es ein kleiner Motor, der über ein Getriebe den Wischhebel in pendelnde Bewegung versetzt. Auch der *Wagenheizer* birgt einen Elektromotor, der uns die vom erwärmten Kühlwasser miterwärmte Luft zufächelt. Der *Zigarrenanzünder* ist ein Widerstand, den der Batteriestrom zum Glühen bringt.

Schließen wir nun dieses Thema ab. Wir wissen: in gemächlicher Fahrt oder in rasender Eile des Gehetzten werden allstündlich Tausende von Kraftfahrzeugen über die Landstraßen gesteuert. Lack und Chrom bergen und verbergen zumeist, was wir hier ein klein wenig beleuchtet haben. Nur »Zubehör« ist das Elektrische im Auto. Aber was wäre das Kraftfahrzeug, wenn es die Elektrizität entbehren müßte? –

Himmelskraft

Dunkel drohende Wolken bei schwüler Luft sind die Quelle dieser neuen und ewig alten »natürlichen« Kraft. Es sind Wolken, aus denen Blitze lodern und Donnerschläge grollen.

So entsteht unsere Himmelskraft:

Durch die Wirkung der Sonne verdunstet Wasser. In winzig kleinen Tröpfchen wird es zum Himmel hinaufgetragen. Jedes Tröpfchen ist ein kleiner Ballon, der in seinen Atomen Elektronen mit sich führt.

Da oben wird es begreiflicherweise kühler. Die Wassertröpfchen drängen sich zusammen. Kondensieren sagt man dazu. Eine Wolke bildet sich. Und in der Wolke sitzen nun die luftfahrenden Elektronen.

Immer mehr Wasserstäubchen steigen durch die Wirkung der Sonnenschwüle nach oben. Aus der übersättigten Wolke beginnen sich große Tropfen abzulösen. Aufsteigende Böen entreißen ihnen winzige Wasserteilchen, die von neuem eine Luftfahrt antreten und die den Wassertropfen aufgebürdeten Elektronen mit sich führen. – Die schweren Protonen fallen mit dem Großteil der Tropfen zur Erde zurück.

So sind Protonen und Elektronen getrennt. Und mit der brodelnden Wolke schweben die Elektronen über den Himmel hin.

Wie war das, was wir zu Anfang dieses Buches von der Anziehungskraft der Elektronen und der Protonen nacheinander sprachen? Den Grad dieser Kraft nannten wir doch Spannung. Sehen Sie, und zwischen Erde und Wolke besteht nun eine ungeheure Spannung. Eine Spannung von mehreren Millionen Volt. Zwischen Wolke und Erde liegt aber die Luft, ein schier unüberwindlicher Widerstand. Wolke und Erde sind die Platten eines riesigen Kondensators...

Oder kann dieser Widerstand am Ende doch überwunden werden? Ist er wirklich ganz unüberwindlich? Sind nicht neue Elektronen in neuen Wasserballönchen auf dem Weg nach oben? Hat nicht die Luft selbst ein paar verirrte Elektronen, die sie leitfähig machen? Leitfähig nicht für die paar Volt unserer Drehstromleitung. Aber leitfähig für 4 oder 5 Millionen Volt zwischen Gewitterwolke und Erde. In der Technik gibt es Beispiele genug vom Durchschlagen eines Kondensators. Sollte es hier nicht auch etwas Ähnliches geben?

So ist es: Irgendwo finden die Wolkenelektronen einen Weg nach unten. Mit rasender Eile jagen sie hinab. Zuerst wenige, andere eilen nach. Wieder andere werden vom Strudel mitgerissen. Rasch, unheimlich rasch. Das stürzt sich auf die Tröpfchen, die in der Luft schweben. Sie, ihre mitgeführten Elektronen, sind willkommene Leiter. Die unterwegs aus ihrer Bahn geworfenen Elektronen leuchten auf. Ein greller Blitz begleitet die Fahrt. Das durchschneidet die Luft wie ein Peitschenhieb mit ungeheurem Knall. – Und das wiederholt sich, bis die Spannung zwischen Elektronenüberschuß hier und Elektronenmangel dort den Widerstand der Luft nicht mehr überwinden kann. Und wir sehen bei jedem Ausgleichsversuch: ein Blitzstrahl ist zur Erde gefahren. Und wir hören den Donner als die Stimme der mächtigen Naturgewalt.

So sind Blitze zur Erde gefahren, seit die Erde besteht. Und so fahren sie weiter hernieder, wo Sonne und – Wasser im Spiel miteinander sind. Die Wüste kennt keine Gewitter, weil ihr das

Wasser fehlt. Und die Polargebiete kennen sie nicht, weil ihnen die kräftige Sonne fehlt. –

Kraft aus Wolken! Riesige Spannungen! Ungeheure Ströme! Gewaltige Leistungen! –

Da ist ein Tannenriese vom Blitzstrahl zerspalten. Dort liegt eine Eiche vom Blitz gefällt. Hier haben Menschen das Leben gelassen. Dort sind Häuser das Opfer der Naturerscheinung.

Was hat den Fall der Dinge und den Tod der Menschen bewirkt? Nichts als die ungeheure Geschwindigkeit, mit der der Spannungsausgleich erfolgt und der durch sie und den körperhaften Widerstand der Dinge entstandene Druck. Das hat die Eiche zerspalten und den Schornstein gefällt. Das hat den Menschen am Herzschlag sterben lassen.

Warum aber sucht sich der Blitz mit Vorliebe hohe Tannen, Türme und Häuser? Einfach, weil er den Ausgleich auf die für ihn bequemste, nächstliegende Weise vollziehen möchte. Die Tanne und der Turm und das hohe Haus sind Hände, die ihm die Erde entgegenstreckt und in die er bereitwillig einschlägt. Die er zusammenschlägt beim Einschlagen. Und je tiefer etwa ein Baum im Boden wurzelt, je besser er eine Verbindung mit den wasserführenden tieferen Erdschichten herstellt, desto lieber wählt er gerade ihn. Das ist der Grund, warum die tieferwurzelnde Eiche bei Gewittern ein noch schlechterer Zufluchtsort für den Menschen ist als die Buche.

Daß der Blitz hochgelegene Stellen bevorzugt, hat man schon vor Jahrhunderten beobachtet. Man hat für den Schutz gegen ihn lange keine Schlüsse aus dieser Beobachtung gezogen. Man beugte sich eben vor seiner Gewalt.

Erst im 18. Jahrhundert kam man dahinter. Ein paar Zeilen mögen beweisen, wie lange das ging:

Im Jahr 1708 stieg in einem Physiker zum ersten Mal der Gedanke auf, daß der Blitz eine gewisse Ähnlichkeit mit elektrischen Funken habe.

1746 brachte ein anderer den Nachweis, daß der Blitz eine elektrische Entladung sei.

1752 stellte der Seifensieder Franklin durch Drachen fest, daß man die elektrische Energie ableiten könne.

Im Jahr 1753 erfand er den Blitzableiter.

Im selben Jahr fand ein Gelehrter, der die gewaltige Himmelsenergie für die Menschheit nutzbar machen wollte, den Tod dabei.

Heute aber steht wohl nirgends in der zivilisierten Welt ein Turm oder ein hohes Gebäude ohne einen noch höher hinaufragenden Metallfinger. Von ihm führt eine leitende Stange, ein Band oder ein Draht in geschwungener Linie oder schön geradeaus ohne Ecken und Winkel in den Erdboden, ein bequemer, gut leitender Weg für den zuckenden Strahl.

Und zuletzt: die Ausnützung der gewaltigen Himmelsenergie? – Man tut es für gewisse Zwecke. Überall auf der Erde verstreut sind physikalische Laboratorien, die sie in mächtigen Kondensatoren auffangen. – Laboratorien wohlverstanden – keine Kraftwerke. Die Zeitdauer einer Entladung ist ja viel zu kurz, um sie eine länger währende größere Arbeit verrichten zu lassen. Die Kilowatt*stunden* sind zu klein.

Und noch eins, denken wir auch daran: Der Blitz ist der Abschluß des elektrischen Geschehens. Er ist der Ausgleich. Mit ihm stirbt die Kraft, die ihn erzeugt hat.

Wo man darum elektrische Kräfte aus den Wolken holt, tut man es wohl durch Finger, die wie Blitzableiter in den Himmel greifen und die elektrische Himmelskraft in gewaltige Kondensatoren ableiten. Aber man macht es *vor* der Entladung durch Blitze. In ähnlicher Weise kann auch der Blitzableiter und können zum Beispiel Antennenmasten von Sendestationen zur Entspannung der Atmosphäre führen, ohne daß es zum Blitzen kommt.

Strom tötet

Kraft aus Licht! Kraft aus den Wolken! Kraft, elektrische Kraft aus dem menschlichen Körper! Wer findet das jetzt noch verwunderlich? Wer glaubt es etwa denen, die es wissen müssen, nicht, daß unsere Muskelbewegungen elektrische Spannungen erzeugen, kleine, sehr kleine Spannungen freilich, die winzige Ströme zur Folge haben. Diese Ströme bestimmen die Tätigkeit unserer Zellsäfte, das Pulsen unseres Blutes. Sie leiten den Schlag unseres Herzens. Sie sind die ständig wirksame Schaltanlage, die das Ansaugen und Ausstoßen des Bluts bewirkt. Winzig kleine Ströme.

Ein Stromimpuls heißt »Ansaugen!«, der nächste heißt »Ausstoßen!«, der dritte wieder »Ansaugen!« usf. Und nun stellen wir uns vor, dieses so sachte geleitete Instrument wird mit einem

Mal hart angepackt. Statt des zarten Impulses überfällt es ein harter Stoß. Ein Stromstoß, den eine von außen an den Körper angelegte Spannung bewirkt. Ein Stoß, der 100- oder 1000- oder 1 000 000mal so stark ist wie die üblichen Stößchen.

Das gibt Fehlschaltung. Die Herzklappen, die Herzkammern, der feinfühlige Apparat versagt. Der Pulsschlag setzt aus. Der Blutumlauf stockt. Gehirn, Lunge, die Adern, die feinen Gewebe sind ohne Blutzufuhr. – Die Folgen sind Bewußtlosigkeit und vielfach Tod des Betroffenen. Tod durch Herzschlag!

Ja, ist dann Gleichstrom oder Wechselstrom der gefährlichere, gleiche Spannungen vorausgesetzt? –

Die größere Gefahr für den menschlichen Organismus bringt der Wechselstrom. 50mal in jeder Sekunde schaltet er um. 50mal erhält unser Herz einen Fehlimpuls, wenn es vom Wechselstrom durchflossen wird.

Der Gleichstrom ergibt nur eine einmalige Fehlschaltung, die bei entsprechend hoher Spannung genügen kann, ein Lebewesen zu töten. Wirkt der für eine kurze Spanne unter Umständen unschädliche Strom aber längere Zeit auf den menschlichen Körper ein, dann zersetzt er wie im galvanischen Bad die Säfte. Das Blut gerinnt in den Adern, was ebenfalls den Tod zur Folge hat.

Ich weiß von einem Grabarbeiter, der mit einem Pickel eine 30-Volt-Telefonleitung anschlug. Er war tot. – Ich habe selbst einmal 700 Volt aus einem Kraftverstärker verspürt und bin von einem Stuhl, auf den ich mich gestellt hatte, quer durch den Raum in eine Ecke geflogen. Ich habe ein Loch in die Zeigefingerkuppe bekommen von der Größe eines Stecknadelkopfes und das Gefühl, als ob mein rechter Arm »schlafe«. Das war alles. Der eine tot bei Schwachstrom. Der andere – Gott sei Dank lebe ich noch.

Und die Gründe? – Nun, der Bauarbeiter stand mit den durchnäßten Stiefeln im Grundwasser. Über den ebenfalls nassen Pickelstiel bot er einen verhältnismäßig kleinen Widerstand. Das ließ einen großen Stromfluß zu. Der Strom nahm seinen Weg durch den ganzen Körper und auch über das Herz. – Ich hatte dem Tod »nur« eine Fingerspitze der rechten Hand geboten und auch die nur berührungsweise. Da mochte der Luftwiderstand mitgespielt haben, der zwischen Finger und Kontaktstelle lag. Hätte ich die linke Hand genommen, wäre ich nicht auf dem trockenen Stuhl gestanden, hätte ich feuchte Hände gehabt, oder hätte ich den Kontakt auch nur kräftig angefaßt, wer weiß…

Das steht fest: *der Strom tötet.* Er tötet insbesondere dann, wenn sein Weg übers Herz führt. Ohne Spannung fließt aber kein Strom. Daher liegt *die größere Gefahr bei der höheren Spannung.* Darum die Schilder: »Hochspannung! Vorsicht! Lebensgefahr!« Und ähnliche Schilder müßte man an alle Stellen hängen, wo ein schlecht isolierter Draht oder ein spannungsführender Teil der Glühlampe Gelegenheit für den Zugriff bietet.

Strom heilt

Wir alle bejahen das Leben. Gleichgültig, wie es sich uns oder wie wir uns ihm bieten. Keiner möchte mutwillig aus freien Stücken den Schritt tun, der ins Ungewisse führt. – Scheint es da nicht vermessen, eben das Mittel, das uns dem Tod in die Hände spielen kann, so einzusetzen, daß es uns dem Leben erhält, daß es das, woran wir mit allen Fasern hängen, verlängert, sofern es bedroht ist?

Haben Sie schon irgendwo in der Zeitung, an Hausschildern, an den Pforten von Heilanstalten jenes seltsame Wort *Diathermie* gelesen? Hinter ihm steht eine dieser Waffen für das Duell gegen Krankheit und Tod. Durchwärmung ist der einfache deutsche Ausdruck dafür. Diese Durchwärmung besorgt der elektrische Strom. Und nicht eigentlich der Strom, sondern eben die durch ihn bewirkte Erwärmung des erkrankten Körperteils besorgt die Heilwirkung.

Ischias, Erkältungen, Gelenkentzündungen, Bronchialleiden werden geheilt. Das Heilgerät ist nichts als ein der Größe des kranken Körperteils entsprechender Kondensator, bestehend aus zwei Metallplatten. An die Stelle der isolierenden Zwischenschicht tritt der kranke Körper. Den beiden Platten wird Wechselstrom mit mehr als 50000 bis zu 50 Millionen Schwingungen in der Sekunde zugeführt. Hochfrequenzströme, wie der Techniker sagt.

Die rasch pulsenden Ströme durchjagen den Körper von Platte zu Platte. Sie folgen einander zu schnell, um etwa Störungen des Blutkreislaufes bewirken zu können. Der innere Widerstand des Körpers setzt die durch ihn hindurchdringenden

Ströme in Wärme um. Diese Wärme ist es, die heilt. – Wärme an einem ganz bestimmten Fleck im Innern des Körpers, erzeugt durch Elektronen, die den menschlichen Organismus durchdringen.

Wenn wir nun diese Wärme auf einen einzigen Punkt zusammendrängen, dann muß sie wohl die Wirkung einer Verbrennung haben. Dann müssen die Elektronen wie Pfeilbündel auf den Körper einstürmen... Dieses Mittels bedient sich der Chirurg mit dem modernen elektrischen *Operationsgerät.*

Einer sehr großen Metallplatte, die an den Körper gepreßt wird, ist eine Elektrode von der Form einer Nadel gegenüber. Von der Nadel schießen die Elektronenpfeile wie feine Messerchen in das kranke Körperglied hinein. Sie zertrennen die Haut, das Gewebe und schließen es durch die gleichzeitig stattfindende Verbrennung am Schnittrand nach außen ab.

So lassen sich Mandeln abtrennen. So werden kranke Gewebeteile entfernt. Eine unblutige Operation ohne Messer – mit Hilfe der Elektrizität.

Ebenfalls durch die Wärmewirkung der Elektrizität werden Gicht und Rheuma, Stoffwechselkrankheiten und Fettleibigkeit geheilt. Als Wärmequelle dienen gewöhnliche elektrische Glühlampen, die in einen Holzkasten eingebaut sind. Wir nennen es *Lichtbad.*

Ein weiteres Heilmittel birgt die *Bogenlampe.* Ihr Licht ist reich an sogenannten ultravioletten Strahlen, wie sie zum Beispiel auch die Sonne ausstrahlt. Diese dem menschlichen Auge unsichtbaren Strahlen sind es, die besonders in der reinen Bergluft oder am Meer wirksam sind. Vom Dunst der Großstädte werden sie größtenteils verschluckt. – Sie bewirken die Bräunung unserer Haut, geben uns ein gesundes Aussehen und üben durch die Haut hindurch, in zuträglichen Mengen genossen, eine anregende Wirkung auf den Säfteumlauf aus.

In der elektrischen *Höhensonne* haben wir einen hochwertigen Ersatz für das Himmelsgestirn. Ihre technische Bezeichnung lautet *Quarzlampe* oder *Quecksilberdampflampe.* Ihre wesentlichen Teile haben wir im Kapitel »Elektrizität leuchtet« bereits beschrieben. Das im Entladungsraum der Lampe verdampfende Quecksilber sendet ultraviolette Strahlen aus, die durch den Lampenkolben aus Quarzglas einen ungehinderten Durchgang haben. Mit dem Strom aus der »gewöhnlichen« Wechselstromleitung können wir die Lampe betreiben. Wir brauchen die Lampe nur in die Fassung einer Büro- oder Schreibtischlampe einzuschrauben, und schon haben wir die Sonne im Haus.

Röntgenstrahlen! – Wer denkt heute noch daran, welch ungeheure Erfolge, welch unabsehbaren Fortschritt sie der Medizin, der Technik und wer weiß wie vielen anderen Schaffensgebieten des Menschen gebracht haben? Im Jahre 1895 von dem deutschen Physiker Konrad Röntgen zum ersten Male erkannt, haben sie mit Windeseile ihren Siegeszug um den Erdball angetreten. Und heute... Aber betrachten wir uns erst einmal den im Jahre 1923 verstorbenen Forscher.

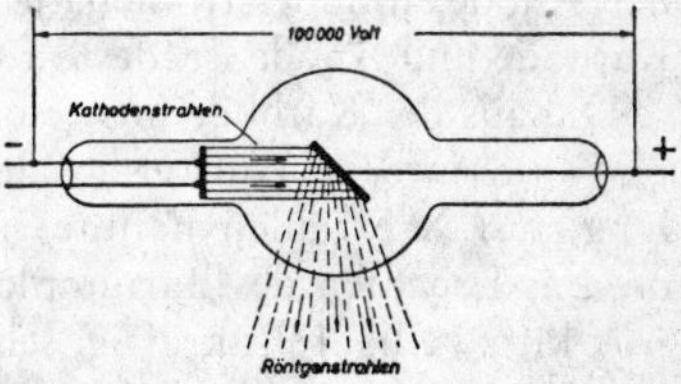

Bild 218. Röntgenröhre. Die mit hoher Geschwindigkeit auf die Anode auftreffenden Kathodenstrahlen lösen Röntgenstrahlen aus

Da steht er in seinem Würzburger Laboratorium. Er arbeitet an Versuchen über Kathodenstrahlen. Der Raum ist verdunkelt. Mit vielen anderen Geräten steht auf dem Tisch neben der Kathodenröhre ein Stück Pappe, das mit Bariumplatinzyanür überstrichen ist. Zwischen der bestrichenen Pappe und der Röhre ist ein dicker schwarzer Karton.

Röntgen schaltet die Röhre ein, wie er es Dutzende von Malen vorher getan hat. Da streift sein Blick über den bestrichenen Pappschirm: er leuchtet. Er leuchtet in blaßgrünem Licht. –

Sollten die Kathodenstrahlen die Ursache des Leuchtens sein? Aber da war ja einmal die Glaswand der Röhre und dann der schwarze Karton im Wege. Die beiden konnten die Kathodenstrahlen nicht durchdringen. Das Leuchten des Schirms mußte schon einen anderen Grund haben. Aber zweifellos war die Röhre die Quelle der eigenartigen Strahlung. – Richtig! Wenn man den Strom abschaltete, hörte das Leuchten auf.

Röntgen schaltete wieder ein. Es leuchtete wieder. Er hielt ein Brett aus Tannenholz zwischen Röhre und Pappschirm. Es leuchtete weiter. – Er griff nach einem dickleibigen Buch, das er zwischen Röhre und Schirm stellte. Die Leuchtkraft ließ kaum merklich nach. – Er umfaßte den Hals der Röhre und erschrak: Auf dem grünlichgelben Schirm war das Skelett einer menschlichen Hand abgezeichnet, die Knochen schwarz, das Fleisch grau. Eine Hand, die sich bewegte wie seine Hand am Röhrenhals – ein Bild, ein teilweise durchleuchtetes Schattenbild seiner Hand.

So wurden die Röntgenstrahlen der Wissenschaft und damit der Welt geschenkt.

Aufbau und Wirkungsweise eines Röntgengeräts sind so: In eine Glasröhre wird ein von außen heizbarer Glühpol und ihm gegenüber eine Metallplatte eingeschmolzen. An den Glühpol wird der Minuspol, an die Metallplatte der Pluspol einer elektrischen Stromquelle angelegt. Beim Heizen des Glühpols treten aus ihm als der Kathode Elektronen aus, die zum positiven Pol, der Anode, hinüberströmen. Je höher die Spannung zwischen Kathode und Anode ist, desto rascher findet der Übertritt statt. Die aus der Kathode austretenden Strahlen – die Elektronen also – lösen beim Auftreffen auf die Anode eine andere Strahlung aus. X-Strahlen nannte sie Röntgen zuerst. Sie sind es, die das Leuchten des Bariumplatinzyanürs bewirkten. Sie sind sehr kurzwellig, sehr kräftig, sehr »hart«, sagt der Physiker. Sie durchdringen fast alle Stoffe. Die einen besser, die andern weniger gut. Sie ergeben Schattenbilder auf Schirmen, die mit den obengenannten Chemikalien bestrichen sind. Und sie schwärzen die Fotoplatte durch ihre Verpackung hindurch.

Mit ihrer Hilfe lassen sich Krankheitsherde im Innern des Körpers feststellen. Sie zeigen die Lage eingedrungener Geschosse und anderer Fremdkörper an. Sie lassen Knochenbrüche und Magengeschwüre erkennen. Mit ihnen stellt der Zahnarzt die Lage einer Geschwulst oder eines Weisheitszahns fest. Durch sie lassen sich falsche und echte Gemälde voneinander unterscheiden. Sie zeigen Blasen in Gußstücken, Risse in Schweißnähten an. Und im Schuhladen sagen sie uns eindeutig und klar, wo uns der Schuh drückt.

Noch mehr: durch Anlegen höherer Spannungen an die beiden Elektroden der Röntgenröhre läßt sich die Wellenlänge der Röntgenstrahlen verkürzen. Je kürzer sie sind, desto härter sind sie. Und desto besser durchdringen sie die Stoffe. Bei Spannungen mit 100000 bis zu 1000000 Volt lassen sich sogar Heilwirkungen mit ihnen erzielen. Mit ihrer Hilfe wird dem Krebs und anderen bösartigen Wucherungen zu Leibe gegangen. – Blei ist der Stoff, der auch ihnen einen fast undurchdringbaren Widerstand bietet. Es dient daher zur Abschirmung der gesunden Körperteile und zum Schutz der mit den »gefährlichen Strahlen« arbeitenden Ärzte und Pflegerinnen.

Die Zeit ist vorbei, in der man in des Jubels erster Begeisterung von »Röntgenbrillen« träumte, die ihre Träger das hinter Mauern verborgene Glück oder Unglück – erkennen ließen. Zu Röntgenbrillen ist es nicht gekommen. Aber immerhin: wir sind weitergekommen, als die meisten ahnten. Und heute sind die Röntgenstrahlen dabei, das teure Radium, eins der kostbarsten und seltensten Heilmittel, zu verdrängen.

Dann sind die *Radiumstrahlen* wohl verwandt mit den Röntgenstrahlen? – Jawohl!

Schon ein Jahr nach der wunderbaren Entdeckung Röntgens fand man, daß manche Uransalze ähnliche Strahlen aussenden wie die sagenhaften X-Strahlen des deutschen Forschers. Sie sind ebenfalls imstande, Fotoplatten durch ihre Verpackung hindurch zu schwärzen.

Im Jahre 1898 endlich erklärte das Ehepaar Curie vor der Pariser Akademie der Wissenschaften, daß ein neues Element hinter dieser Erscheinung stünde. Sie nannten es später Radium.

Auf mühevollem Weg hatte es Marie Curie mit der Unterstützung ihres Mannes aus der in Joachimsthal gefundenen Pechblende gewonnen. Ein Gramm Radium stand ihnen zur Verfügung. Ein einziges Gramm eines kostbaren, erstmals erkannten metallischen Pulvers.

In seiner Nähe nahm Glas eine violette Farbe an. Diamanten leuchteten auf. Die Fotoplatte wurde geschwärzt. Alle Behälter und Verpackungen wurden zerfressen. Er griff die menschliche Haut an. Blei allein hielt ihm stand.

Ja, weiter: es strömte Gas aus, Heliumgas. Es elektrisierte die Luft ringsherum. Und – es zerfiel beim Entstehen all dieser Erscheinungen.

– Es zerfiel. – Was heißt das?

Das heißt: aus Radium wird ein ganz anderer oder vielmehr werden ganz andere Stoffe. Selbst durch den Zerfall von Uran entstanden, ist es dem Radium bestimmt, weiter zu zerfallen. – Ein Element verwandelt sich selbst in ein anderes. »Die anscheinend starre Materie ist der Schauplatz von Geburten, mörderischen Zusammenstößen, Selbstvernichtungen«, stellte Frau Curie seinerzeit fest. Und alle die aufgezählten Erscheinungen sind Zeugen und Auswirkungen einer selbstmörderischen Atomzertrümmerung des hochwertigen Elements. – Radioaktivität nennt es der Gelehrte.

Was in Jahrhunderten emsigen Suchens und Forschens der Alchimie nicht gelang, hier, in der Natur, ist es Tatsache. Aus

Uran wird Radium. Aus Radium wird Radon, ein Edelgas. Aus Radon wird Blei.

Könnte da nicht der Mensch beim Altmeister Natur zur Schule gehen? Könnte er nicht durch Forschen und Beobachten dahin kommen, wovon die Naturwissenschaft ganzer Jahrhunderte träumte? Könnte man nicht aus Blei etwa Gold machen?

Das weiß man: das ganze Geheimnis liegt in der Atomzertrümmerung begründet. Uran hat 92 Elektronen je Atomkern. Also müssen 92 Protonen in der engen Gemeinschaft des Kerns beisammensitzen.

Diese Protonen binden die Elektronen. Sich selbst sind sie aber feindlich gesinnt. Sie widerstreben der Kraft, der ungeheuren Kraft, die 92 Protonen in einem winzigen Kern zusammenhält.

Riesige Kräfte schlummern demzufolge im Stoff. Wenn es gelänge, diese Kräftefestungen zu sprengen? – Durch Beschießen etwa? – Das müßte bisher ungekannte Energien auslösen.

In der Atombombe macht man das. Eine verhältnismäßig kleine Menge Uran wird mit Neutronen beschossen. Diese elektrisch neutralen Teilchen zertrümmern den Atomkern. Bei dieser Trennung der Protonen gibt es seinerseits Neutronen ab, die die Nachbaratome beschießen. In einem winzigen Bruchteil einer Sekunde setzt sich diese »Kettenreaktion« von Atom zu Atom fort. Der Stoff, das Uran, zerstiebt und mit ihm zerstiebt und verbrennt alles, was dem ungeheuren Druck und der dabei auftretenden elektromagnetischen Strahlung in den Weg tritt. Hiroshima ist Zeugnis davon.

Der Mensch, der dieses Vernichtungswerk schuf, versteht aber auch, die in ihm wirksamen Kräfte zu beherrschen. Durch geeignete, von Wissenschaftlern erdachte und bereits von ihnen erprobte Kunstgriffe kann man die Kettenreaktion verlangsamen. Eine gewaltige Kraftquelle für die Ausnutzung in Wirtschaft, Technik und Medizin ist uns damit in die Hand gegeben, deren Nutzbarmachung auf breiterer Grundlage nur mehr eine Frage der Zeit und der Wirtschaftlichkeit ist.

Aber gehen wir zur Natur zurück. Betrachten wir die Vorgänge, die sich ohne menschliches Zutun seit Jahrmillionen im Stoff abspielen. Ohne Einfluß von außen gelingt es da einigen wenigen Protonen, aus dem Verband etwa des Uranatoms zu entfliehen. Damit können die zurückbleibenden Protonen nur noch die ihrer Zahl entsprechende Anzahl Elektronen binden. Bleiben 88 Protonen zurück, dann halten sie 88 Elektronen fest. Ein Stoff, der pro Atom 88 Elektronen bindet, ist aber kein Uran mehr. Dieser Stoff ist ein ganz anderes Element. Sein Name ist Radium.

Und so geht das weiter. Die elektronenreichsten, die schwersten aller Stoffe, sind dem Zerfall unterworfen. Vielleicht, so fragt sich die Wissenschaft, sind alle anderen Stoffe nur Zerfallsprodukte aus den hochwertigsten Elementen. Vielleicht sind darum eben diese Elemente in der Natur so selten.

Betrachten wir das Radium noch einmal. Seine 88 Protonen binden 88 Elektronen in jedem Atom. Man hat errechnet: in 1580 Jahren hat sich eine gewisse Menge Radium auf ihre Hälfte verringert. Aus der verlorenen Hälfte hat sich Radon gebildet. Radon hat 86 Elektronen je Atom, also auch nur 86 Protonen im Kern. Mit den entwichenen 2 Protonen sind die Kräfte frei geworden, die alle die obengenannten Eigenschaften des Radiums begründen.

Nun aber die Verwandtschaft zu den Röntgenstrahlen:

Bei diesem Zerfallsvorgang strömt das Radium sogenannte »Gammastrahlen« aus. Das sind die kurzwelligsten, energiegeladensten, »härtesten« Strahlen unserer elektromagnetischen Strahlenskala.

Mit diesen Gammastrahlen hat man Stickstoffatome beschossen. Dadurch wurde aus Stickstoff, der 7 Elektronen im Atom bindet, Bor, das nur 5 Elektronen pro Atom besitzt. So hat man gelernt, mehr als 30 Elemente, nach der bisherigen Wissenschaft unveränderbare Stoffe, in andere zu verwandeln. –

Sollte man so nicht aus Quecksilber mit 80 Elektronen Gold herstellen können, das nur 79 Elektronen durch den Atomkern zu binden braucht? Das würde den alten Traum erfüllen. Und das würde eine Entwertung, eine Entthronung des Goldes mit sich bringen, jenes Metalles, das jahrhundertelang die Welt beherrschte. So würde in derselben Zeit, in der die Wirtschaft den Wert der Arbeit über den des Goldes stellte, auch die Wissenschaft mithelfen, den Dämon zu beseitigen.

Damit ist die Aufgabe jener seltsamen Strahlen aber nicht erschöpft. Sie sind es, die das wertvolle Element der heutigen Heilkunde unentbehrlich gemacht haben.

Durch Radiumbestrahlung, also mit Hilfe der Gammastrahlen, gelingt es, kranke Gewebe des menschlichen Körpers am erfolgreichsten zu zerstören. Als die teuerste Kostbarkeit, mehr gehütet und besser verwahrt als die herrlichsten Diamanten, schlummern heute eineinhalb Pfund Radium, in kleinste Mengen verteilt und in dicken Bleikassetten verpackt, in den Tresoren der – Krankenhäuser.

Die Technik, die Elektrotechnik aber hat inzwischen nicht geschlafen. Durch Verwendung besonders hochgespannter Ströme, die in die Millionen Volt gehen, ist es gelungen, auch die Röntgenstrahlen energiereicher, härter, durchdringender und damit wirksamer zu machen. Heute schon sind sie eingebrochen in den Bereich der Gammastrahlen, jenes – wer weiß, wie lange noch? – kostbarsten aller Heilmittel.

Stimmen aus dem Äther

Rundfunk – wer von uns allen möchte ihn missen! Tag und Nacht tönt es rings um den Erdball in Musik und Sprache. Mehr als jedes andere Mittel ist das Radio für die ganze zivilisierte Menschheit die Stimme der Heimat und der Mund der Welt.

Da es beim Radio um die Übertragung von Tönen geht, wollen wir uns zuerst noch einmal die Frage stellen: Was ist eigentlich ein Ton?

Die Antwort, klar und nüchtern: Ein Ton ist eine Folge von Schwingungen der Luft. – Ein Beispiel dafür: Wenn wir eine Stimmgabel anschlagen, geraten die Zinken der Gabel in rhythmische Schwankungen. Diese Schwankungen setzen sich wellenförmig durch die Luft fort. Wenn sie unser Ohr treffen, gerät das Trommelfell ebenfalls ins Schwingen. Die Gehörnerven melden das im Gehirn. Wir hören einen bestimmten Ton.

Bild 219. Tonschwingungen, die die Stimmgabel erzeugt, pflanzen sich durch die Luft fort und bringen unser Trommelfell zum Mitschwingen

Wenn eine Gabel viele Schwingungen pro Sekunde macht, hören wir einen hohen Ton. Macht sie wenig Schwingungen, dann ist der Ton tief. So hoch und so tief kann der Ton sein, daß wir ihn gar nicht mehr vernehmen können. Da kommt unser Ohr dann eben nicht mehr mit. – Ebenso, wie es Licht gibt, das wir nicht mehr sehen, gibt es also auch Töne, die wir nicht mehr hören.

Wie hoch nun aber ein Ton ist, das hängt vom Bau der Stimmgabel ab. Hat sie lange Zinken, dann gerät sie nur in langsame Schwingungen. Folglich kann sie nur einen tiefen Ton erzeugen. Eine kurzzinkige Gabel dagegen bewirkt einen hohen Ton, weil die kurzen Gabelzinken rasch schwingen.

Nehmen wir nun zwei vollkommen gleichartige Stimmgabeln und schlagen eine von ihnen an, dann können wir die Beobachtung machen, daß die andere ebenfalls ins Schwingen gerät. Eine dritte Gabel mit anderen Abmessungen bleibt ungerührt stehen. Sie würde ebenfalls nur auf einen ihr gleichgestimmten Ton ansprechen.

Packen wir unsere Stimmgabeln zusammen. Aber behalten wir sie immerhin in guter Erinnerung. Und nun packen wir eine andere Erinnerung aus: Jeder stromdurchflossene Leiter ist von Magnetismus begleitet, sagten wir früher einmal. Und jetzt können wir dieser einen Feststellung eine zweite anhängen. Sie lautet: Legen wir zum Beispiel an die beiden Platten eines Kondensators eine elektrische Spannung an, dann entsteht zwischen den Platten ein »elektrisches Feld«, dessen Kräfte über den Raum zwischen den Platten hinaus wirksam sind.

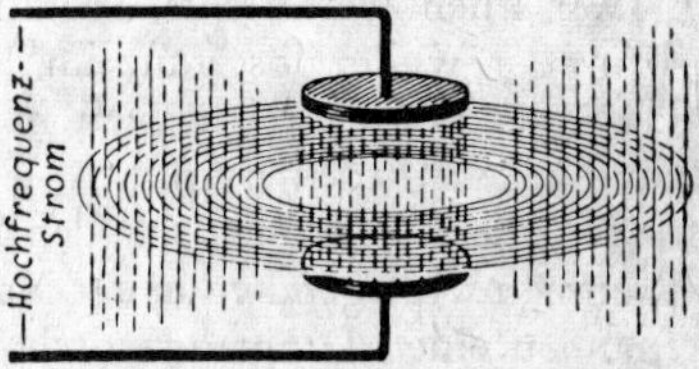

Bild 220. Hochfrequenzwellen werden durch den Raum fortgetragen

Schließen wir an die Platten gar eine Wechselspannung an, am besten mit recht hoher Frequenz, dann ist dieses Feld im Rhythmus der Stromwechsel ständig im Auf- und Abbau begriffen. Dabei treten »elektromagnetische Wellen« der gleichen Frequenz in den Raum hinaus. Mit der Geschwindigkeit des Lichts – mit dem sie eine gewisse Verwandtschaft haben – pflanzen sie sich 300000 km weit in einer Sekunde fort. Gelänge es uns, die Töne in solche elektromagnetische Schwingungen umzusetzen, dann könnten wir mehr als siebenmal in einer Sekunde einen Ton um die Erde jagen. Freilich den Ton nicht selbst, sondern... Aber das läßt sich nicht in einem einzigen Satz sagen. Die Frage ist nämlich vorläufig die: Wie stellen wir die geeigneten Schwingungen her? Wie gelingt es uns, ihnen die den einzelnen Tönen entsprechenden Wellenbewegungen aufzuzwingen?

Wie wäre es, wenn wir uns ein Gerät verschafften, das wie das Hochfrequenzheilgerät beschaffen ist? Das erzeugt doch elektrische Wellen, die zwischen zwei Kondensatorplatten durch den zu behandelnden Körperteil geschickt werden. Schicken wir einfach diese Wellen statt durch den menschlichen Körper durch den Raum! – Lassen wir also den Körper weg, leiten Wechselstrom mit hoher Schwingungszahl in zwei in gewissem Abstand zueinander stehende Kondensatorplatten.

Da schwingt es dann schon. Geht auf und ab wie die Wogen des Wassers, nur in kürzeren Wellen, aber viel rascher.

Wie wäre es, wenn wir den Versuch ganz groß anlegen würden? Wenn wir einen sehr starken Hochfrequenzstrom in einen riesigen Kondensator leiten würden! – Das müßte doch eine gute Wirkung abgeben und hätte sicher eine recht große Reichweite.

Statt der einen Platte spannen wir einen gegen die Aufhängung isolierten Draht auf, den wir mit einer Zuleitung zur Hochfrequenzstromquelle versehen. Die andere Leitung verbinden wir mit der Erde. Draht und Erde haben einen ziemlichen Abstand voneinander. – Jetzt schalten wir unseren Strom ein.

Wir sehen zwar nichts. Trotzdem geht draußen im Raum ein Tanz der Wellen los, ganz im Takte der Perioden des Stroms. Und dieser Tanz reicht weit in den Raum. Je nachdem sogar rund um die Erde herum.

So, und nun wollen wir den Beweis für den Tanz antreten. Rammen wir irgendwo in der Nähe zwei Stangen in den Boden, spannen einen Draht dazwischen, dessen eines Ende herunterhängt. Einen zweiten Draht verbinden wir mit einem im Boden vergrabenen Metallstück. Zwischen die beiden losen Drahtenden

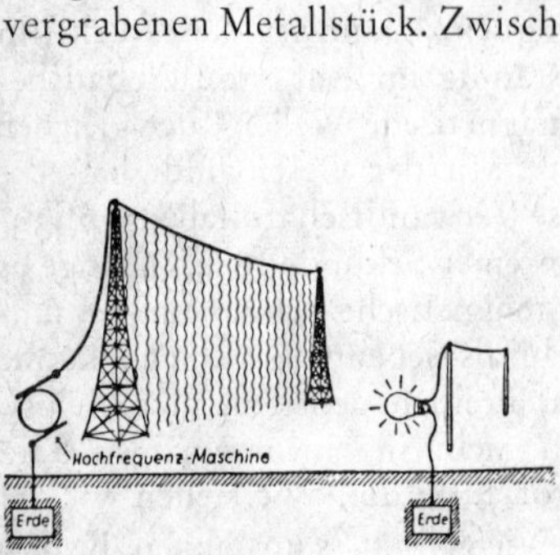

Bild 221. Sende- und Empfangsanlage

Bild 222. So ist die Sendung von Morsezeichen möglich

klemmen wir die Fassung einer Glühlampe. Dann schrauben wir die Birne ein. Und siehe da, sie leuchtet.

Sie leuchtet ohne jede sichtbare Verbindung mit der Stromquelle. Sie leuchtet, ohne daß ein einziges Elektron von der Hochfrequenzmaschine sich aus der »Sendeantenne« zur »Empfangsantenne« bewegen müßte. Die Übertragung geschieht allein durch die elektromagnetischen Wellen, die die Sendeanlage erzeugt hat. In der Empfangsantenne werden sie wieder in Elektronenstöße umgewandelt, die im Draht zwischen Antenne und Erde hin und her rasen – über die Lampe. Daher das Licht. –

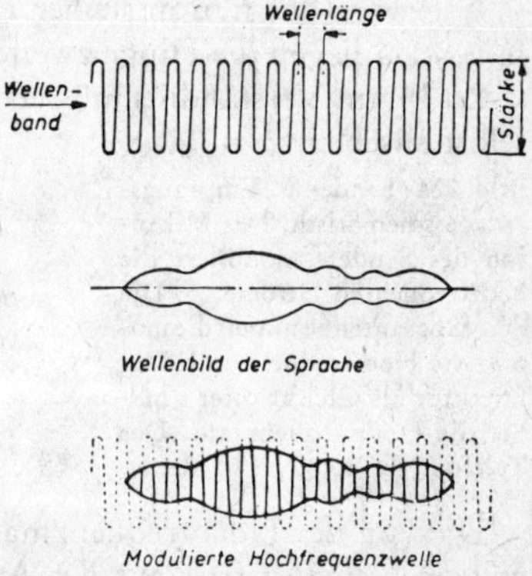

Bild 223. Modulierung der Trägerwelle durch Niederfrequenz. Oben: Hochfrequenzband. Mitte: Niederfrequenzsprachbild. Unten: Die durch Niederfrequenz beschnittene (modulierte) Hochfrequenzwelle

Wir haben uns bei alledem freilich strafbar gemacht, weil wir mutwillig einen eigenen »Sender« erstellten. Immerhin ist uns der Beweis für das Vorhandensein und die Wirksamkeit der elektromagnetischen Wellen geglückt. – Wir wären übrigens auch dann mit dem Strafgesetzbuch in Konflikt gekommen, wenn wir die Energie eines öffentlich betriebenen Senders für Beleuchtungszwecke verwendet hätten.

So könnte man also Strom zum Betrieb von Lichtanlagen übertragen. Und man würde es sicher auch in der Praxis tun, wenn das nicht viel zu unwirtschaftlich wäre.

Ganz umsonst hätten wir aber unsere Anlage nicht gebaut. Wir könnten sie nämlich für andere Zwecke ganz gut gebrauchen. Dazu müßten wir nur eine ganz geringfügige Änderung treffen.

Schalten wir nämlich in die Leitung Hochfrequenzmaschine–Antenne einen Morsetaster hinein, dann können wir den Strom beliebig unterbrechen. Im Takte der Unterbrechung strahlt die Sendeantenne Wellen aus, die die Empfangsantenne aufnimmt.

Mit diesen aufgenommenen und in rhythmische Elektronenströme verwandelten Impulsen kann man die Glühlampe stoßweise zum Aufglühen und Verdunkeln bringen. – Wir hätten eine Telegrafiesende- und -empfangsanlage. Die Wiedergabe beim Empfang würde allerdings optisch geschehen. Und das wäre wegen der hohen Energie, die wir zum Betrieb der Lampe brauchen, nur auf verhältnismäßig kleine Entfernungen möglich.

Ebensogut wie die Lampe könnten die Stromstöße auch einen vom Morsetelegrafen her bekannten Schreibapparat betätigen. Wir hätten ein Gerät für *drahtlose Telegrafie*.

Wie wäre das nun mit einer Einrichtung für *drahtlose Telefonie*? Da liegen die Dinge zweifellos schwieriger.

Zu Ihrem Verständnis müssen wir uns erst einmal die Wellen selbst ansehen.

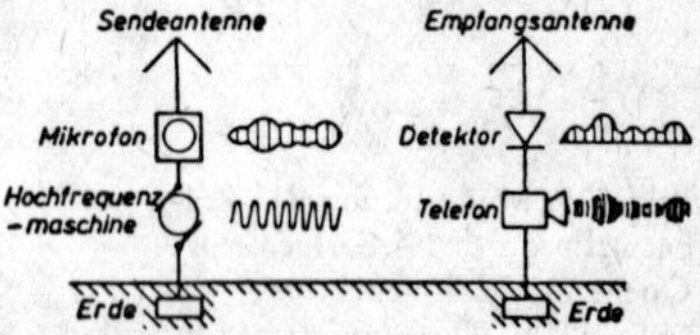

Bild 224. Sende- u. Empfangsanlage schematisch. Das Mikrofon des Senders moduliert die hochfrequenten Ströme. – Die Empfangsantenne nimmt die modulierte Hochfrequenz auf. Der Detektor als Gleichrichter scheidet die Hochfrequenz aus. Das Telefon gibt den Ton wieder

Die von der Hochfrequenzmaschine ausgehenden Ströme erzeugen beim Austritt aus der Antenne Wellen von völlig gleicher Größe. Sie sind gleich bezüglich der Wellenlänge und bezüglich der Stärke. In ihrer Gesamterscheinung sind sie einem Band vergleichbar, das gleichmäßig dicht gewoben und von gleichbleibender Breite ist.

Bei der drahtlosen Telegrafie wurde dieses Wellenband sozusagen abschnittsweise von der Sendeantenne ausgestrahlt und von der Empfängerantenne aufgenommen. Jeder Abschnitt bewirkte je nach Länge ein langes oder kurzes Aufleuchten der Lampe oder einen verschieden langen Einsatz des Schreibstifts.

Zur Übertragung der menschlichen Sprache oder der Musik ist dieses Wellenband nun nicht ohne weiteres geeignet. Wenn wir das Wellenbild eines gesprochenen Wortes graphisch aufzeichnen, dann ergibt das auf- und abschwellende Kurven verschiedener Höhe und viel geringerer Schwingungszahl, also einen Wellenzug, der von dem der Hochfrequenzmaschine sehr verschieden ist.

Diese Tonwelle können wir der Hochfrequenzwelle sozusagen aufdrücken. Der Fachmann sagt: die Hochfrequenzwelle wird durch die Niederfrequenzwelle moduliert. Mit ihr beschneiden wir gewissermaßen die erste. Das Band hat die gleiche »Stoffstruktur« wie zuvor, aber eine zu- und abnehmende Breite. Das Hochfrequenzband ist zur »Trägerwelle« geworden. Sie trägt die ihr aus dem Mikrofon aufgezwungenen Schwankungen.

So geht das nun rundherum in die Welt hinaus. Irgendwo nimmt eine Empfängerantenne die Sendung auf. Soweit wäre also alles in Ordnung.

Würden wir nun in die Antennenableitung ein Telefon oder einen Lautsprecher legen, dann würden wir freilich keinen Ton hören. Die träge Membran des Hörers käme mit den schnellen Impulsen der Hochfrequenz nämlich nicht mit.

Also muß die Hochfrequenz raus. Das geschieht, wenn wir einfach etwa die untere Hälfte des Bandes abschneiden. Das besorgt ein Detektor als Gleichrichter. Und was übrigbleibt, trägt die charakteristischen Züge des ursprünglichen, in das Mikrofon des Senders gesprochenen Tons. Allerdings halbiert. Aber das wirkt sich nur in der Stärke, nicht in der Tongüte des Empfangs aus.

Das ist also wieder Niederfrequenz, auf die das Telefon anspricht. Unser *Radiosender und der Empfänger* sind fertig. Vorzüge: einfacher Aufbau und selbstgebaut! – Nachteil: sehr großer Anschaffungspreis der Hochfrequenzmaschine, geringe Lautstärke, kleine Reichweite und mangelhafte Abstimmungsfähigkeit der Anlage.

So leicht, wie hier beschrieben, hat man es sich mit den Radiosendern übrigens nicht gemacht. Ihre Anlagen sind komplizierte Gebilde, in denen die Kathoden- oder Elektronenröhre eine besonders wichtige Stellung einnimmt. Sie dient in geeigneter Ausführung und Schaltung zum Verstärken der Sendeenergie und zur Gleichrichtung an Stelle des Detektors. Zur Erzeugung der Trägerwelle wird neuerdings immer mehr der sogenannte *Schwingkreis* verwendet, in den wir die Elektronenröhre wirksam einschalten können.

Die wichtigsten Bestandteile des Schwingkreises kennen wir übrigens schon. Sie heißen Spule und Kondensator. Wir wollen sehen, wie sie zusammenwirken.

Zuerst die Spule. Wir wissen, wenn wir in einen Leiter einen Strom schicken, dann baut sich rings um ihn herum ein Magnetfeld auf, das im Augenblick des Einschaltens einen Induktionsstrom erzeugt, der im Leiter selbst als Gegenstrom wirksam ist.

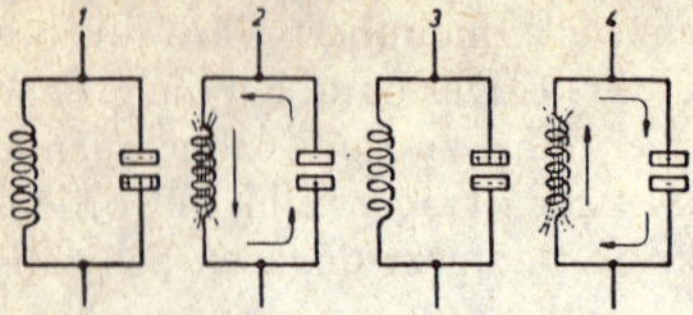

Bild 225. Geschlossener Schwingkreis. Schwingungsvorgang durch die Zusammenwirkung von Selbstinduktionsspule und Kondensator

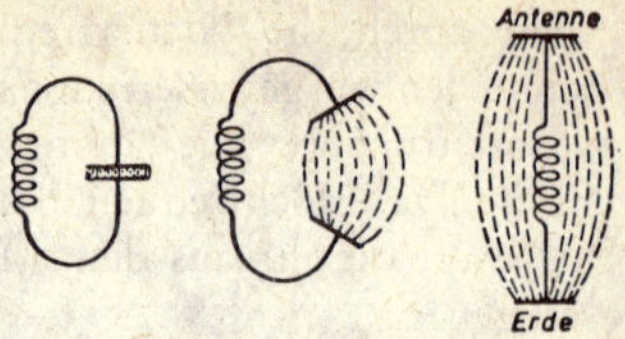

Bild 226. So wird aus dem geschlossenen ein offener Schwingkreis. Antenne und Erde treten an die Stelle der Kondensatorplatten

Schalten wir den Strom aus, dann bewirkt das sich abbauende Magnetfeld ein zusätzliches Andauern des Stromflusses, einen Extrastrom, der zum Beispiel den bekannten Abreißfunken beim Ausschalten von Stromkreisen zur Folge hat.

Wird der elektrische Leiter zu einer Spule gewickelt, dann treten beide Wirkungen in verstärktem Maße auf, weil die nebeneinanderliegenden Windungen die Induktionswirkung erhöhen.

Bei Anschluß an Gleichstrom gilt diese Feststellung nur für die Augenblicke des Ein- und Ausschaltens. Bei Wechselstrom ist die Induktion eine Dauererscheinung, die wir bei der Behandlung des Transformators ausführlich besprochen haben.

Durch die Wirkung von Gegen- und Extrastrom erfährt ein in die Spulenwicklung geschickter Wechselstromimpuls nach beiden Richtungen hin eine zeitliche Verzögerung. Er kommt später zur vollen Höhe und hält länger an, als es ihm gewissermaßen vorbestimmt ist. Diese Erscheinung ist für die Erzeugung eines Schwingkreises von ausschlaggebender Bedeutung.

Schalten wir nämlich Selbstinduktionsspule und Kondensator entsprechend der Skizze in einen Stromkreis, so daß die obere Kondensatorplatte negativ, die untere positiv geladen wird, dann können wir nacheinander folgende Vorgänge verzeichnen:

Die in der oberen Platte dicht beisammensitzenden Elektronen rücken aus. Sie strömen über die Spule zur unteren Kondensatorplatte. Dabei wird durch die Spule ein Magnetfeld aufgebaut, das sich ursprünglich in einer Verzögerung des Stromflusses, am Schluß des Ladungsausgleichs aber in einer Verlängerung des Stromes bemerkbar macht. Diese Verlängerung bedeutet ein Aufladen des Kondensators in gegenteiligem Sinne. Die untere Platte wird jetzt negativ, die obere positiv.

Nun fängt das Spiel in umgekehrtem Sinne von neuem an, ein ständiges Hinundherschwingen der Elektronen.

Das Zeitmaß der Schwingungen, also etwa die Anzahl der Schwingungen pro Sekunde, ist abhängig von der Größe der Spule und des Kondensators. Eine Spule mit stärkerer Induktionswirkung verlangsamt die Schwingungszahl. Wird die Spule etwa nur teilweise in den Stromkreis gelegt, dann ergibt sich eine höhere Anzahl Schwingungen in der Sekunde. Ebenso kann die Schwingung beeinflußt werden durch die Veränderung der Kapazität des Kondensators, der, falls dies erwünscht ist, als Drehkondensator gebaut wird.

Die bisher besprochene Anordnung ist ein geschlossener Schwingungskreis. Wollen wir die Schwingungen dem Äther mitteilen, dann brauchen wir einen offenen Schwingkreis. In diesem Falle treten an die Stelle des Plattenkondensators Antenne und Erde. Zwischen Antenne und Erde bildet sich nun gleichzeitig ein elektrisches und ein magnetisches Feld, das einen Teil der schwingenden Energie in den Raum ausstrahlt.

Für den Rundfunkempfang gilt, was wir eingangs über die direkte akustische Übertragung von Stimmgabel zu Stimmgabel sagten. Eine Aufnahme erfolgt nur, wenn die zur Wiedergabe bestimmte Gabel auf die sendende abgestimmt ist.

So muß auch der Empfänger beim Rundfunk auf den Sender abgestimmt sein. Das geschieht gewöhnlich durch Einstellen veränderbarer Spulen und Kondensatoren, die in Zusammenwirkung mit der Antenne den Aufnahmestromkreis bilden. Sie helfen der Antenne, die Träger der richtigen Stimmen aus dem Äther herauszufischen. Also nicht eigentlich die Stimmen selbst, sondern das durch die ihm aufgezwungenen Tonschwingungen modulierte Trägerband. Das bedeutet die Aufnahme einer winzig kleinen elektrischen Energie von zumeist weniger als 1 Millionstel Watt.

Diese Energie muß verstärkt werden, ohne ihre Schwingungen zu verzerren. Die Hochfrequenzschwingungen müssen heraus, sonst kommt der Lautsprecher nicht mit. Diese Aufgaben lösen Gleichrichter, Verstärkerröhren und Transistoren. Durch Eingliederung der Röhren und Transistoren in Schwingkreise, durch ihre »Kopplung« mit Hilfe von Widerständen, Spulen, Transformatoren und Kondensatoren entsteht schließlich aus den zwischen Antenne und Erde schwingenden rätselhaften Wellen im Lautsprecher der Ton. – Wir dürfen nur an den Knöpfen drehen, die Drehkondensatoren und Kopplungsspulen uns entgegenstrecken. Alles andere macht das Gerät selbst, in dem – auch wenn es klein und billig ist, – unendlich viel Forschungsarbeit, Fleiß und Mühe stecken.

So, und nun schalten wir ein. Und wenn wir des Gebotenen überdrüssig sind, schalten wir wieder aus. – Draußen im weiten Raum schwingen indessen die Wellen weiter. Dicht besetzt ist die Skala des für Radiosendung und -empfang zur Verfügung stehenden Bereichs der Langwellen, der Mittelwellen, der Kurzwellen und der Ultrakurzwellen. UKW sagen wir, abgekürzt, zu diesen letzten.

Vom UKW-Empfang her wissen wir, daß Lautstärke und Tonreinheit dann am besten sind, wenn einmal die Antenne der Wellenlänge angepaßt ist, wenn die Antenne ferner so frei angebracht ist, daß sie gewissermaßen den Sender sehen könnte, und wenn sie drittens eine ganz bestimmte Richtung zum Sender hat.

Die zweite und die dritte Bedingung sind es, die die Ultrakurzwelle für die Zwecke der Schiffs- und der Flugzeugnavigation besonders geeignet machen. Überall an den Küsten der Meere und weiträumig verteilt über dem Festland sind Sendestellen, die der Schiffahrt und der Luftfahrt für Orientierungszwecke zur Verfügung stehen. Sie arbeiten mit international vereinbarten Wellenlängen und stehen untereinander stets in Verbindung.

Stellen wir uns irgendwo im Luftraum ein Flugzeug vor, das seinen genauen Standort wissen möchte. Der mitfliegende Funker stellt eine am Flugzeug befindliche Ringantenne erst auf einen, dann auf einen andern Sender ein. Anpeilen nennt man es in der Fachsprache. Diese Sender ruft er an. Sie antworten mit ihrer Stationsbezeichnung. Wenn die Rahmenantenne in der Richtung auf den Sender steht, ergibt sich jeweils der beste Empfang. Fallen die Sendewellen senkrecht auf die Rahmenfläche, dann ist die Empfangsstärke fast gleich Null. Diese Einstellung der geringsten Empfangsstärke wird der Peilung

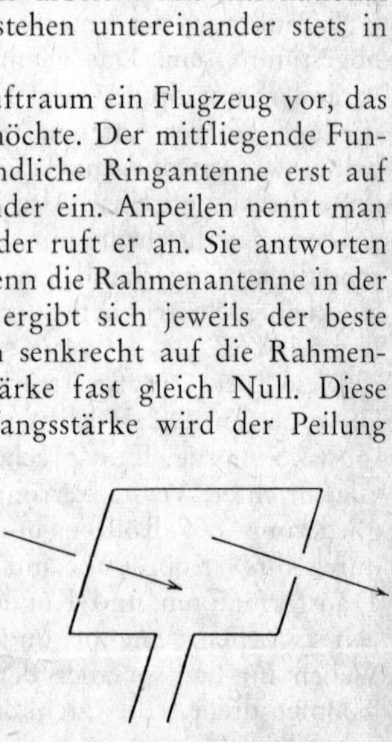

Bild 227. Wenn die Sendewellen senkrecht auf die gedachte Fläche der Rahmenantenne fallen, ergibt sich die geringste Empfangsstärke

zugrunde gelegt. Aus den Winkeln, den die Antenneneinstellung für die beiden Sender zur Nord-Südlinie bilden, läßt sich ohne weiteres der gegenwärtige Standort des Flugzeugs ermitteln.

Wenn er will, kann der Bordfunker auch zwei Rundfunkstationen anpeilen. Aus Ansage und Programm kann er dann ermitteln, welche Sender es sind.

Weil die Besatzung des Flugzeugs dieses Anpeilen und die Standortermittlung selbst vornimmt, spricht man hier in beiden Fällen von *Eigenpeilung*.

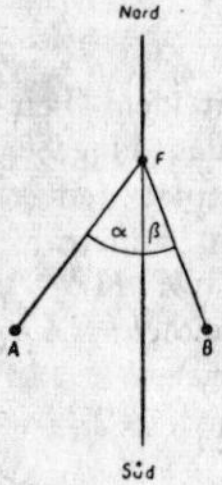

Bild 228. Eigenpeilung. Aus den Winkeln α und β, die die Peilantenne zur Nord-Südrichtung bildet, kann der Pilot den Standort des Flugzeugs ermitteln

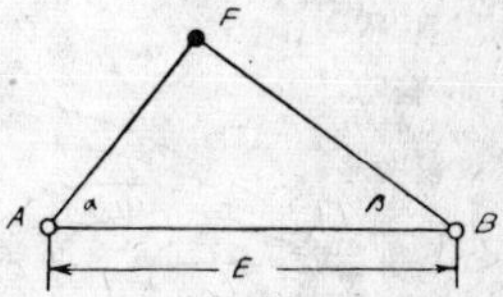

Bild 229. Fremdpeilung. Aus der Entfernung der Bodenstationen A und B und den Winkeln α und β kann dem Flugzeug der genaue Standort mitgeteilt werden

Bei *Fremdpeilung* stehen zwei Sendestellen am Boden miteinander in Verbindung. Sie nehmen beide auch Fühlung mit dem Flugzeug auf. Aus dem Abstand der Bodenstationen untereinander und den Winkeln, die sich beim Anpeilen des Flugzeugs ergeben, können sie dem fliegenden Personal die jeweilige Lage vermitteln und ihm Hinweise für die Flugrichtung geben.

In ähnlicher Weise arbeitet auch die Schiffahrt. Sendet ein in Seenot geratenes Schiff den SOS-Ruf aus, dann wird es sofort von mehreren Küstenstationen angepeilt. So wird sein Standort festgestellt und anderen Fahrzeugen zur Hilfeleistung mitgeteilt. Die Genauigkeit, mit der der Standort ermittelt werden kann, ist sehr groß. Sie ist bis auf einen Winkelgrad genau.

Besonders günstig und bequemer als die Methode der Standortermittlung ist die, daß der etwa vom Flugzeug angestrebte Flughafen angepeilt wird. Fliegt das Flugzeug immer in Peilrichtung, dann muß es unter allen Umständen zum Ziel kommen.

Aus dem Gesagten geht hervor, daß im Bereich der Ultrakurzwellen ein »gerichteter« Empfang möglich ist. Durch geeignete Hilfsmittel läßt sich auch der Sendung eine ganz bestimmte Richtung geben. Solche Anlagen tun bei nebligem Wetter und bei Nacht unschätzbare Dienste.

Mit Hilfe sogenannter Dipol-Antennen wird in den Raum eine elektromagnetische *Leitstrahlebene* gelegt, die dem Flugzeug auch bei völlig unsichtigem Wetter den Weg weist. Weicht das Flugzeug nach links aus der Ebene ab, dann hört der Pilot fortwährend Strichzeichen, weicht es nach rechts ab, dann hört er Punkte. Im Leitstrahl selbst ertönt ein Dauerton, nämlich die pausenlos aneinandergefügten Punkte und Striche. So erfährt er selbst kleinste Abweichungen vom richtigen Kurs und ist in der Lage, sie sofort durch Gegensteuern der Maschine zu korrigieren.

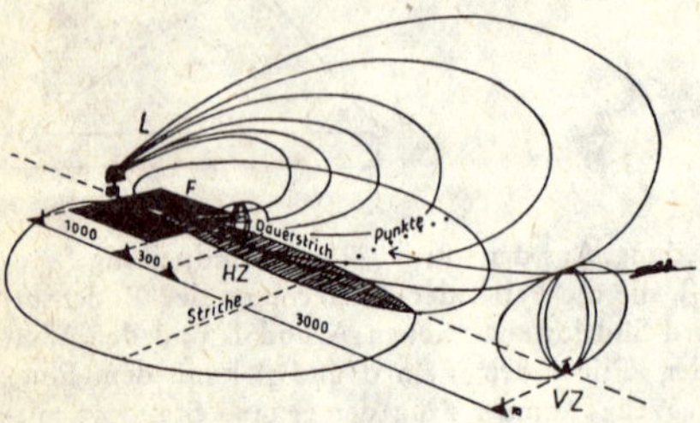

Bild 230. Mit dem Leitstrahl wird das Flugzeug auf dem Flugplatz eingewiesen. L = Leitstrahl; F = Flugplatz; HZ = Haupteinflugzeichen; VZ = Voreinflugzeichen

Diese Leitstrahlzeichen werden auf 9 m Wellenlänge gegeben. Auf der 7,5-m-Welle empfängt der Pilot 3000 m vor dem Flugplatz ein »Voreinflugzeichen«, das ein kleiner UKW-Sender am Boden senkrecht nach oben strahlt. Nun kann er die letzten Vorbereitungen für die Landung treffen. Das »Hauptlandezeichen« ertönt 300 m vor dem Flughafen. Unbekümmert um Sicht und Wetterlage kann hier der Pilot zum Landen ansetzen. Auf ihn wartet die mit Licht bestrahlte Landebahn. Die elektromagnetischen Wellen aber haben ihn selbst dann noch geleitet, als die Lichtwellen ihre Hilfe versagten.

Darf man hier Zukunftsträume spinnen? – Könnte man so nicht über die langen Strecken des Ozeans hin einen Leitstrahl legen, der das Flugzeug selbsttätig auf Kurs hält? Der es über den oder die mitfliegenden Empfänger mit Hilfe von Steuereinrichtungen immer in die Ebene des Leitstrahls zwingt?

So lenkte man einst die V2-Raketen mit ihrer verderbenbringenden Last. So vertraut heute der Pilot des viermotorigen Vogels sich selbst und die mitfliegenden Menschen der elektromagnetischen Welle an.

Zur Ortung von Flugzeugen und Schiffen und zu ihrer Hilfe beim Landen dient mehr und mehr auch das *Radar-Verfahren.*

Die Wirkung des Radars beruht darauf, daß sehr kurzwellige

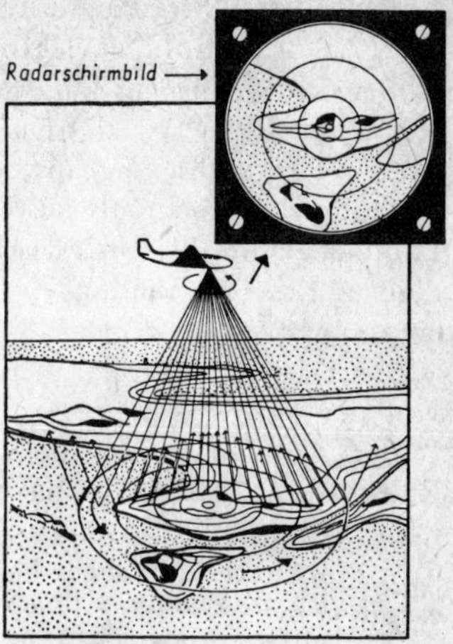

Bild 231. So sieht der Flieger das Bild der Landschaft im Radargerät

elektromagnetische Strahlen von Gegenständen, auf die sie auftreffen, zurückgeworfen werden. Je nach dem Stoff des Gegenstandes ist die Art der Reflexion verschieden. Wird nun etwa vom Radarsender eines Flugzeugs aus ein Stück der Erdoberfläche angestrahlt, dann ergeben sich durch die gleichzeitige Wirkung des Senders als Empfänger verschieden starke Lichteindrücke auf einem Bildschirm, die auf die Beschaffenheit der Landschaft schließen lassen. – Vom Boden her kann man in ähnlicher Weise anfliegende Flugzeuge oder sich nähernde Schiffe erfassen. Dabei lassen sich sogar Rückschlüsse auf die Entfernung von Flugzeug und Schiff ziehen.

Mit Hilfe einer sogenannten »Rundsuchanlage« mit drehbar angeordneter Antenne kann auch bei sehr unsichtigem Wetter ein Flugzeug auf dem Radarschirm ausgemacht und auf Grund des Bildes angerufen und in den Leitstrahl eingewiesen werden.

Über See- und Luftfahrt hinaus dienen Radargeräte auch der Wetterforschung. Lage, Ausdehnung und Richtung von Gewittern lassen sich mit ihrer Hilfe ermitteln. Orkane, Taifune, Hurrikane und Wetterballons können mit Radar verfolgt werden.

Durch »Radio-Teleskope«, sogenannte »Astropeiler«, ließen sich nicht leuchtende wirbelnde Gasmassen im System der Milchstraße ermitteln, und selbst die für unser Auge nicht sichtbaren Meteore, die am Tag unsere Erdatmosphäre streifen, hinterlassen Spuren in der Luftschicht, von denen das Radarbild eines Himmelsausschnitts Kenntnis gibt.

Ehe wir diesen Streifzug durch das weitläufige Gebiet der Sendung und des Empfangs elektromagnetischer Wellen abschließen, wollen wir wenigstens kurz des *Fernsehens* gedenken. Wir wissen: unter dem Vortritt Amerikas wuchsen in allen Ländern der Erde die Fernsehsender aus dem Boden. In Abständen von 30, 40 und selten mehr als 50 km ragen die Türme hoch in den Himmel. Und allerorts zwischen den Türmen nimmt die Zahl derer zu, die die Sendungen der dargebotenen Bildprogramme empfangen.

Meist vom Filmapparat aufgenommen, häufig auch direkt von der Fernsehkamera erfaßt, werden in jeder Sekunde 25 Bilder auf den leuchtenden Fernsehschirm übertragen. Jedes Bild ist aus 175 000 Punkten zusammengesetzt. Mehr als 4 Millionen Bildpunkte in einer Sekunde sind das. Und mehr als 4 Millionen verschiedener elektromagnetischer Impulse bedarf es, um vom Sender über die »Ätherwellen« im Fernsehempfänger die lebendigen Bilder auszulösen.

Die große Anzahl der in der Zeiteinheit erforderlichen »Signale« – eben die Zahl von 4 Millionen Bildpunkten je Sekunde – zwingen zur Übertragung auf dem Bereich der sehr kurzen Wellen. Dezimeter-Wellen nennen wir sie, weil ihre Wellen nur einige Dezimeter lang sind. Versuche mit langen Wellen wären erfolglos. Die einzelnen Bildpunkte würden unweigerlich ineinander verschwimmen.

Wir sprachen bereits davon, daß die kurzen Wellen nur eine verhältnismäßig geringe Strahlungsweite haben. Darum das dichte Netz der Sender. Die Strahlungsenergie kann dafür recht klein sein. Wenn wir einen guten Empfang haben wollen, müssen wir aber den Sender vom Empfänger aus sehen können.

Wenn wir trotzdem fernab vom wirklichen Geschehen etwa Augenzeuge einer einmaligen Begebenheit sein konnten, dann verdanken wir das den vielen Relais-Stationen, die von Turm zu Turm die Bildeindrücke aufgefangen und weitergesendet haben. Mit den Bildern gleichzeitig auch den Ton, der darum ein guter Ton ist, weil ihm alle Vorzüge der Ultrakurzwelle zugute kommen.

So ist mit diesem elektrisch gelösten Rätsel wieder eine Zukunftsvorstellung der Menschen Wirklichkeit geworden. An die Stelle der erdichteten Märchen um Prinzen und Königstöchter sind die wirklichen Märchen der Technik getreten.

Schleier lüften sich

Im Jahre 1881 entdeckte der frühere Landarzt und spätere Geheime Regierungsrat Professor Robert Koch den Tuberkelbazillus. Sein Werkzeug war ein Mikroskop, eines jener Geräte, die mit Hilfe von Linsen und Linsensystemen dem Auge die Welt des Mikrokosmos erschließen. Das ist die Welt des Kleinen und Kleinsten, der Mikroben, der Zellen, der Bakterien, der Krankheitserreger.

So ist es Robert Koch gelungen, die gefährlichen Erreger der Tuberkulose, der Schlafkrankheit und der Cholera zu entdecken, jene Feinde des menschlichen Organismus, die alljährlich Tausende von Menschenleben zerfressen. So ist da und dort nach langem, mühseligem Schauen und Suchen ein befreiendes Ah! über die Lippen von Forschern gegangen. – Aber noch öfter haben sie sich kopfschüttelnd abgewandt: der Grad der Vergrößerung reichte nicht aus, um das Gesuchte genau zu erkennen.

Man baute Linsensysteme, die eine stärkere Vergrößerung brachten. Man färbte die Präparate ein. Man lenkte das Licht auf alle erdenkliche Arten durch das Objekt. – Und man mußte sich mit 2000facher Vergrößerung des Sehfelds begnügen.

2000fache Vergrößerung ist viel. Das läßt ein Haar oder eine Faser von $\frac{1}{10}$ mm Durchmesser als Balken von 20 cm Dicke erscheinen. Damit läßt sich schon allerhand erreichen. Aber für manche Fälle ist es zu wenig. Viel zu wenig. Kaum, daß es die Umrisse, geschweige den Innenaufbau und die Lebensart der Bakterien erkennen läßt.

Ja, dann schafft uns doch eine Einrichtung, die es ermöglicht, zwei Mikroskope aufeinanderzustellen, bestürmte man die Physiker. Laßt uns das Bild dieser 2000fachen Vergrößerung noch einmal 2000mal größer sehen. 2000 mal 2000 ergibt 4 Millionen. Damit wären alle unsere Wünsche erfüllt.

Da schüttelten die Physiker die Köpfe: höher geht es nicht. Es liegt ja nicht an den Linsen. Es liegt am Licht.

Das wissen wir: Licht ist Strahlung elektromagnetischer Wellen. Ihre Wellenlänge beträgt einige Zehntausendstel Millimeter. Lichtwellen durcheilen den Raum, ausgestrahlt von der Sonne oder von anderen Lichtquellen. Wo sie auf die Erscheinungen unserer Körperwelt auftreffen, sehen wir. Sehen rot, sehen violett, sehen weiß. Sehen all die großen und kleinen Dinge mit ihrer Hilfe. Sehen das Stäubchen, das im Sonnenstrahl schwebt...

Ist ein Gegenstand klein, dann nehmen wir die Lupe zu Hilfe, das Vergrößerungsglas. Mit der Lupe unterstützen wir unseren Sehapparat. Sie besorgt das durch Brechung der Lichtstrahlen, die von einem Gegenstand in unser Auge treffen. – Würden wir in ganz kurzer Entfernung von unserem Auge befindliche Dinge scharf sehen, dann hätten wir gar keine Lupe nötig.

Diese Vergrößerungswirkung der Lupe beruht auf der Brechung der Lichtstrahlen. Je stärker wir sie durch Linsen oder Linsensysteme brechen, je kürzer die Brennweite der Lupe ist, desto größer erscheint uns das Bild des betrachteten Gegenstands.

Eine einfache Linse, wie die Lupe, hat aber sogenannte Abbildungsfehler. Bei starker Vergrößerung werden auch die Fehler größer. Das vergrößerte Bild weist gegenüber dem Gegenstand Abweichungen in Form und Farbe auf und ist teilweise unscharf. Die Fehler lassen sich verbessern, indem man mehrere verschiedenartig geschliffene Gläser aus verschiedenem Rohglas in ein Linsensystem zusammenbaut. Solche Linsensysteme besitzt zum Beispiel der Fotoapparat. In ihrer Zusammenarbeit haben sie die Wirkung einer praktisch fehlerlos zeichnenden Lupe, die den abgebildeten Gegenstand, Punkt für Punkt vergrößert, in einer Ebene – etwa auf der Fotoplatte – wiedergibt.

Im Mikroskop ist dem Linsensystem eine besonders starke Brechung der Lichtstrahlen aufgetragen. Mit seiner Hilfe rükken wir unserem Auge das Leben im Wassertropfen näher, spüren dem Aufbau der Zellen und Gewebefasern nach, können Bakterien erkennen und müssen ahnen, daß es hinter dieser Welt des Kleinen eine Welt des Kleinsten gibt, die wir mit dem Mikroskop nicht mehr erkennen können.

Alles, was wir nämlich mit Hilfe des Lichts wahrnehmbar machen wollen, muß mindestens so groß sein wie die Wellenlänge der Lichtstrahlen. Treiben wir die optische Vergrößerung eines Gegenstandes über das 2000fache hinaus, dann können wir keine Einzelheiten in Form und Farbe mehr wahrnehmen. Und der Grund dafür liegt eben beim Licht. Das Licht ist zu grob.

Ein Beispiel dafür: Lassen wir auf unsere über dem Tisch ausgestreckte Hand Sandkörner herunterrieseln, dann zeichnen sie durch ihre Lage die Umrisse der Hand eindeutig auf der Tischfläche ab. Würden wir Äpfel an Stelle der Sandkörner nehmen, dann könnten wir aus ihrer Lage nachher sicher nicht auf die Form der Hand schließen.

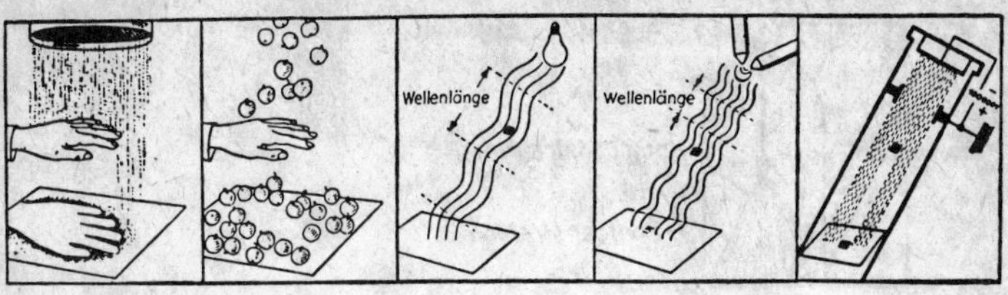

Bild 232. Abbildungsmöglichkeit durch verschiedene Hilfsmittel. Je feiner das Mittel, desto besser die Abbildung

Wenn wir nun statt der groben Wellen des Lichts andere, feinere nehmen würden?

Das ist ein Weg. Und ein Mittel sind die ultravioletten Strahlen, die zum Beispiel auch die Bogenlampe mit aussendet. Die sieht unser Auge allerdings nicht. Die sieht nur die Fotoplatte. Bauen wir also für sie ein *Ultramikroskop,* dem wir einen Fotoapparat aufsetzen. Jetzt können wir – wieder mittels Strahlenbrechung durch gläserne Linsen – 10000fach vergrößern. Das reicht schon ein schönes Stück weiter. Aber bei 10000facher Vergrößerung ist die Abbildungsfähigkeit der ultravioletten Strahlen auch am Ende.

Also versuchen wir es mit noch kürzeren Wellen!

Man arbeitete in den Laboratorien. Man suchte und forschte und fand. Man fand, daß sich die durch die Kathodenröhre geschickten Elektronenstrahlen ablenken lassen. Man lernte, die Strahlen, deren Wellenlänge nur etwa $1/_{100\,000}$ der Wellenlänge des Lichts beträgt, zu bündeln und zu brechen wie das Licht – nur mit anderen Mitteln. – Statt Linsen verwandte man elektrisch geladene Platten oder Spulen. Aus diesen Erkenntnissen erwuchs das *Elektronenmikroskop.* Mit ihm lassen sich heute schon 40000fache Vergrößerungen erzielen. Dabei kann man Einzelheiten des betrachteten Gegenstandes bis herunter zu $1/_{100\,000}$ mm erkennen.

Wie arbeitet nun dieses Elektronenmikroskop? Betrachten wir die Erscheinungen wieder der Reihe nach. Und beschränken wir uns dabei auf das mit Hilfe von Spulen arbeitende Gerät.

Wenn wir in einem luftleeren Glaskolben einer heizbaren Kathode gegenüber eine Anodenplatte einbauen und zwischen Kathode als Minuspol und Anode als Pluspol eine elektrische Spannung anlegen, dann gehen von der Kathode Elektronenstrahlen aus, die zur Anode gerichtet sind. Je nach Höhe der

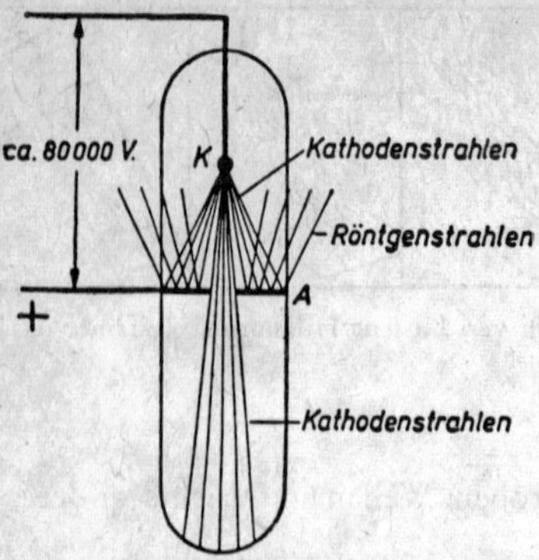

Bild 233. Kathodenstrahlenbündel, erzeugt durch Lochung der Anode einer mit Hochspannung beschickten Kathodenröhre

angelegten Spannung ist die Geschwindigkeit der Elektronen kleiner oder größer. Wählen wir die Spannung sehr hoch, dann rasen die Elektronen mit riesiger Geschwindigkeit auf die Anodenplatte zu. Bei 80000 bis 100000 Volt lösen sie aus der Anode Röntgenstrahlen aus, die wir aber bei dieser Betrachtung außer acht lassen wollen.

Versehen wir nun die Anode mit einem Loch, wie es Bild 233 andeutet, dann geht ein Teil der Elektronenstrahlen durch dieses Loch hindurch, ein Bündel Elektronenstrahlen.

Legen wir um dieses Elektronenstrahlenbündel eine ringförmige Spule herum, die wir mit Gleichstrom durchfließen lassen, dann drückt das durch die Spule gebildete Magnetfeld die Strahlen zusammen. Der vor der Spule sich erweiternde Strahlenkegel verengert sich wieder. Die Strahlen treffen sich in einem Punkt.

Diese Erscheinungen decken sich mit einer ähnlichen, die wir mittels Glaslinse und Lichtstrahlen erzielen können. Ein im »Dingpunkt« D befindlicher Gegenstand könnte im »Bildpunkt« B abgebildet werden. Die stromdurchflossene Ringspule ist also nichts anderes als eine »Elektronenlinse«.

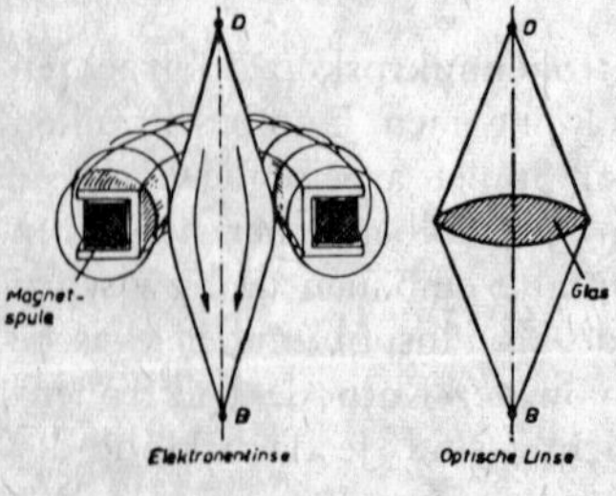

Bild 234. Strahlenbrechung durch Ringmagnet als Elektronenlinse. Die Brennweite dieser »Linse« ist veränderbar durch Änderung der Elektronengeschwindigkeit und des Spulenstroms. Die Brennweite der optischen Linse ist unveränderlich

Weiter: Das Verhältnis des Abstandes der Linse zum Dingpunkt einerseits und zum Bildpunkt andererseits ist bei der optischen Linse bestimmt durch das Brechungsvermögen des Glases und die Krümmung der Linsenoberflächen. Dieses Verhältnis wird ausgedrückt mit dem Begriff »Brennweite«. Die Brennweite einer optischen Linse ist nun ein für allemal gegeben durch Glas und Schliff. Sie ist unveränderlich.

Die Elektronenlinse läßt eine Veränderung ihrer »Brennweite« zu. Darin ist sie der optischen über. Und das ist sehr wesentlich.

Brennweite kann man praktisch gleichsetzen mit Vergrößerungsvermögen. – Eine kurzbrennweitige Linse vergrößert stark. Eine langbrennweitige schwach. – Und kurz oder lang, also stark oder schwach können wir bei der Elektronenlinse bestimmen durch die Veränderung der Anodenspannung oder durch die Veränderung des Stroms, den wir durch die Magnetspule schicken. Ein starker Strom gibt starke Brechung. Ein schwacher Strom gibt schwache Brechung der Strahlen. Wir haben die reinste Gummilinse ...

Damit die Magnetwirkung unserer Elektronenlinse aber recht stark werde, versehen wir sie mit einem eisernen Ringkäfig, wie ihn Skizze 235 zeigt. Mit Hilfe solcher »Linsen« bauen wir uns, das heißt baute sich der deutsche Physiker E. Ruska im Jahre 1933 ein Mikroskop, das ursprünglich eine 4000fache und jetzt, nach seiner Weiterentwicklung, eine bis zu 40000fache Vergrößerung ermöglicht.

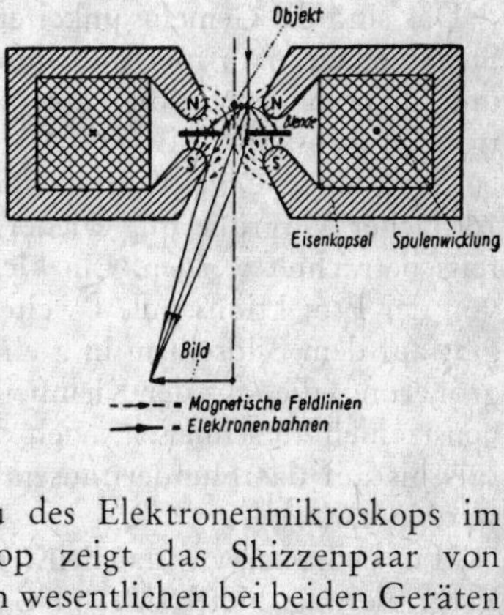

Bild 235. Elektronenoptik. Der um die Magnetspule gelegte Ringkäfig hat eine besonders starke Brechungswirkung gegenüber den Elektronenstrahlen

Den schematischen Aufbau des Elektronenmikroskops im Vergleich zum Lichtmikroskop zeigt das Skizzenpaar von Bild 236. Die Vorgänge sind im wesentlichen bei beiden Geräten gleich. Von der Licht- bzw. Elektronenquelle a gehen die Strahlen aus. Der Kondensor b leitet sie durch das zu vergrößernde

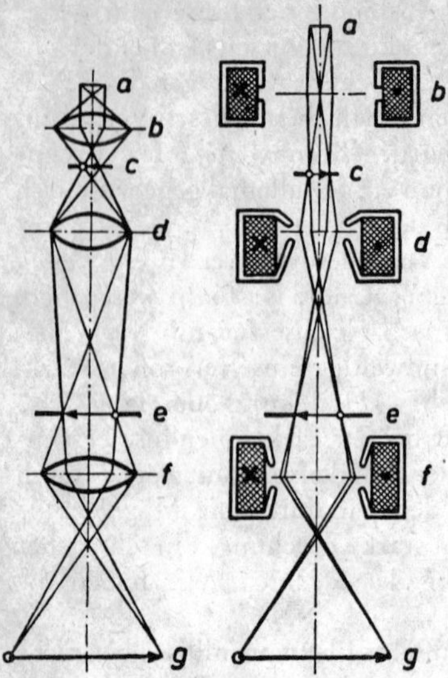

Bild 236. Lichtmikroskop (links) u. Elektronenmikroskop (rechts). Beide Geräte haben denselben Strahlengang. Die Grenze der Auflösung liegt beim Lichtmikroskop bei 2000facher Vergrößerung. Durch das Elektronenmikroskop sind heute schon bis zu 40 000fache Vergrößerungen möglich

Objekt c. Die Strahlen durchdringen das Objekt, werden vom Objektiv d weitergeleitet nach der Stelle e. Hier erzeugen sie ein sogenanntes Zwischenbild. Durch die Projektionslinse f wird das Zwischenbild nochmals vergrößert. Auf der Ebene g entsteht schließlich das Endbild.

Das sind die Gemeinsamkeiten trotz der Verschiedenheit der Strahlen, die man hier und dort verwendet. Wir interessieren uns nun besonders für die Vergrößerungsmöglichkeiten des Elektronenmikroskops. Mit Hilfe der Elektronenstrahlen wird das bei c liegende Objekt auf dem Zwischenbildschirm in bis zu 160facher Vergrößerung wiedergegeben. Dieses Bild kann bereits betrachtet werden. Ein kleiner Ausschnitt von ihm wird von der Projektionsspule f weitere 250mal vergrößert. Das ergibt auf dem Bildschirm in g eine im ganzen 40 000fache Vergrößerung, die, aus der Kleinheit der Wellenlänge der Elektronenstrahlen zu schließen, nach der Weiterentwicklung des Geräts bis auf das Hunderttausendfache des Originals gesteigert werden kann.

Man bedenke, was das heißt: Heute schon, bei 40 000facher Vergrößerung, bietet sich ein Gegenstand von 0,1 mm Durchmesser als Bild von 12 qm Flächeninhalt. Wie klein können da die Dinge und Erscheinungen sein, die man noch sieht. Und man sieht sie wirklich auf dem leuchtenden Schirm am Boden des Geräts. Und man kann sie mit einer gewöhnlichen Fotoplatte für immer festhalten. Die dabei entstehenden Bilder sind aber nicht etwa grobe Schattenrisse, sondern weisen eine unendlich feine Zeichnung auf, so daß sie sogar eine weitere natürliche Vergrößerung bis zum insgesamt 200000fachen ertragen. – Und dabei stehen wir erst am Anfang der Entwicklung des Elektronenmikroskops.

Groß waren die Schwierigkeiten, die sich dem Bau dieses Geräts entgegenstellten. Die leiseste mechanische Erschütterung, der kleinste von außen kommende magnetische Einfluß, die geringsten Schwankungen der Spannungen für die Erzeugung der Elektronenstrahlen und die Magnetwirkung der Spulen würden das Bild verwackeln oder unscharf machen. Aber alle diese Schwierigkeiten wurden überwunden.

Schon dringen wir mit dem Elektronenmikroskop ein in den Innenaufbau der Bakterien. Schon enträtseln wir mit ihm die Struktur der Stoffe. Schon steht der Weg offen zur Betrachtung der Moleküle. Wieder ist uns ein Einbruch in die dunkle Werkstatt der Natur gelungen. Vielleicht ist nur ein Türspalt offen, durch den das rätselhafte Licht der Elektronenstrahlen fällt. Vielleicht wird in naher Zukunft schon die Tür aufgestoßen. Dann wären die Elektronen selbst die Künder des Stoffes. Und der Kreis wäre geschlossen: Die im Stoff gebundenen, die den Stoff bindenden Elektronen hätten, vom Stoff gelöst, von seinem Wesen gekündet.

Ausblick

Auch unser Kreis ist geschlossen. Durch dick und dünn sind wir zusammen gegangen. Einmal im Eilschritt, dann im geruhsamen Wandern haben wir die bunten Gefilde der Elektrizität und der Elektrotechnik durchstreift. Wir haben vieles betrachtet und vieles stehengelassen, ohne es zu würdigen. Die Lehre von der Elektrizität ist ja so ungemein weit und vielfältig und ihre Anwendungsgebiete sind so groß, daß es kaum möglich ist, sie alle in einem Anlauf auch nur zu streifen. Vielmehr muß man sich bemühen, zur Gewinnung eines Überblicks von dem Vielen das Wesentliche aufzuzeigen.

Welch kurze Zeit ist es her, daß der Mensch sich um die uns heute so unbedeutend erscheinenden Wirkungen der »Berührungs-Elektrizität« kümmerte. Und wie rasch ist der Siegeszug einer neuen Wissenschaft und einer äußerst vielfältigen Technik vor sich gegangen. Einige wenige geschichtliche Daten mögen das aufzeigen:

1790 wies Galvani an Froschschenkeln die Wirkung der Berührungselektrizität nach.
1812 entdeckte Davy das elektrische Bogenlicht.
1819 fand Oersted, daß der elektrische Strom die Magnetnadel ablenkt.
1825 entwarf Faraday den ersten Elektromotor.
1827 fand Ohm das nach ihm benannte Gesetz.
1831 berichtete Faraday von der Magnetinduktion des elektrischen Stroms.
1832 baute Morse seinen Telegrafen.
1854 erfand Goebel die erste elektrische Glühlampe.
1858 wurden die ersten Kabeltelegramme zwischen Europa und Amerika ausgetauscht.
1860 entwickelte Planté den Akkumulator.
1861 sprach Reis in das erste Telefon.
1866 erbaute Siemens die erste Dynamomaschine.
1868 benützte Leclanché das erste Zink-Kohle-Element mit Salmiaklösung.
1879 kam die Glühlampe Edisons heraus.

1881 wurden auf Vorschlag von Gauß und Weber die Einheiten Volt und Ampere eingeführt.
1882 bekam Berlin die erste elektrische Straßenbeleuchtung.
1887 lief die erste elektrische Straßenbahn in USA.
1891 fand die erste elektrische Fern-Kraftübertragung von Lauffen a. N. nach Frankfurt statt.
1895 entdeckte Röntgen die nach ihm benannten Strahlen.
1897 führte Marconi erstmals die drahtlose Telegrafie im Freien durch.
1902 lief die erste Vollbahn in Italien.
1922 erfanden Vogt, Engl und Masolle den Tonfilm.
1923 wurde das Radio in Deutschland eingeführt.
1936 wurde die Olympiade in die Fernsehstuben in Berlin übertragen.

Wir können diese Daten beliebig erweitern, bis ins Gestern und ins Heute hinein. Aber das Gestern und Heute haben wir alle selbst miterlebt.

Wir wissen alle: Elektrizität und Elektrotechnik sind wichtige Faktoren in Wissenschaft und Wirtschaft geworden. Dabei stehen wir erst am Anfang einer gewaltigen, unabsehbaren Entwicklung.

Heute schon ist die Elektrizität der unentbehrliche Diener des Menschen. »Elektrizität in jedem Gerät« ist nicht nur Schlagwort der Kundenwerbung. Sie ist Wirklichkeit, Anfang einer Wirklichkeit, möchte man sagen. Sie leuchtet. Sie wärmt. Sie kühlt. Sie dreht. Sie spricht und singt. Besonders in der Strahlungstechnik hat sie heute schon ungeahnte Gebiete erschlossen. Sie lenkt Flugzeug und Schiff durch Nacht und Nebel. Sie übermittelt in Sekundenschnelle Bilder auf unbegrenzte Entfernungen hin. Sie zeigt Eisberge, Fischschwärme, Wasseradern, Erz- und Salzlager an. Flugzeuge in der Nacht und Unterseeboote im Meer können sich nicht vor ihr verbergen. Sie läßt uns Rückschlüsse ziehen auf das Alter der Erde und auf die Zusammensetzung der Gestirne am Himmel. Sie tötet und heilt. Sie hat die geheimnisvollen Kräfte der Chemie enträtselt. Mit Hilfe der Elektronik ersetzt sie weithin das denkende, das rechnende und das kontrollierende Gehirn des Menschen. In seiner Obhut, von ihm »gefüttert« und überwacht, vollbringt sie in Sekunden, was zuvor in monate- bisweilen jahrelanger Denk- oder Rechenarbeit vom Menschen nicht so absolut richtig ermittelt werden konnte. – Und nicht zuletzt: Sie gibt Hunderttausenden von Menschen Arbeit und Brot und ersetzt die Arbeit vieler Millionen.

»Wenn sich das Weberschiffchen einmal von selbst bewegt, kann man vielleicht den Sklaven entbehren« – so philosophierte Aristoteles vor mehr als 2000 Jahren. – Heute? Jawohl, heute fliegt es von selbst durch die Stränge der aufgebäumten Kette, bewegt vom Motor, dessen Anker die geheimnisvollen Kobolde in den Drähten um seine Achse hetzen. Und in den Drähten, die sich im weitmaschigen, ständig enger werdenden Netz der Stromleitungen über die Erde ziehen, in der Erde selbst, ja im unermeßlichen Weltenraum sitzen – oder schwingen – die Kräfte. Sie bestimmen heute schon weithin nicht nur unser wirtschaftliches, sondern auch unser wissenschaftliches Weltbild. Sie wollen Helfer sein. Sie drängen auf Ablösung. Sie warten auf ihren Einsatz. Sie wollen dienen – und der Mensch soll ihr Herr sein.

Anhang

A. Elektrische Grundbegriffe

1. **Stromstärke:** Ampere (A)
   1 A ist die Stromstärke, die aus einer Silbernitratlösung in 1 sec. 1,118 mg Silber ausscheidet. – Ampère ist der Name eines bedeutenden französischen Physikers auf dem Gebiet der Elektrizitätslehre (1775–1836).
2. **Widerstand:** Ohm (Ω)
   1 Ω ist der elektrische Widerstand einer Quecksilbersäule von 1 mm² Querschnitt und 106,3 cm Länge bei 0° C.
   Die Einheit Ohm ist nach dem deutschen Physiker Ohm (1787 bis 1854) benannt.
3. **Spannung:** Volt (V)
   1 V ist die Spannung, die in einem Leiter von 1 Ω Widerstand den Strom von 1 A erzeugt. Volta war Italiener (1745–1827).

B. Das Ohmsche Gesetz

gibt an, wie die drei Grundgrößen der Elektrizität zusammenhängen:

Stromstärke = Spannung : Widerstand
Widerstand = Spannung : Stromstärke
Spannung = Stromstärke · Widerstand

C. Die elektrische Leistung: Watt (W)

1. **Gleichstrom:**

Leistung = Spannung · Stromstärke
Spannung = Leistung : Stromstärke
Stromstärke = Leistung : Spannung

Watt ist der Name eines englischen Erfinders (1736–1819).

2. **Wechselstrom:**

Scheinleistung = Spannung · Stromstärke
Wirkleistung = Spannung · Stromstärke · $\cos \varphi$

Für nicht induktive Verbraucher (z. B. Glühlampen) kann die Scheinleistung gleich der Wirkleistung gesetzt werden. Bei induktiven Verbrauchern tritt eine Phasenverschiebung von Strom zu Spannung auf. Strom und Spannung sind zu keiner Zeit in vollem Maße wirksam. Daher muß zur Errechnung der wirklichen Leistung der Leistungsfaktor ($\cos\varphi$) berücksichtigt werden.

3. Drehstrom: (dreiphasiger Wechselstrom)

Wirkleistung:
Leistung = Spannung · Stromstärke · $\cos\varphi$ · 1,73

Bei Drehstrom sind drei zeitlich verschobene Wechselströme miteinander »verkettet«. Sie sind zu keiner Zeit in jeweils vollem Maße wirksam. Die für eine Phase errechenbare Zahl der Wirkleistung muß daher mit dem »Verkettungsfaktor« 1,73 multipliziert werden.

D. Die elektrische Arbeit (Verbrauch)

Einheit: Wattstunde (Wh) = Watt · Stunden
1000 Wattstunden = 1 Kilowattstunde (kWh)

E. Spezifischer Widerstand (ϱ)

Das ist die Ohmzahl, die sich für ein bestimmtes Material von 1 m Länge und 1 mm² Querschnitt ergibt. Für die häufigst gebrauchten Leiter ergeben sich folgende Werte:

Kupfer	0,0175
Aluminium	0,028
Eisen ca.	0,12
Nickelin	0,4
Konstantan	0,5
Chromnickel	ca. 1,0
Kohle	50–100

Wenn Material, Länge und Querschnitt eines Leiters bekannt sind, läßt sich der Widerstand mit nachstehender Formel ermitteln:

$$r = \frac{l \cdot \varrho}{q}$$

Dabei ist r der Widerstand (in Ohm), l = Länge (in m), ϱ = spezifischer Widerstand und q = Querschnitt des Leiters (in mm^2).

F. Frequenz: Hertz (Hz)

Unter Frequenz versteht man die Zahl der elektrischen – oder elektromagnetischen – Schwingungen (Perioden) pro Sekunde.

1 Hz = 1 Periode/sec.

Hertz ist der Name eines deutschen Physikers (1857–1894).
Die Frequenz des technischen Wechselstroms beträgt in Deutschland für öffentliche Stromnetze 50 Hz. Die Bundesbahn arbeitet mit 16⅔ Hz.
Im Ausland findet man häufig auch Stromnetze mit 60 Hz.
– Skala der elektromagnetischen Schwingungen siehe Seite 189.

G. Kapazität: Farad (F)

Das Fassungsvermögen von Kondensatoren wird nach Zentimetern oder nach Farad angegeben. Eine Metallkugel von 1 cm Radius hat eine Kapazität von 1 cm. Ein Farad entspricht $9 \cdot 10^{11}$ cm, also 900 000 000 000 cm. Da das Farad eine sehr große Einheit ist, wird meist in kleinen Bruchteilen der Einheit gemessen. – Faraday war ein englischer Physiker (1791–1867).

$$\begin{aligned} 1\,F &= 10^6\ \mu F \\ &= 10^9\ nF \\ &= 10^{12}\ pF \end{aligned}$$

H. Bezeichnung der Zehnerpotenzen durch Vorsilben

		10^{18}	= 1 mit 18 Nullen	Trillion
		10^{15}	= 1 mit 15 Nullen	Billiarde
T	Tera-	= 10^{12}	= 1 mit 12 Nullen	Billion
G	Giga-	= 10^{9}	= 1 000 000 000	Milliarde
M	Mega-	= 10^{6}	= 1 000 000	Million
k	Kilo-	= 10^{3}	= 1 000	Tausend
h	Hekto-	= 10^{2}	= 100	Hundert
D	Deka-	= 10^{1}	= 10	Zehn
		10^{0}	= 1	Eins
d	Dezi-	= 10^{-1}	= 0,1	Zehntel
c	Zenti-	= 10^{-2}	= 0,01	Hundertstel
m	Milli-	= 10^{-3}	= 0,001	Tausendstel
μ	Mikro-	= 10^{-6}	= 0,000 001	Millionstel
n	Nano-	= 10^{-9}	= 0,000 000 001	Milliardstel
p	Pico-	= 10^{-12}	= 0,000 000 000 001	Billionstel

Beispiele:

1 MΩ (Megohm) = 1 Million Ohm
1 mA (Milliampere) = 1/1000 Ampere
1 μF (Mikrofarad) = 1/1 000 000 Farad

I. Elektrische Schaltsymbole

Gleichstrom

Wechselstrom,
besonders für techn. Wechselstrom

Gleich- oder Wechselstrom
(Allstrom)

Leitung, allgemein

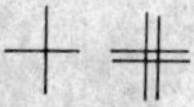
Leitungskreuzung ohne Verbindung

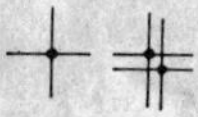
Leitungskreuzung mit Verbindung

Widerstand

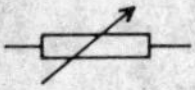
Regulierwiderstand

Kondensator, allgemein

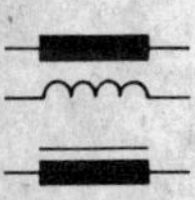
Drosselspule, Wicklung
a) allgemein
b) Spule mit Eisenkern

Spule mit Anzapfungen

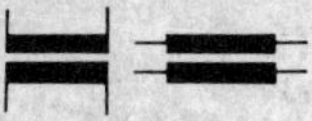
Transformator, allgemein

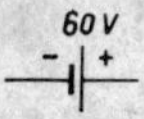

Galvanische Stromquelle, allgemein
mit Spannungsangabe

Stromsicherung

Erde

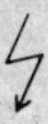
Hochspannungszeichen

Lampe, Signallampe

Glimmlampe, Glimmlichtröhre

Mikrophon

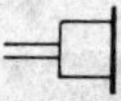
Fernhörer, allgemein

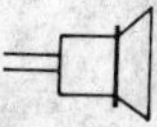
Lautsprecher, allgemein

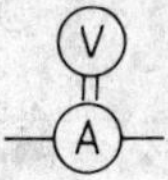

Spannungsmesser

Strommesser

Leistungsmesser

Schalter, allgemein

Elektrisches Ventil, z. B.
Trockengleichrichter
Spitze gibt Durchlaßrichtung an

Läufer mit Wicklung
Stromwender und Bürsten

Gleichstromgenerator

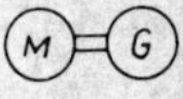

Motorgenerator

Umformer, Einankerumformer

Sachregister